建筑施工图识读

主　编　王宇平　李国升　王唯佳
副主编　蒙良柱　蒋丽娟　刘　勇
练祥宇　谢　芮

天津大学出版社
TIANJIN UNIVERSITY PRESS

图书在版编目（CIP）数据

建筑施工图识读 ：汉文、英文 / 王宇平，李国升，王唯佳主编 ；蒙良柱等副主编. -- 天津 ：天津大学出版社，2025. 5. -- ISBN 978-7-5618-7986-3

Ⅰ. TU204.21

中国国家版本馆CIP数据核字第20255DK711号

JIANZHU SHIGONGTU SHIDU

出版发行 天津大学出版社
地　　址 天津市卫津路92号天津大学内（邮编：300072）
电　　话 发行部：022-27403647
网　　址 www.tjupress.com.cn
印　　刷 北京盛通印刷股份有限公司
经　　销 全国各地新华书店
开　　本 787mm×1092mm　1/16
印　　张 25.25
字　　数 650千
版　　次 2025年5月第1版
印　　次 2025年5月第1次
定　　价 69.80元

Reading and Understanding of Architectural Construction Drawings

Chief Editors Wang Yuping Li Guosheng Wang Weijia
Associate Editors Meng Liangzhu Jiang Lijuan Liu Yong
Lian Xiangyu Xie Rui

天津大学出版社
TIANJIN UNIVERSITY PRESS

前言

本书对应的课证融通课程“建筑识图与构造”是土建类专业的一门重要的技术基础课，以掌握识图与绘图的核心能力目标为导向，培养学生能够用图形表达基本建筑形体，掌握基本制图规则，能够识读建筑施工图。这是建筑工程的各个工作岗位中最基本、最常见的工作任务。学会正确识读建筑图纸，才能准确地理解设计意图、合理地进行施工、准确地进行工程造价分析和计算。这是建筑行业从业人员所必须具备的基本知识和基本技能。

本书是作者在多年教学经验的基础上，融入了课程思政、现代化信息技术教育手段，并依据最新国家标准和规范编写的新形态、立体化教材。它具有以下特点。

（1）以党的二十大精神为指引，坚持立德树人，培养建筑业高素质技术技能人才。

本书高举习近平新时代中国特色社会主义思想伟大旗帜，以党的二十大精神为指引，坚持“立德树人”的教育方针和“为党育人、为国育才”的教育使命。全书编撰过程中立足于以专业知识为根，以思政教育为魂，不仅专业知识丰富，内容详细，而且结合专业知识，每个模块都全面融入了思政内容，力图将学生培养成既具有扎实专业知识，又具有法治思维和法治规则意识、高度文化自信和历史自觉、科学思维方法和工匠精神、崇高家国情怀和使命责任担当等核心素养，并自觉践行社会主义核心价值观、工程伦理观、新发展理念和低碳环保生活理念的合格的社会主义建设者和接班人。

（2）信息化资源丰富，本书配有中英文双语微课、超星学银精品在线开放课程等，易教易学。

本书配套有中英文双语微课等教学资源，满足海内外学者多元化的学习需求，这些资源在书中以二维码的形式呈现，读者扫码观看更有助于掌握相关知识点。

（3）本书配有活页手册，对接企业专门岗位必备能力训练，体现职业化特色。

本书的活页手册包含企业图纸案例、对接实际岗位工作任务等实训内容。内容对接建筑业的施工员、资料员、预算员、测量员、质检员、安全员和各技能操作岗位等施工一线专门岗位人才必备的基础能力的训练，对接企业专门岗位的真实工作任务，体现高等职业教育教材职业化特色。

由于编者水平有限，书中不足之处在所难免，希望广大专家、同行和读者提出宝贵的意见和建议。

编者

2025 年 3 月

Preface

The corresponding course "Architectural Drawing and Construction" of this book is a fundamental technical course for civil engineering majors. Guided by the core competency objectives of mastering drawing interpretation and creation, it aims to cultivate students' ability to express basic architectural forms through graphics, grasp fundamental drafting rules, and read architectural construction drawings. These represent the most basic and common tasks across various positions in construction engineering. Only by correctly interpreting architectural drawings can one accurately understand design intent, carry out construction reasonably, and perform precise cost analysis and calculations in engineering. These are the essential knowledge and skills that professionals in the construction industry must possess.

This book is a new-form, multidimensional textbook developed by the author based on years of teaching experience, incorporating ideological and political education, modern information technology teaching methods, and the latest national standards and norms. It features the following characteristics.

(1) Guided by the spirit of the 20th National Congress of the Communist Party of China, it adheres to the principle of fostering virtue through education, cultivating high-quality technical and skilled talents for the construction industry.

This textbook holds high the great banner of Xi Jinping Thought on Socialism with Chinese Characteristics for a New Era, guided by the spirit of the 20th National Congress of the Communist Party of China. It adheres to the educational principle of "cultivating virtue and nurturing talents" and the mission of "educating for the Party and cultivating talents for the nation." Throughout the compilation process, the book is rooted in professional knowledge as its foundation and ideological-political education as its soul. Not only is it rich in professional content and detailed in explanation, but each module also comprehensively integrates ideological-political elements. It aims to cultivate students into qualified builders and successors of socialism who possess not only solid professional knowledge but also core competencies such as legal thinking and awareness of legal rules, high cultural confidence and historical consciousness, scientific thinking methods and the craftsman spirit, as well as lofty patriotism and a sense of mission and responsibility. These students will consciously practice the core socialist values and engineering ethics, and uphold the new development philosophy and low-carbon, environmentally friendly lifestyles.

(2) The book is rich in information-based resources, featuring bilingual micro-lectures in Chinese and English, as well as high-quality online open courses on the Superstar Learning Platform, making it easy to teach and learn.

This textbook is accompanied by teaching resources such as bilingual micro-lectures in Chinese and English, catering to the diverse learning needs of scholars both domestically and internationally. These resources are presented in the form of QR codes in the book, allowing readers to scan and watch, which further aids in mastering the relevant knowledge points.

(3) The book comes with a loose-leaf manual, aligning with the essential skills training required for specialized positions in enterprises, reflecting its vocational characteristics.

The loose-leaf manual of this book includes practical training content such as corporate drawing cases and tasks aligned with actual job positions. The content is designed to develop the foundational skills required for specialized frontline positions in the construction industry, such as construction supervisors, document controllers, budget officers, surveyors, quality inspectors, safety officers, and various skilled operational roles. It aligns with real-world job tasks from specialized corporate positions, reflecting the vocational characteristics of higher vocational education materials.

Due to the limited expertise of the editors, shortcomings in the book are inevitable. We welcome valuable comments and suggestions from experts, peers, and readers.

Editors

March 2025

目　录

Contents

Contents ▶

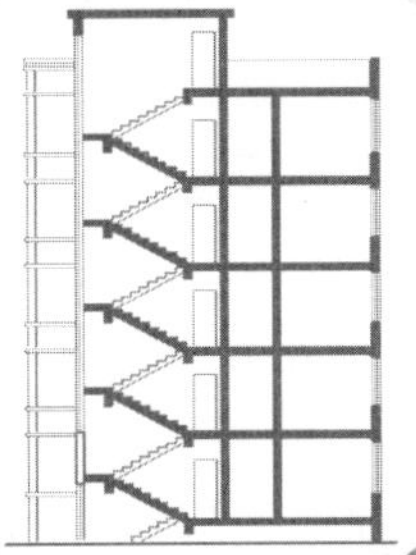

第一章 建筑施工图的基本识读原理

思政元素

马克思主义哲学认为,规律指的是事物内部和事物之间固有的、本质的、必然的联系,它具有普遍性和客观性,它的存在不以人的意志为转移,既不能被人为创造,也不能被人为消灭。无论是自然界、人类社会,还是人的思维领域,不仅都要按照本身固有的规律向前发展,而且规律都是贯穿事物发展过程始终的。结合课程内容,从投影成像的原理解读出发,科学解读正投影的特性和三面投影图的展开与规律,从而引导学生观察和分析事物时,树立科学思维,善于从规律性上认识事物,牢记在开展具体实践的过程中必须遵循规律,善于利用规律为自己服务,同时,善于运用规律性的认识来观察时代、把握时代和引领时代,在把握人类社会发展规律和个人自身成长成才规律的基础上与时代同呼吸,与国家、民族共命运。

第一节 投影的基本知识

一、投影法及其分类

内容引导

扫描二维码,观看配套微课和教学动画,并回答以下问题。

(1)什么是投影?

(2)生活中有哪些投影属于中心投影?

(3)生活中有哪些投影类似平行投影?

投影法及其分类

知识精讲

1. 投影

在投影理论中,把发出光线的光源称为投射中心;光线称为投影线;落影的平面称为投影面;组成的影子能反映物体形状的内、外轮廓线,称为投影。

投影法是指用投影表示物体的形状和大小，其中可见轮廓线画实线，不可见轮廓线画虚线，是将空间立体转换为平面图形的方法。

2. 投影法的分类

投影法按投影线的不同类型可分为中心投影法和平行投影法。

1)中心投影法

中心投影是自然界的光照投影。

如图 1-1-1 所示，由一点发出投影线投射物体所形成的投影，称为中心投影。中心投影的投影线相交于一点 S，投影的大小与物体离投影面的距离有关。投射中心点 S 与投影面距离不变的情况下，物体离点 S 越近，投影越大，反之越小。自然界的光照投影便属于中心投影。

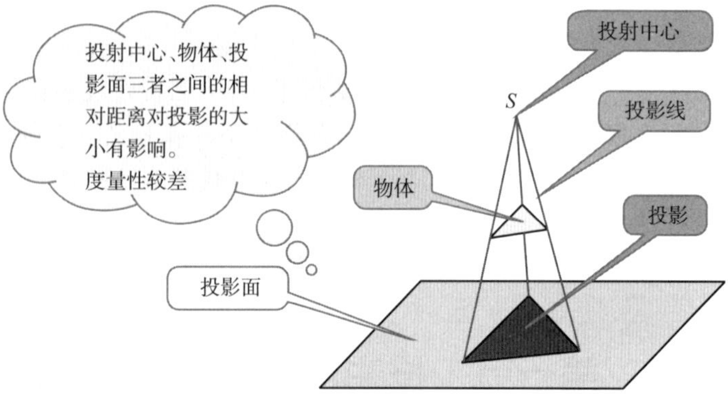

图 1-1-1　中心投影法

2)平行投影法

平行投影是工程图样的投影。

由相互平行的投影线投影物体所形成的投影，便是平行投影。投影大小与物体和投影面之间的距离无关，如图 1-1-2 所示。根据投影线和投影面的夹角不同，平行投影又分为正投影和斜投影两种。平行投影线垂直于投影面时所得的投影，称为正投影；平行投影线倾斜于投影面时所得的投影，称为斜投影。

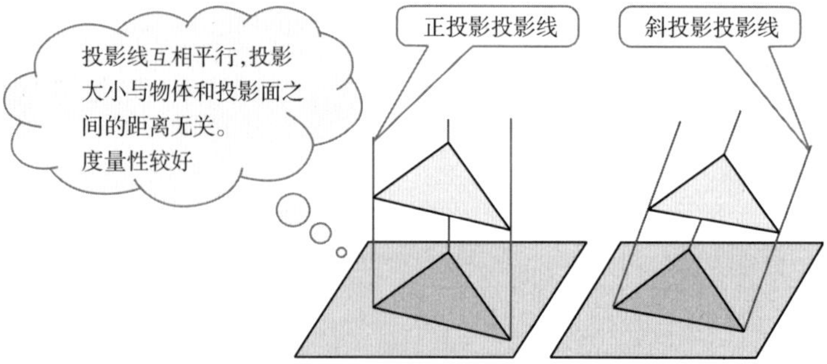

图 1-1-2　平行投影法

3. 投影法的应用

在工程中，不同投影法有着不同的应用，如图 1-1-3 所示。

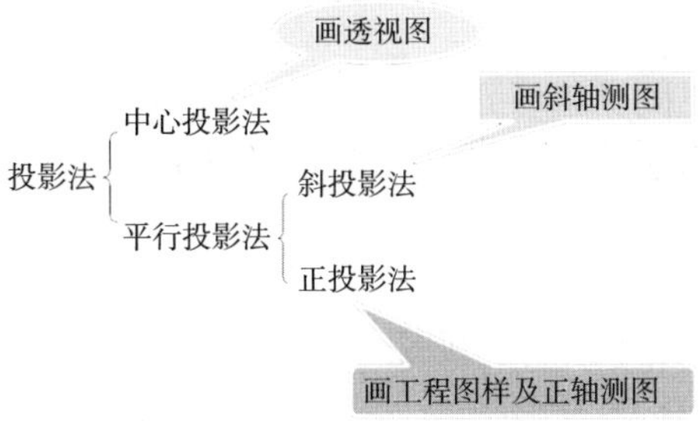

图 1-1-3　投影法的应用分类

1)中心投影法用于绘制透视图

透视图自然且富有真实感，与照相机所拍得的相片非常相似，但形体各个部分的形状和大小不能在图中直接反映和度量出来。透视图常用在建筑设计、装饰设计的方案和效果图中。

2)斜投影法用于画斜轴测图

斜轴测图富有立体感，画法较透视图简易，但形体在图面上改变了它的真实形状，一般作为建筑工程图的辅助图样。

3)正投影法画正投影图

正投影图能反映形体各个侧面的真实形状和大小，具有可度量性，而且作图简便，合乎工程技术上的要求。

工程中常用的投影图详细分类可参照图 1-1-4。

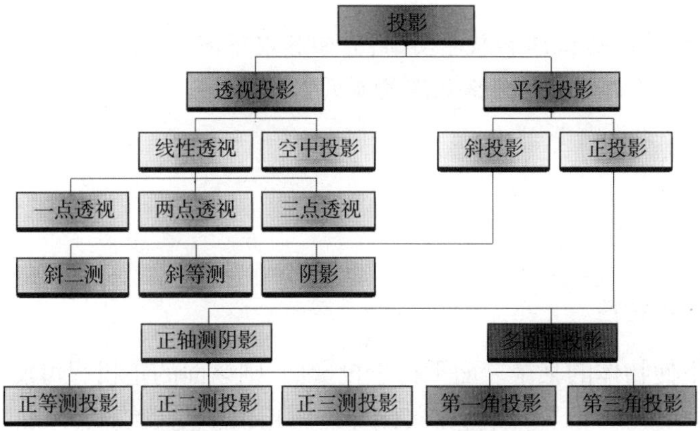

图 1-1-4　工程中常用投影详细分类

知识测评

1. 填空题

(1)投影按投影线的不同类型可分为________和________。
(2)根据投影线和投影面的夹角不同,平行投影又分为________和________。

2. 选择题

(1)在工程中,(　　)用于绘制透视图。
A. 中心投影法　　B. 斜投影法　　C. 正投影法
(2)在工程中,(　　)用于绘制斜轴测图。
A. 中心投影法　　B. 斜投影法　　C. 正投影法
(3)在工程中,(　　)用于绘制工程图样及正轴测图。
A. 中心投影法　　B. 斜投影法　　C. 正投影法

3. 简答题

(1)为什么平行投影法的度量性较好?
(2)为什么中心投影法的度量性较差?

二、正投影的特性

内容引导

扫描二维码,观看配套微课和教学动画,并回答以下问题。
(1)一般工程图样都是采用什么原理绘制的?
(2)正投影的特性有哪些?

正投影的特性

知识精讲

1. 正投影的基本特性

正投影条件下使物体的某个表面平行于投影面,则该面的正投影可反映其实际形状,标上尺寸就可知其大小。所以,一般工程图样都选用正投影原理绘制。用正投影法绘制的图样称为正投影图。在正投影图中,习惯上将可见的内、外轮廓线画成粗实线;不可见的孔、洞、槽等轮廓线画成细虚线。

1)直线和平面的正投影特性

Ⅰ. 实形性

当直线和平面平行于投影面时,它们的投影分别反映实长和实形。在正投影中具有反映实长或实形的投影特性称为显实性。如图 1-1-5 所示,物体上与投影面平行的平面 *P*,其投影 *p* 反映实形;与投影面平行的直线 *AB*,其投影 *ab* 反映实长。

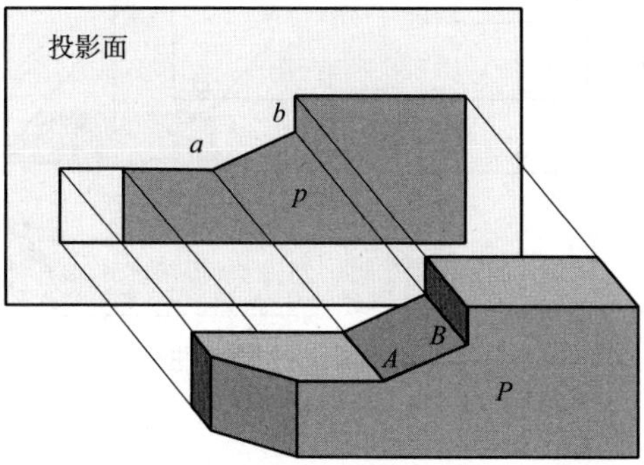

图 1-1-5　直线和平面正投影特性——实形性

Ⅱ. 类似性

当直线与平面均倾斜于投影面时,直线的投影都比实长短;平面的投影比原来的实际图形面积缩小,但仍反映其原来图形的类似形状,在正投影中这种特性称为类似性。如图 1-1-6 所示,物体上倾斜于投影面的平面 *R*,其投影 *r* 缩小,呈类似性;倾斜于投影面的直线 *EF*,其投影 *ef* 比实长短。

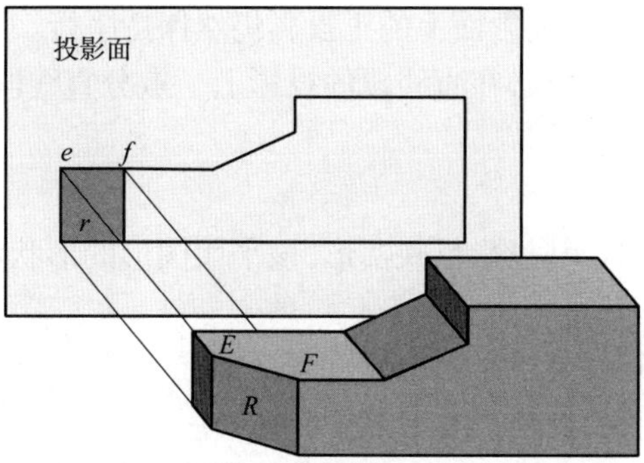

图 1-1-6　直线和平面正投影特性——类似性

Ⅲ. 积聚性

当空间的直线和平面垂直于投影面时,直线的投影变为一个点,平面的投影变为一条直线。这种具有收缩、积聚性质的正投影特性称为积聚性。如图 1-1-7 所示,物体上与投影面垂直的平面 *Q*,其投影 *q* 积聚为一直线,与投影面垂直的直线 *CD*,其投影 *cd* 积聚为一点。

Ⅳ. 平行性

空间平行线段的投影仍然平行。

Ⅴ. 定比性

空间平行线段的长度比在投影中保持不变。

Ⅵ. 从属性

几何元素的从属关系在投影中不会发生改变,如直线上点的投影必属于直线的投影,平面上点和线的投影必属于平面的投影。

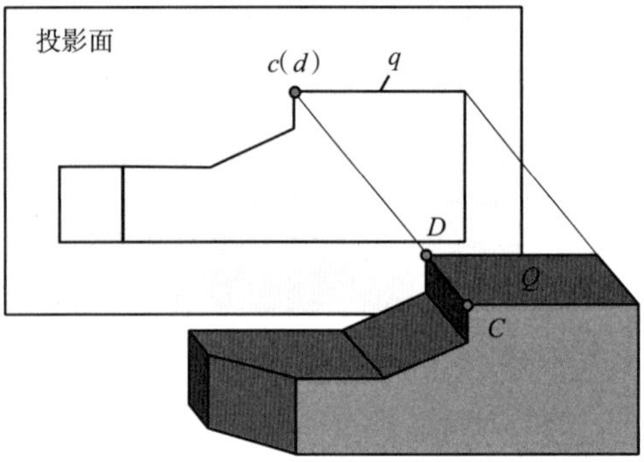

图 1-1-7　直线和平面正投影特性——积聚性

2)点、线、面的正投影特点

Ⅰ. 点的投影

点的投影仍然是点。

Ⅱ. 直线段的投影

当直线段平行于投影面时,其投影反映实长。该线段的长度可以从其正投影的长度来度量。

当直线段垂直于投影面时,其投影积聚为一点。

当直线段倾斜于投影面时,其投影小于实长。

互相平行的两直线在同一投影面上的正投影仍然保持平行。

点在直线段上,则点的投影必在直线段的投影上。点分直线段所成的比例,等于点的投影分线段的投影所成的比例。

Ⅲ. 平面的投影

当平面平行于投影面时,其投影反映实形,该平面图形的形状和大小可以从其正投影的长度来确定和度量。

当平面垂直于投影面时,其投影积聚成直线。

当平面倾斜于投影面时,其投影类似于平面实形。

总结,正投影的主要特性有三个,即实形性、类似性、积聚性,如图 1-1-8 所示。

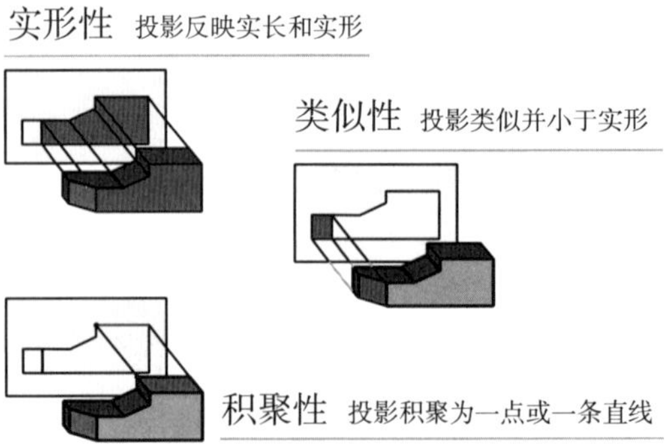

图 1-1-8　正投影的三个主要特性

知识测评

1. 填空题

（1）正投影的主要特性有______和______、______。

（2）一般工程图样都选用______绘制。用____绘制的图样称为正投影图。

（3）在正投影图中，习惯上将可见的内、外轮廓线画成___线；不可见的孔、洞、槽等轮廓线画成____线。

2. 选择题

（1）正投影的（　　）特性，是指投影反映实长和实形。

A. 实形性　　B. 类似性　　C. 积聚性

（2）正投影的（　　）特性，是指投影类似并小于实形。

A. 实形性　　B. 类似性　　C. 积聚性

（3）正投影的（　　）特性，是指投影积聚为一点或一条直线。

A. 实形性　　B. 类似性　　C. 积聚性

第二节　三面正投影图

一、三面投影的概念及特性

三面投影的概念及特性

内容引导

扫描二维码，观看配套微课和教学动画，并回答以下问题。

（1）形体都具有哪几个方向的尺寸？

（2）一共需要几个面的投影才能把形体表示清楚？

知识精讲

1. 三面正投影体系

由于正投影法具有图示方法简便、能真实反映物体的形状和大小、容易度量等特点，因此正投影图成为建筑工程领域中主要采用的图样形式。

从正投影的概念可以知道，当确定投影方向和投影面后，一个物体便能在此投影面上获得唯一的投影图，但这个正投影图并不能反映该物体的全貌。如图 1-2-1 中所展示的几种形体在投影面上的投影均是相同的长方形，所以由一个投影图不能确定唯一的形体。

这是因为形体是由长、宽、高三个尺寸确定的，而一个投影图只反映其中两个尺寸，所以要准确、全面地表达形体的形状和大小，一般需要两个或两个以上投影图。

为此，我们设立三个相互垂直的平面作为投影面，如图 1-2-2 所示，四个不同的物体在三个投影面上的投影就能看出差异了。显然，表示形状不同的物体，有了三面投影就能够全面、正确地表达物体形状了。

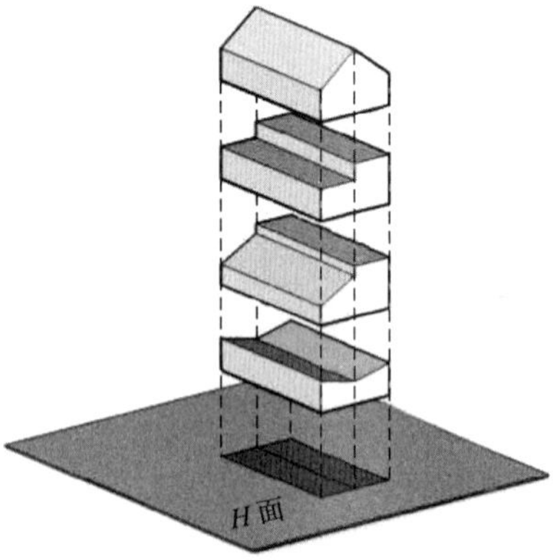

图 1-2-1　投影图不能确定唯一的形体

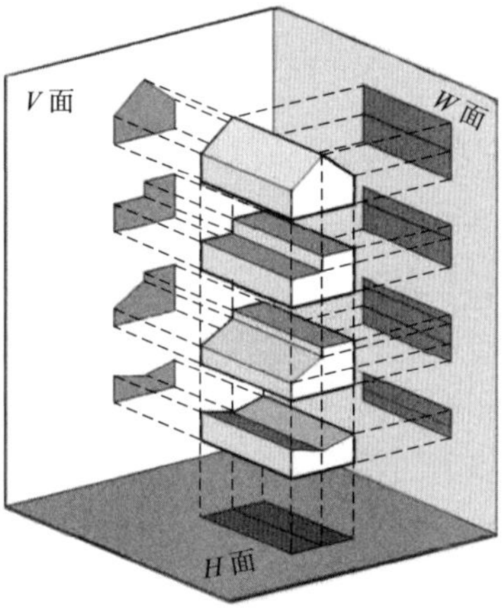

图 1-2-2　用三面投影全面展示物体形状

处于水平位置的投影面称为水平投影面，简称水平面，用 H 表示。处于正立位置的投影面称为正立投影面，简称正立面，用 V 表示。处于侧立位置的投影面称为侧立投影面，简称侧立面，用 W 表示。这三个投影面互相垂直相交，形成的 OX、OY、OZ 三条交线，称为投影轴。三条轴线的交汇点 O 称为投影原点。这样三个投影面围合而成的空间投影体系，称为三面正投影体系，如图 1-2-3 所示。

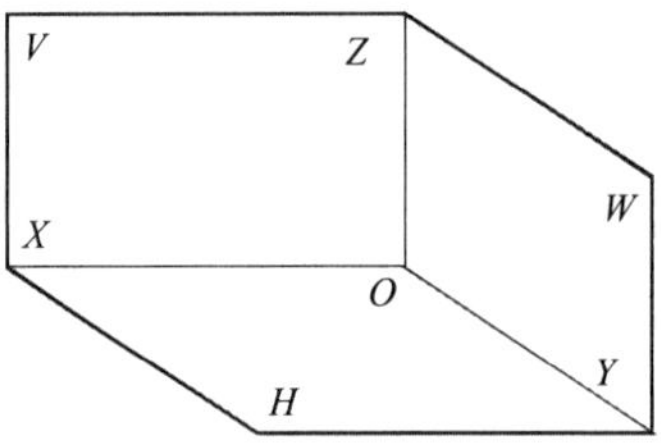

图 1-2-3　三面投影体系

2. 三面投影的特性

形体与投影面的相对关系不同则呈现不同的特性。

当形体平行于投影面时，投影呈现实形性，如图 1-2-4 所示。当形体垂直于投影面时，投影呈现积聚性，如图 1-2-5 所示。当形体倾斜于投影面时，投影呈现类似性，如图 1-2-6 所示。

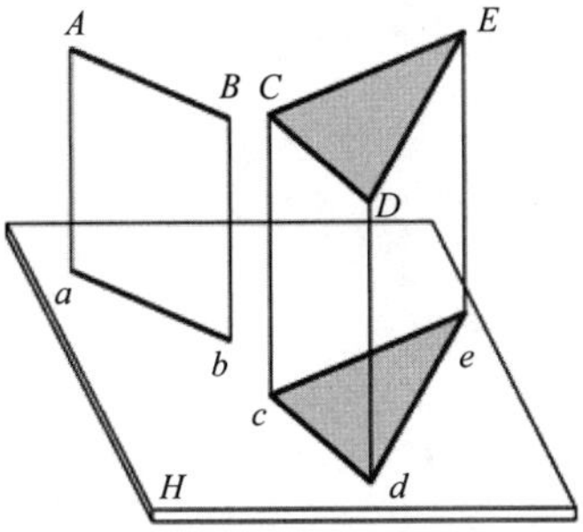

图 1-2-4　投影呈现实形性

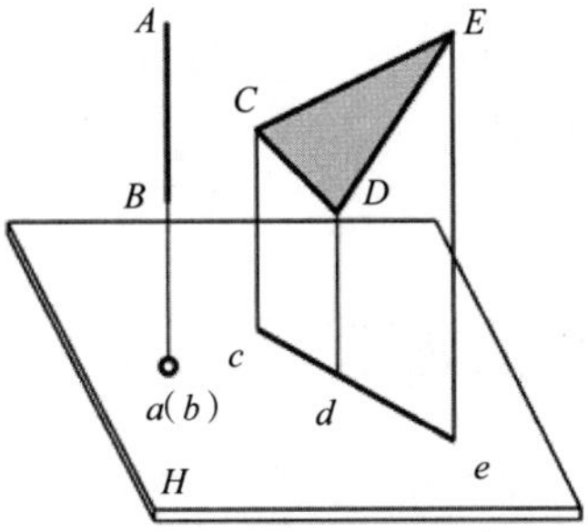

图 1-2-5　投影呈现积聚性

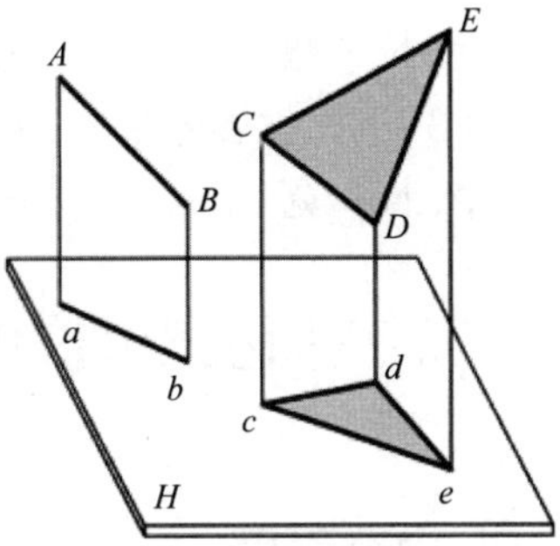

图 1-2-6　投影呈现类似性

物体的空间形态有正面、侧面和顶面三个方向。

物体具有长度、宽度和高度三个方向的尺寸，并且物体在每一面视图中的投影均反映两个方向的尺度，*H* 面反映长和宽，*V* 面反映长和高，*W* 面反映宽和高，综合三面投影图可得到形体在空间的形状和大小。图 1-2-7 所示为形体的三面投影展开图。

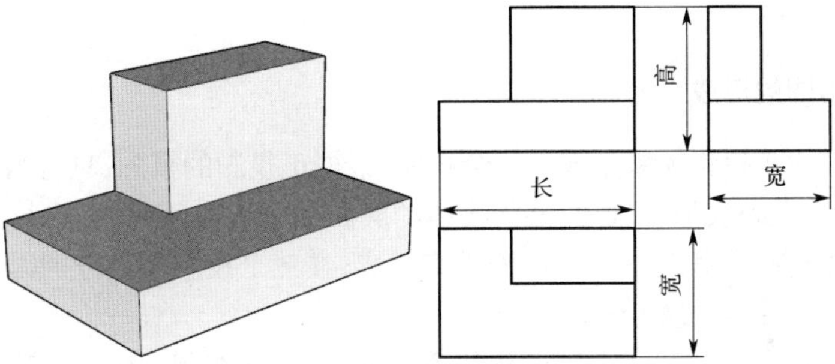

图 1-2-7　形体的三面投影展开图

知识测评

1. 填空题

（1）三面正投影体系中，处于水平位置的投影面称为____面，简称____面，用____表示。处于正立位置的投影面称为____面，简称____面，用____表示。处于侧立位置的投影面称为____面，简称____面，用____表示。

（2）三个投影面互相垂直相交，由这样三个投影面围合而成的空间投影体系，称为________体系。

（3）三面投影的特性有____、____、____。当形体平行于投影面时，投影呈现____。当形体垂直于投影面时，投影呈现____。当形体倾斜于投影面时，投影呈现____。

2. 选择题

（1）三面投影体系中，*H* 面反映（　　）和（　　）。

A. 长　宽　　　　B. 长　高　　　　C. 宽　高

（2）三面投影体系中，*V* 面反映（　　）和（　　）。

A. 长　宽　　B. 长　高　　C. 宽　高

（3）三面投影体系中，*W* 面反映（　　）和（　　）。

A. 长　宽　　B. 长　高　　C. 宽　高

二、三面投影图的展开和规律

内容引导

扫描二维码，观看配套微课和教学动画，并回答以下问题。

（1）三面投影图的三个投影面是怎么命名的？

（2）三面投影图是怎么形成的？

三面投影图的展开和规律

知识精讲

1. 三面投影图的形成

在建立的三面正投影体系中放入一个物体，根据正投影的概念，只有当平面平行于投影面时，它的投影才反映实形，所以我们将物体的底面平行于 *H* 面，正面平行于 *V* 面。采用三组不同方向的平行投影线向三个投影面垂直投影，在三个投影面上分别得到该物体的正投影图，我们称之为三面正投影图。

由于这三个投影图与我们观察的视线方向一致，因此在制图中常简称为三视图。*H* 投影面上的投影图，称为水平投影图或俯视图；*V* 投影面上的投影图，称为正面投影图或正视图；*W* 投影面上的投影图，称为侧面投影图或侧视图，如图 1-2-8 所示。

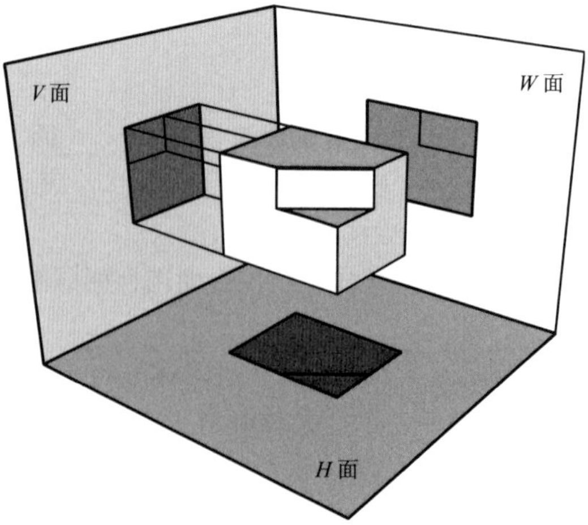

图 1-2-8　物体的三视图

2. 三面投影图的展开

在工程制图中，我们需要将空间形体图表示在二维平面上，即图纸上。所以我们必须将三个垂直投影面上的投影图画在一个平面上，这就是三面投影图的展开。展开时，必须遵循一个原则：V 面始终保持不动，首先将 H 面绕 OX 轴向下旋转 90°（图 1-2-9），然后将 W 面绕 OZ 轴向右旋转 90°，最终使三个投影图位于一个平面图上。此时，OY 轴线分解成 OY_W、OY_H 两根轴线，它们分别与 OX 轴和 OZ 轴处于同一直线上，如图 1-2-10 所示。

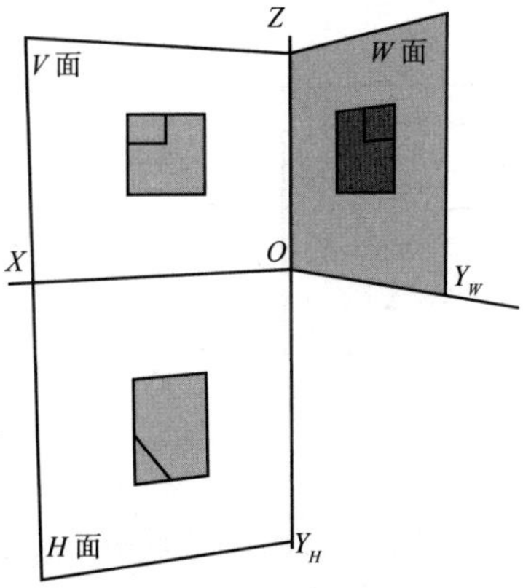

图 1-2-9　三面投影图的展开 1

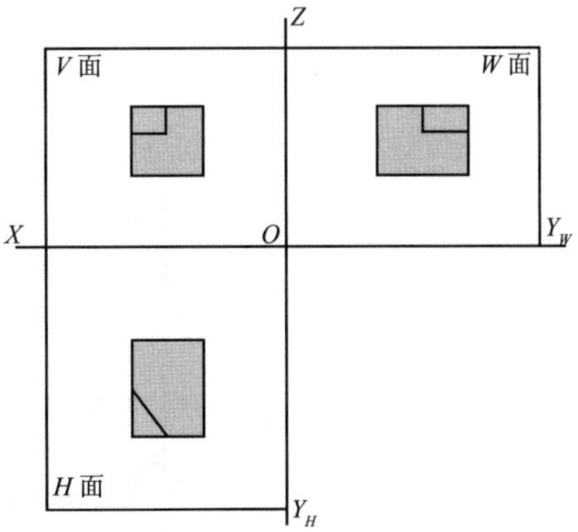

图 1-2-10　三面投影图的展开 2

三面投影体系的位置是固定的，投影面的大小与投影图无关。在实际作图中，只需画出物体的三面投影图，不必画出三个投影面的边框线，也不用字样注明投影面、轴线与原点，如图 1-2-11 所示。

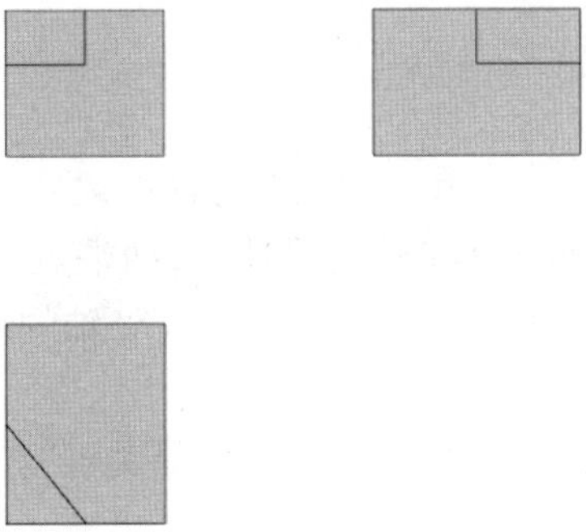

图 1-2-11　三面投影的实际作图

3. 三面投影图的规律

在展开的三面正投影图中可以看出，一个空间形体具有正面、侧面和顶面三个方向的形状，具有长度、宽度和高度三个方向的尺寸。

在三面投影体系中，平行于 OX 轴的形体上，两端点之间的距离称为长度；平行于 OY

轴的形体上，两端点之间的距离称为宽度；平行于 OZ 轴的形体上，两端点之间的距离称为高度。

分析三面投影图，可以发现三面投影图两两之间，都存在着一定的联系：正面投影和侧面投影具有相同的高度；水平投影和正面投影具有相同的长度；侧面投影和水平投影具有相同的宽度。因此在作图中，必须使 V、H 面投影位置左右对正，即遵循“长对正”的规律；使 V、W 面投影上下平齐，即遵循“高平齐”的规律；使 H、W 面投影宽度相等，即遵循“宽相等”的规律。“三等关系”是三面投影图的基本规律，如图 1-2-12 所示。

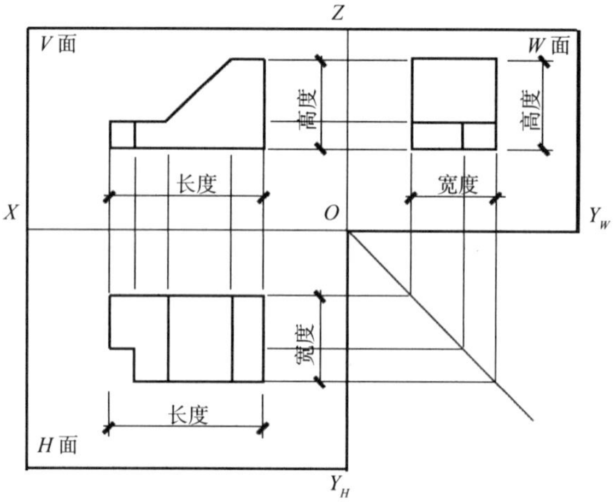

图 1-2-12　三面投影图“三等关系”

知识测评

1. 填空题

（1）一个空间形体具有____、____和____三个方向的尺寸。

（2）在三面投影体系中，平行于 OX 轴的形体上，两端点之间的距离称为____；平行于 OY 轴的形体上，两端点之间的距离称为____；平行于 OZ 轴的形体上，两端点之间的距离称为____。

（3）“三等关系”是三面投影图的基本规律。“三等关系”指的是____、____、____。

2. 选择题

（1）三面投影图每两图之间，存在的联系是：正面投影和侧面投影具有相同的（　　）。

A. 长度　　B. 宽度　　C. 高度

（2）三面投影图每两图之间，存在的联系是：水平投影和正面投影具有相同的（　　）。

A. 长度　　B. 宽度　　C. 高度

（3）三面投影图每两图之间，存在的联系是：侧面投影和水平投影具有相同的（　　）。

A. 长度　　B. 宽度　　C. 高度

三、三面投影图的画法

内容引导

扫描二维码，观看配套微课和教学动画，并回答以下问题。

我们在绘制三面投影图时，为什么要先确定 V 面投影的方向呢？

三面投影图的画法

知识精讲

1. 三面投影图的画法

已知形体的轴测图，如何根据轴测图来绘制形体的三面投影图呢？

如图 1-2-13 所示，我们所看到的是一个组合体的正等轴测图。根据正等轴测图的特点可以得知，组合体尺寸与正等轴测图比例为 1 : 1。在进行三面投影图的绘制前，我们先确定三面投影图的投影方向，按图 1-2-14 箭头所示方向确定 V 面，确定 V 面后，便能确定 H 面和 W 面，如图 1-2-15 所示。

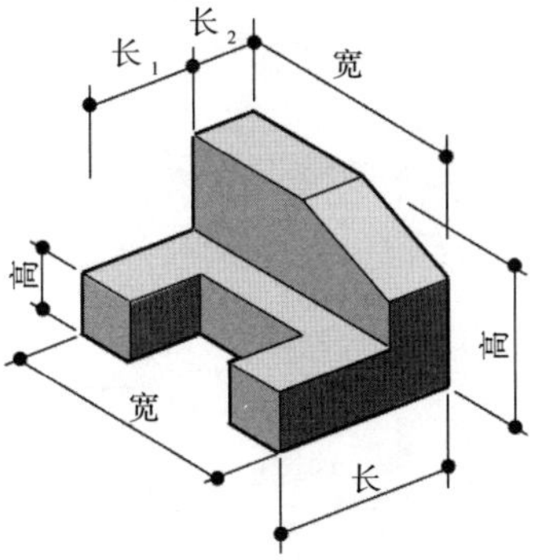

图 1-2-13　组合体的正等轴测图

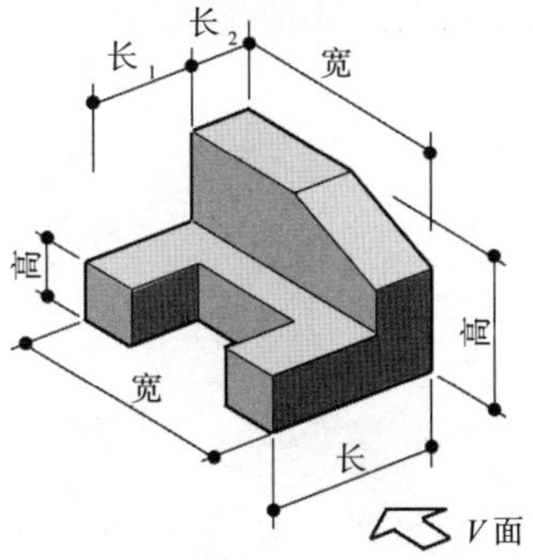

图 1-2-14　确定组合体的 V 面

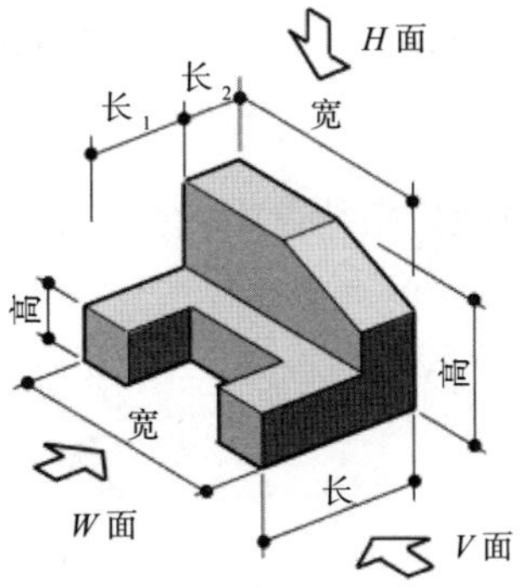

图 1-2-15　确定组合体的 H 面和 W 面

2. 绘制步骤

1)绘制 *V* 面投影

首先绘制该组合体的 *V* 面投影,量取所需要绘制的线段的尺寸,如图 1-2-16 所示。根据所量取的尺寸进行绘制,如图 1-2-17 所示。

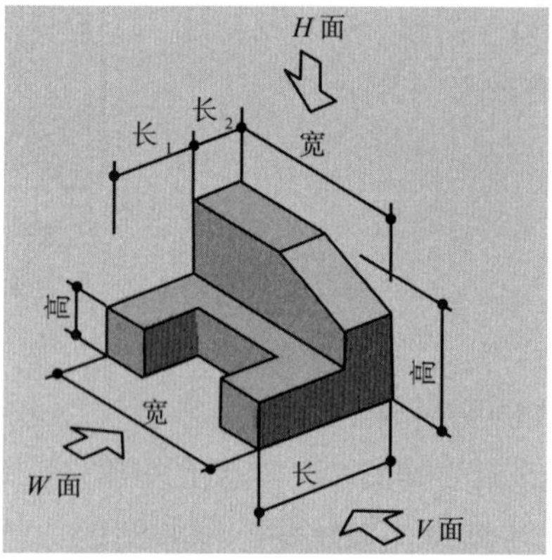

图 1-2-16　量取线段尺寸

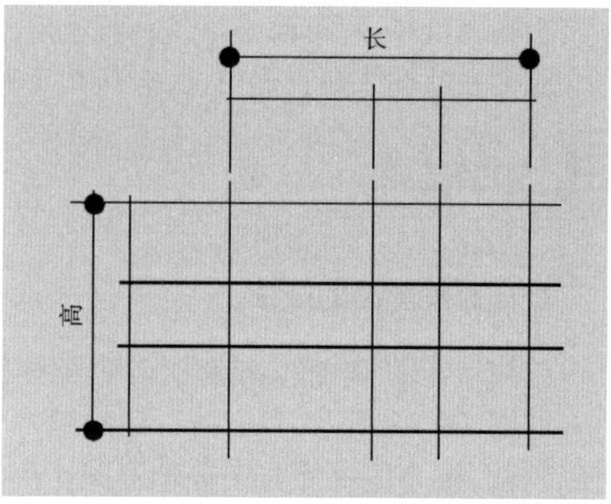

图 1-2-17　根据尺寸进行绘制

观察组合体可以得知,该线条在 *V* 面投影时是被挡住的(图 1-2-18),所以在绘制 *V* 面投影时,要将其绘制成虚线(图 1-2-19)。

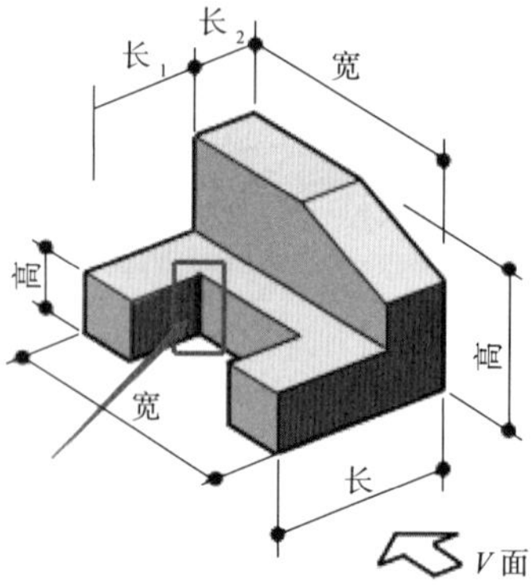

图 1-2-18　组合体中被遮挡的线条

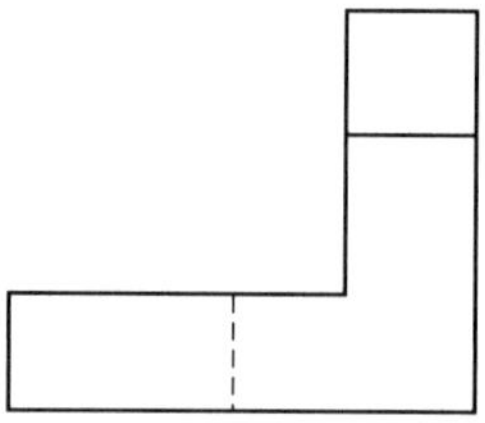

图 1-2-19　被遮挡的线条应绘制虚线

2)绘制辅助线

V 面投影绘制完成后,根据三面投影特性中的“长对正”和“高平齐”从 *V* 面投影中引出辅助线,如图 1-2-20 所示。

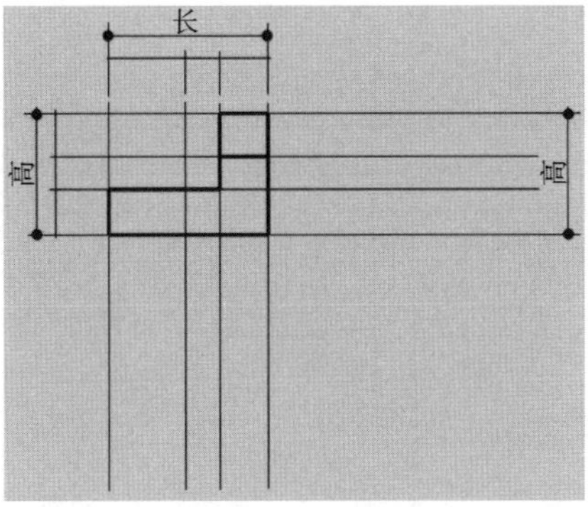

图 1-2-20　从 *V* 面投影引出辅助线

3)设定形体最后端所在位置

为了利用 *H* 面投影和 *W* 面投影的“宽相等”的规律绘制另外两面的投影图,首先设定一个形体的最后端位置,画出对应投影线,如图 1-2-21 所示。找到设定的 *H* 面投影和 *W* 面投影的最后端线段的交点,以该交点为端点画出 45° 斜线,如图 1-2-22 所示。

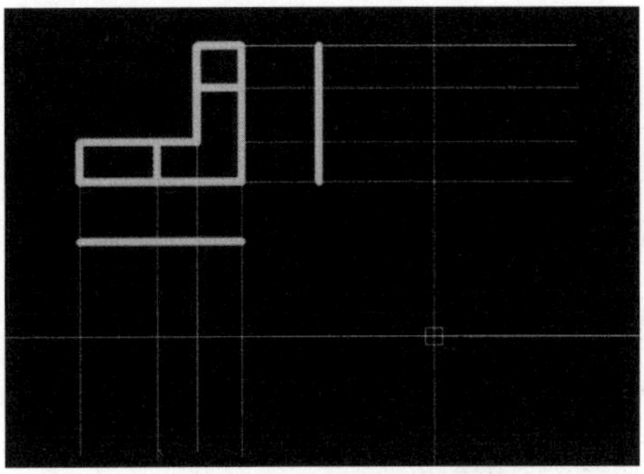

图 1-2-21　作对应投影线

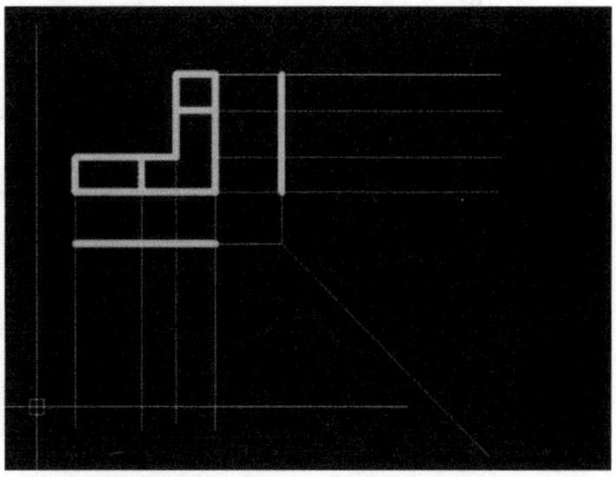

图 1-2-22　作 45° 斜线

4)绘制 *W* 面投影

首先量取所需要的线段的长度,如图 1-2-23 所示;在投影图中,以设定的最后端位置为基准,画出 *W* 面投影,如图 1-2-24 所示;再画出 *W* 面投影和 *H* 面投影符合“宽相等”的辅助线,如图 1-2-25 所示。

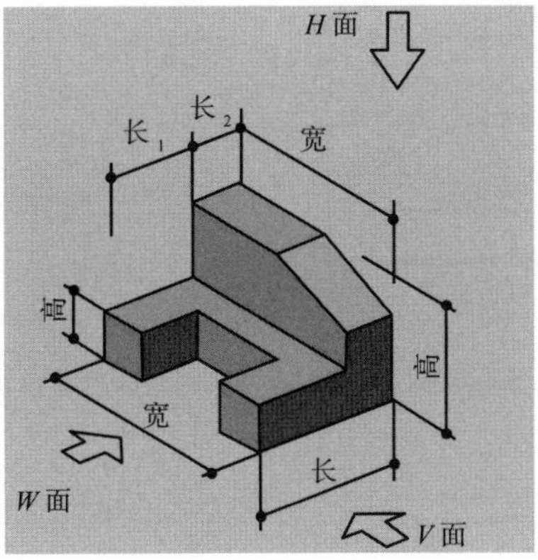

图 1-2-23　量取线段长度

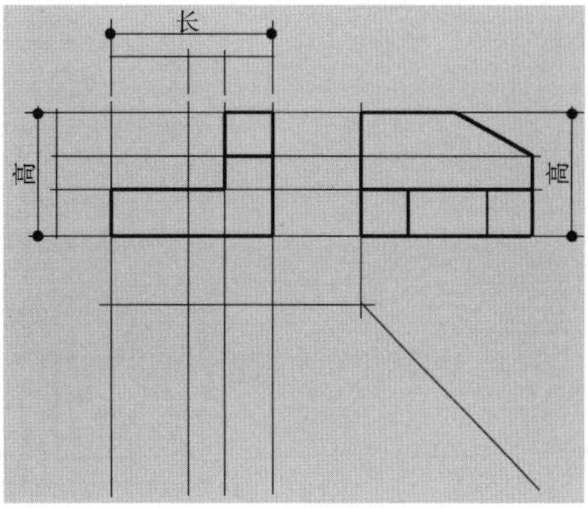

图 1-2-24　绘制 *W* 面投影

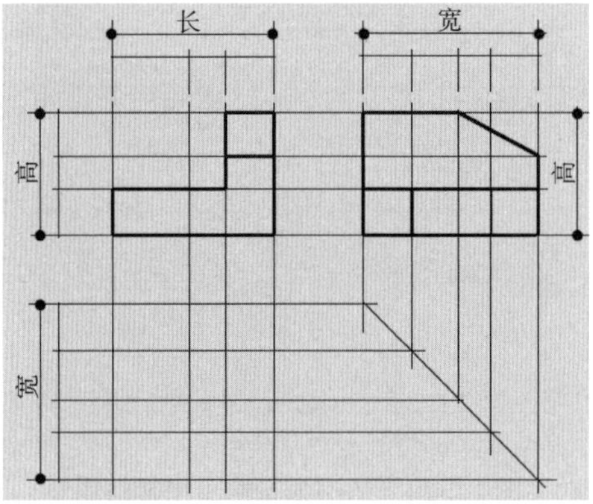

图 1-2-25　作 W 面投影和 H 面投影的辅助线

5）**绘制 H 面投影**

前面已经根据“长对正”和“宽相等”画好足够长度和宽度的辅助线，所以不用再量取 H 面对应线段的尺寸。根据组合体的形状，进行 H 面投影的绘制，绘制时应注意线所在位置应符合组合体的形状，如图 1-2-26 所示。

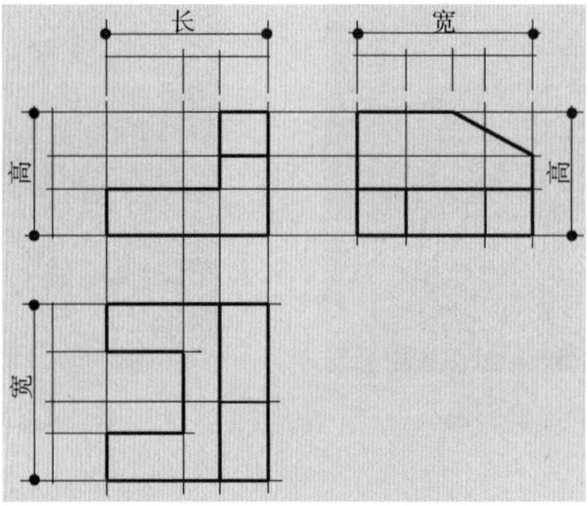

图 1-2-26　绘制 H 面投影

6）**清除辅助线**

清除辅助线后如图 1-2-27 所示。

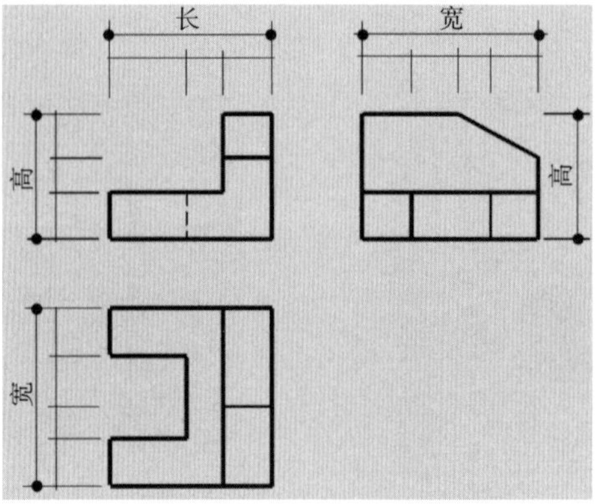

图 1-2-27　清除辅助线

7）核对线宽

线宽应该满足《房屋建筑制图统一标准》（GB/T 50001—2017），轮廓线用粗实线绘制，当采用 1 mm 的粗实线时，虚线可以采用 0.25 mm 的细线。

3. 三面投影形体分析

从绘制完成的形体的三面投影图里，在 *V* 面投影中，可以找到形体的最上端、最下端、最左端和最右端，如图 1-2-28 所示。在 *W* 面投影中，可以找到形体的最上端、最下端、最后端和最前端，如图 1-2-29 所示。在 *H* 面投影中，可以找到形体的最后端、最前端、最左端和最右端，如图 1-2-30 所示。

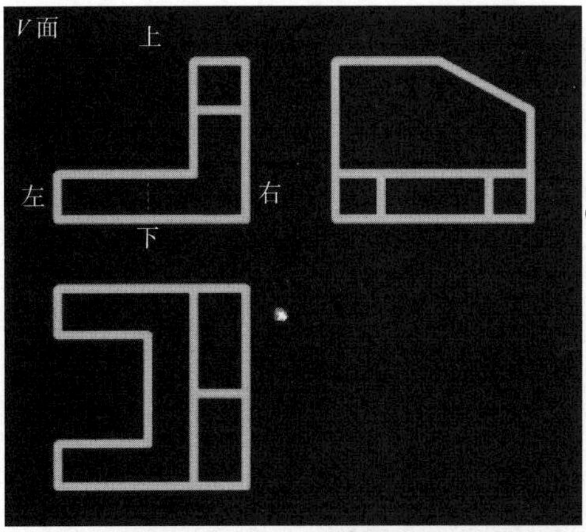

图 1-2-28　*V* 面投影分析

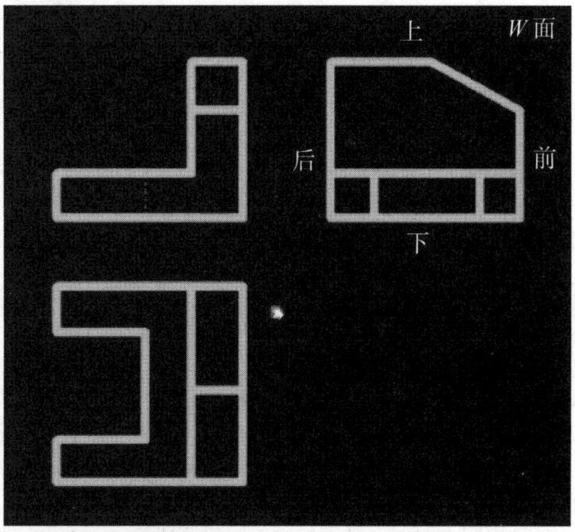

图 1-2-29　*W* 面投影分析

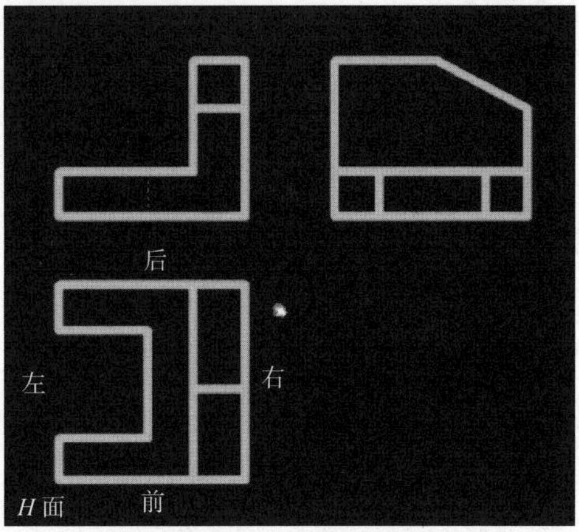

图 1-2-30　*H* 面投影分析

任务实施

上机实操：已知形体的正等轴测图，使用计算机辅助设计（Computer Aided Design，CAD）软件绘制三面投影图。

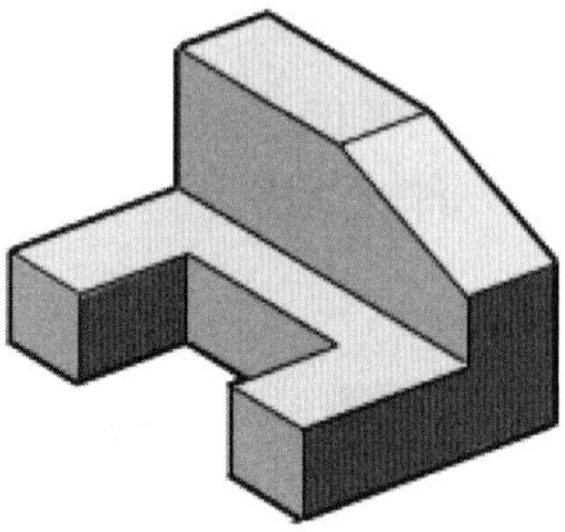

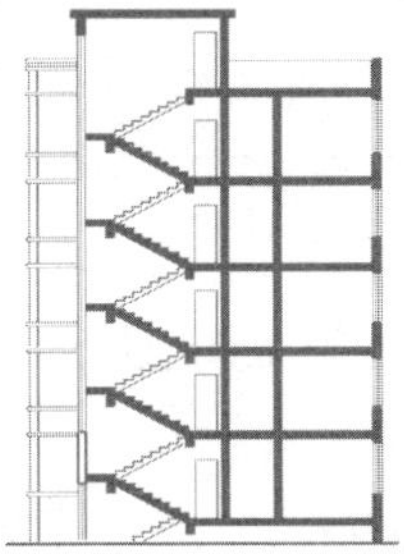

第二章
建筑施工图的内容及制图规定

思政元素

2017年，党的十九大明确提出，新时代我国社会的主要矛盾已经转化为人民日益增长的美好生活需要和不平衡不充分的发展之间的矛盾，党的二十大对此又予以强调，社会主要矛盾的转化是我们制定路线、方针和政策的根本依据。建设更高质量和更具审美情趣的公共建筑基础设施和保障性住房是满足人民对美好生活需要的应有之义。而房屋建筑施工图是建筑施工的依据和标准，是工程质量有效保证的关键，关系到国家和人民的根本利益，更关系到国家对人民美好生活需要的满足。结合课程内容，一方面，我们需要给学生解读新时代我国主要矛盾的转化背景、主要内容和实践意义，另一方面，我们要从社会主义核心价值观出发，对学生进行工程伦理的内涵解读，以正确引导学生理解中国现实国情，把握社会主义核心价值观的根本要求，并在此基础上帮助学生树立自觉遵守工程施工道德规范、严格执行建筑工程施工图纸要求和国家建筑质量标准进行工程施工的观念，敬畏生命、敬畏规则，以保证工程质量过关。

第一节　建筑施工图的内容及特点

内容引导

扫描二维码，观看配套微课，并回答以下问题。

（1）一套完整的建筑工程施工图，应该包括哪些内容呢？

（2）建筑工程施工图有哪些特点？

建筑施工图的内容及特点

知识精讲

建造房屋要经过两个基本过程：设计和施工。设计时需要把想象中的建筑物用图形表示出来，这种图形被统称为建筑工程施工图。建筑工程施工图是用来反映房屋的功能组合、房屋内外貌和设计意图的图样；为施工服务的图样称为房屋施工图，简称施工图。

1. 建筑施工图的内容

根据《房屋建筑制图统一标准》（GB/T 50001—2017）的规定，工程图纸应按专业顺序编排，一般应为图纸目录、设计总说明、总平面图、建筑施工图、结构施工图、设备施工图、建筑装饰装修施工图等。

1）图纸目录

图纸目录包括图纸的分类、编号及排序内容，见表 2-1-1。

表 2-1-1 图纸目录

图号	图名及图纸内容	图幅	图号	图名及图纸内容	图幅
建筑 01	首页图（设计说明等）	A2	结施 01	基础平面图、基础详图	A2
建筑 02	总平面图	A2	结施 02	楼面、屋面结构平面图	A2
建筑 03	底层平面图、标准层平面图	A2	结施 03	梁、板、柱结构详图	A2
建筑 04	屋面平面图	A2	水施 01	给排水平面布置图	A2
建筑 05	①—⑦、⑦—①立面图	A2	水施 02	给排水系统图	A2
建筑 06	1-1、2-2 剖面图	A2	电施 01	设备材料图	A2
建筑 07	楼梯间详图	A2	电施 02	照明平面布置图	A2
建筑 08	厨房、卫生间详图	A2	电施 03	照明配电系统图	A2
建筑 09	墙身剖面详图、阳台详图	A2	讯施 01	闭路电视及电话配线图	A2

2）设计总说明

设计总说明共包括：施工图的设计依据，本工程项目的设计规模及建筑面积，工程项目的相对标高与总图绝对标高的对应关系，建筑材料的用料说明，室内外装饰装修说明，新技术、新材料或有特殊要求的做法说明，门窗表。

3）总平面图

总平面图是新建房屋在基地范围内的总体布置图，是新建房屋范围内的水平正投影图。它反映新建房屋的平面形状、位置、尺寸、标高、层数、朝向及其与周围原有建筑及道路、河流、地形等的关系，是新建房屋定位、施工放线、土石方施工、现场布置的依据，如图 2-1-1 所示。

4）建筑施工图

建筑施工图（简称“建施”），主要表明建筑物的总体布局、外部造型、内部布置、细部构造、内外装饰等情况。它包括首页、总平面图、平面图、立面图、剖面图和详图等，如图 2-1-2 和图 2-1-3 所示。

5）结构施工图

结构施工图（简称“结施”），主要表明建筑物各承重构件的布置、形状尺寸、所用材料及构造做法等内容。它包括首页、基础平面图、基础详图、结构平面布置图、钢筋混凝土构件详图、节点构造详图等，如图 2-1-4 所示。

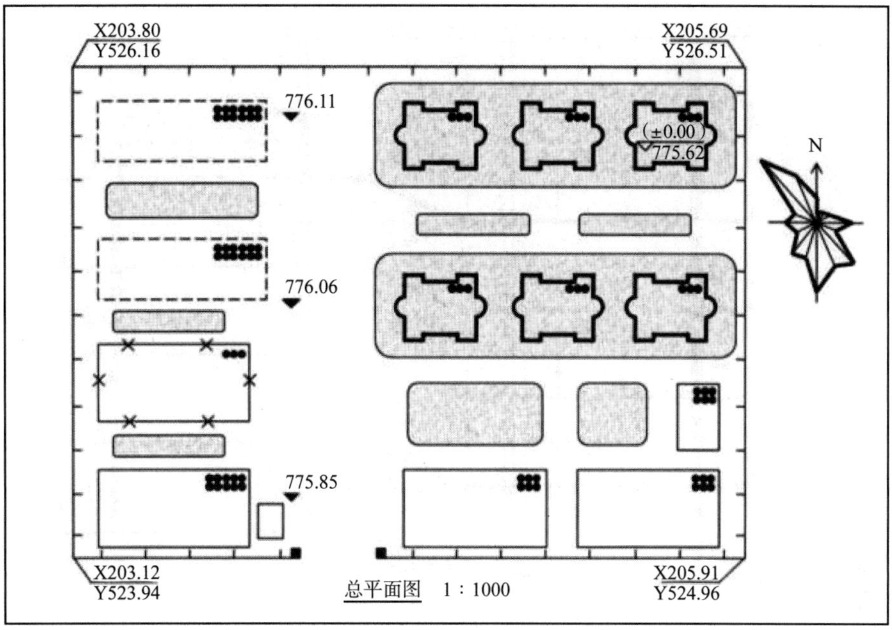

图 2-1-1 总平面图

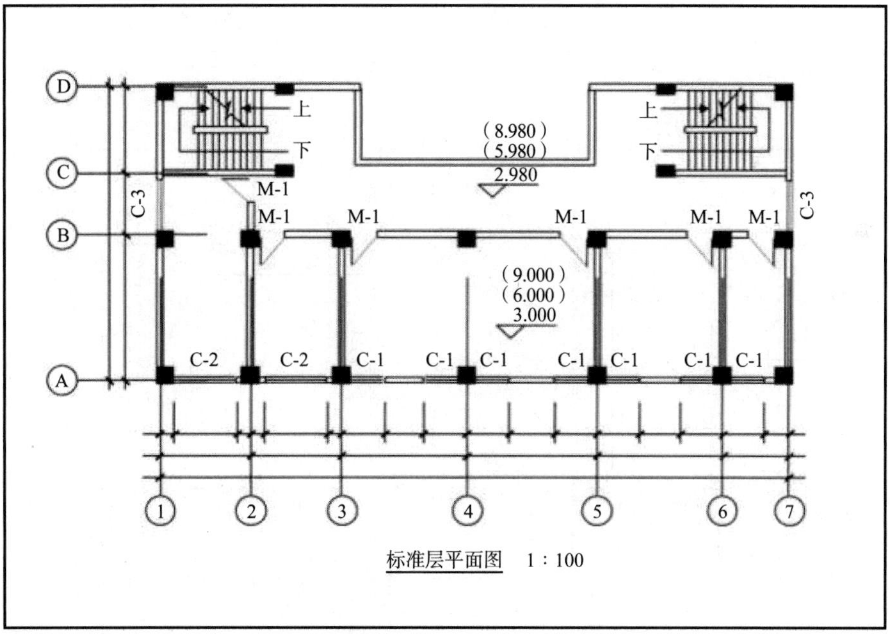

图 2-1-2 平面图

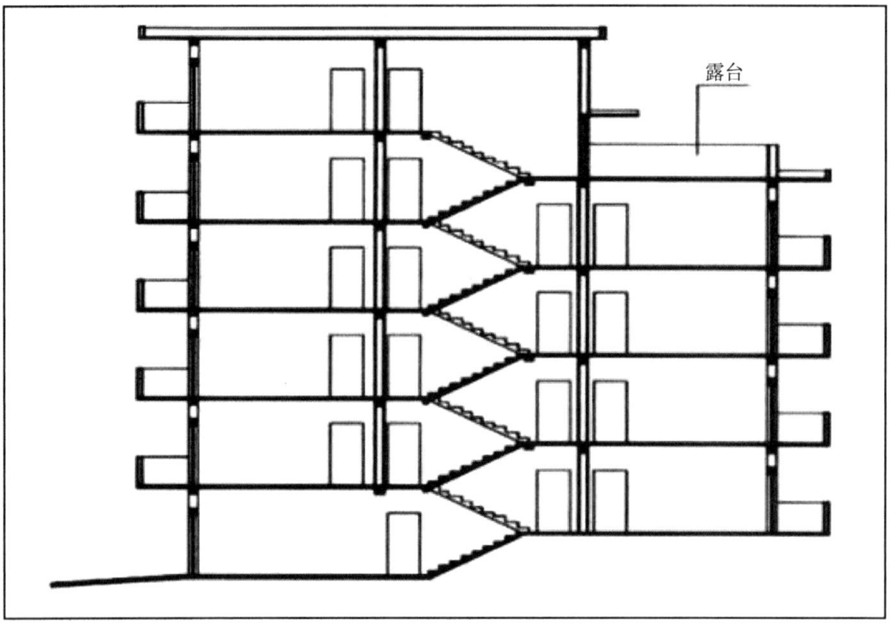

图 2-1-3　剖面图

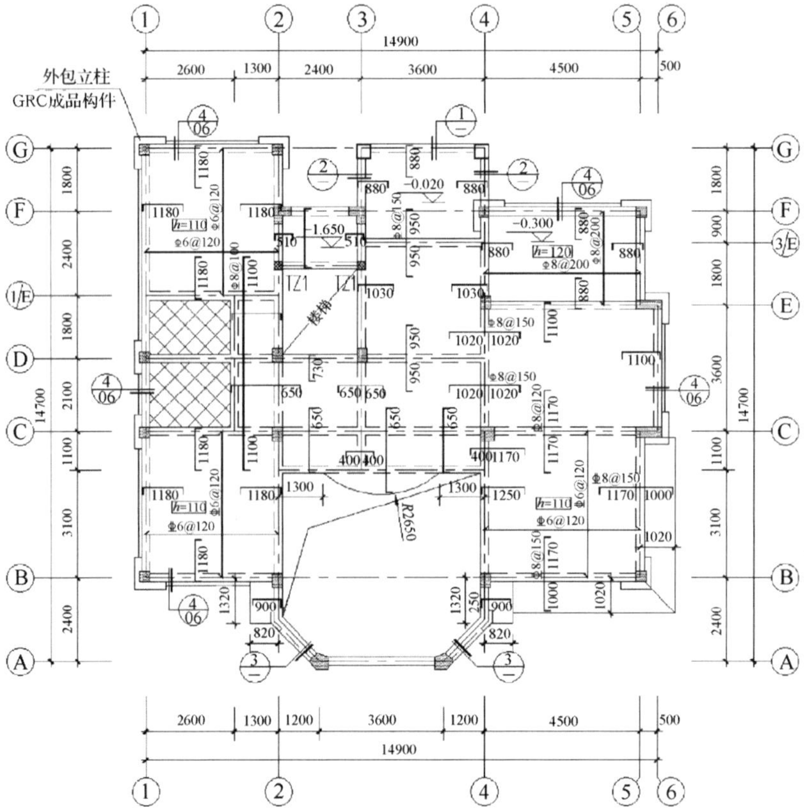

图 2-1-4　结构施工图

6）设备施工图

设备施工图（简称“设施”），是表明建筑工程各专业设备、管道及埋线的布置和安装要求的图样。它包括给水排水施工图、采暖通风施工图、电气施工图等，一般都由首页、平面图、系统图、详图等组成，如图 2-1-5 所示。

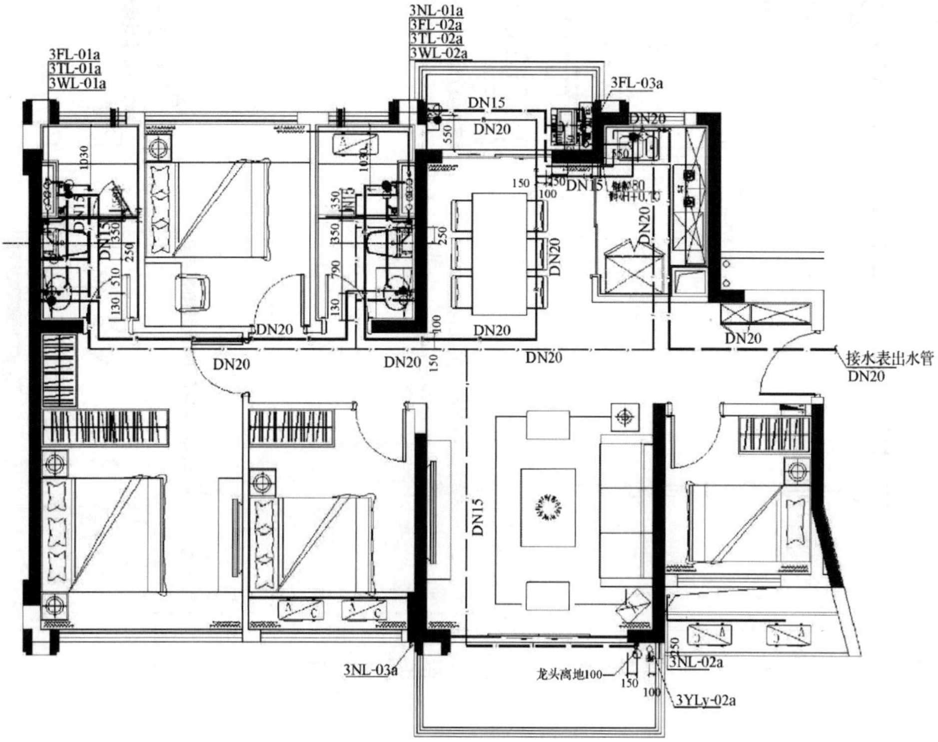

图 2-1-5　设备施工图

7）建筑装饰装修施工图

建筑装饰装修施工图（简称“装施”），是反映建筑物室内外装饰装修设计施工要求的图样，如图 2-1-6 所示。

2. 建筑施工图的特点

（1）施工图的图样主要根据正投影法绘制，故应符合正投影法的投影规律。

（2）施工图的绘制比例根据图样的内容及复杂程度进行选择，同一幅图纸中可以出现不同比例的图样。

（3）施工图的各种图例和符号，是根据国家标准的规定绘制的。

（4）施工图中的尺寸，除标高和总平面图以 m 为单位外，其他均以 mm 为单位，尺寸数字后不标注尺寸单位。

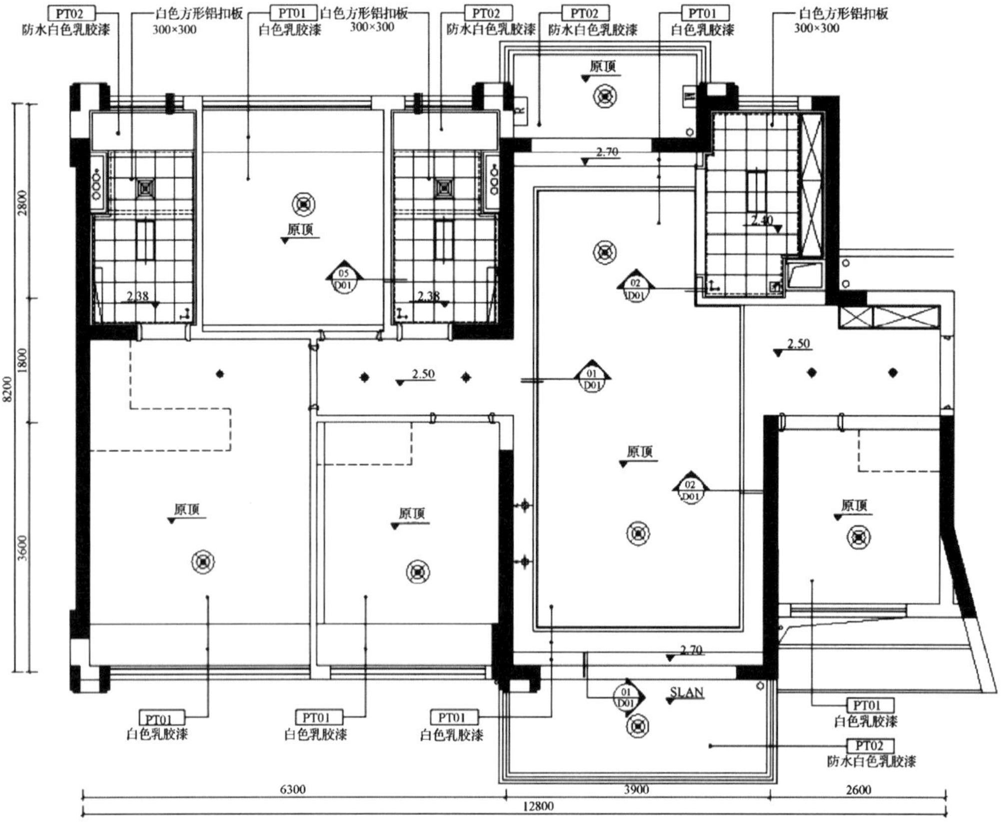

图 2-1-6　建筑装饰装修施工图

知识测评

1. 填空题

（1）图纸目录包括________、_________及________。

（2）建筑施工图主要表明建筑物的_________、_________、_________、_________、________等情况。

（3）设备施工图主要包括_________、_________、_________等。

2. 简答题

（1）设计总说明包括什么内容？

（2）设备施工图的作用是什么？

第二节　建筑施工图的基本制图标准

一、图纸幅面和规格

内容引导

扫描二维码，观看配套微课，并回答以下问题。

图纸的幅面有几种规格？它们之间有着怎样的关系？

图纸幅面和规格

知识精讲

1. 图幅

图幅全称图纸幅面，指图纸本身的大小规格。为了便于图样的装订、管理和保存，图样的大小规格应整齐统一。建筑工程图纸的幅面及图框尺寸见表 2-2-1。

表 2-2-1　建筑工程图纸尺寸　　单位：mm

幅面代号	A0	A1	A2	A3	A4
$b\times l$	841 × 1 189	594 × 841	420 × 594	297 × 420	210 × 297
c	10			5	
a	25				

标准图纸的幅面代号有 A0、A1、A2、A3、A4。

表 2-2-1 中，b 代表短边尺寸，l 代表长边尺寸，a、c 为图框线与幅面线之间的宽度，单位为 mm。A0 号图幅的幅面面积为 1 ㎡。将几张不同图幅的图纸放在一起，可发现如下规律：A0 号图幅对折后变为 A1 号图幅，A1 号图幅对折后变成 A2 号图幅。以此类推，上一号图幅的短边，即是下一号图幅的长边，如图 2-2-1 所示。

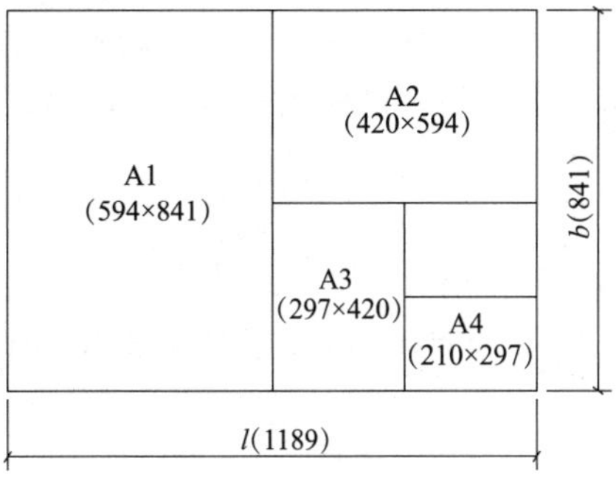

图 2-2-1　各种图纸幅面（单位：mm）

图幅分横式和立式两种。图纸以短边作为垂直边称为横式，如图 2-2-2 所示。

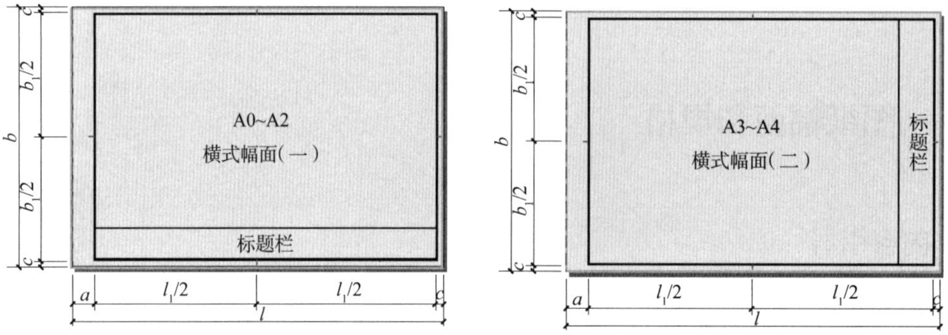

图 2-2-2　横式图幅

以短边作为水平边称为立式，如图 2-2-3 所示。

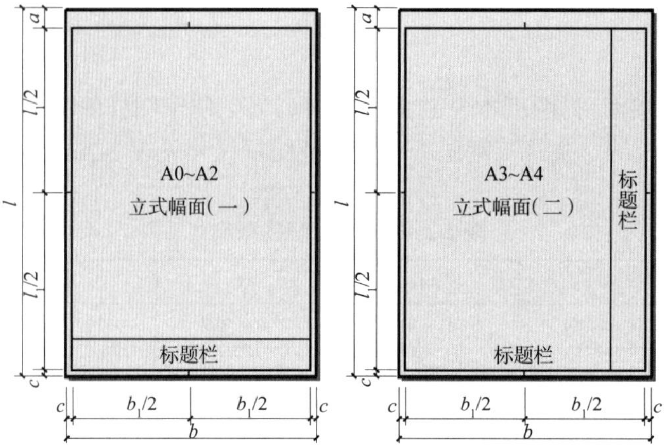

图 2-2-3　立式图幅

需要微缩复制的图样，一边应附有一段准确米制尺度，四边应附有对中标志，米制尺度的总长应为 100 mm，分格应为 10 mm。对中标志应画在图样各边长的中点处，线宽应为 0.35 mm，应伸入内框边，在框外为 5 mm。对中标志的线段，应在图框长边尺寸 l_1 和图框短边尺寸 b_1 的范围内取中。

同一项工程的图样应整齐统一，选用图幅时宜以一种规格为主，尽量避免大小图幅掺杂使用，一般不宜多于两种幅面，目录及表格所采用的 A4 幅面可不在此限。为便于携带，施工图常采用 A2 图幅。

2. 标题栏的规格及分区

图样的标题栏简称图标，图标竖向排布时，宽度应取 40~70 mm，横向排布时，宽度应取 30~50 mm，如图 2-2-4 所示。

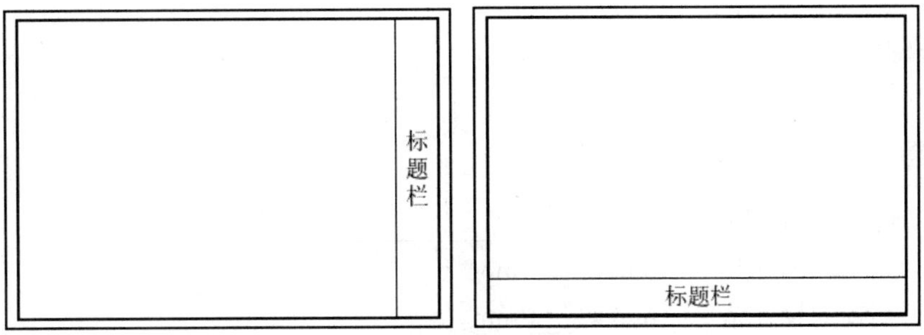

图 2-2-4　标题栏的规格

一般来说,标题栏内容竖向从上到下、横向从左到右分别包括设计单位名称区、注册师签章区、项目经理签章区、修改记录区、工程名称区、图号区、签字区和会签栏,如图 2-2-5 所示。

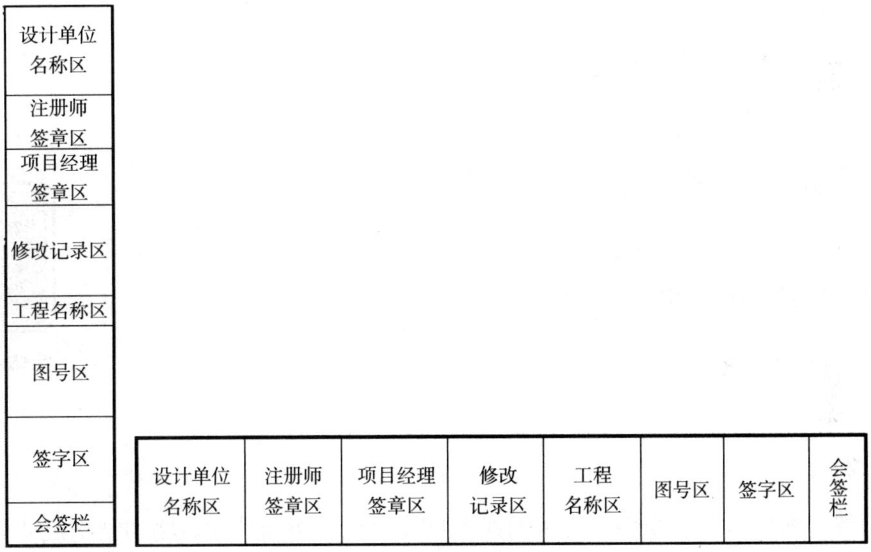

图 2-2-5　标题栏的分区

会签栏的绘制格式如图 2-2-6 所示。栏内应填写会签人员所代表的专业、实名、签名、日期(年、月、日);一个会签栏不够时可另加一个,两个会签栏应并列;不需要会签的图纸可不设此栏。当在计算机辅助制图文件中使用电子签名与认证时,应符合《中华人民共和国电子签名法》的规定。

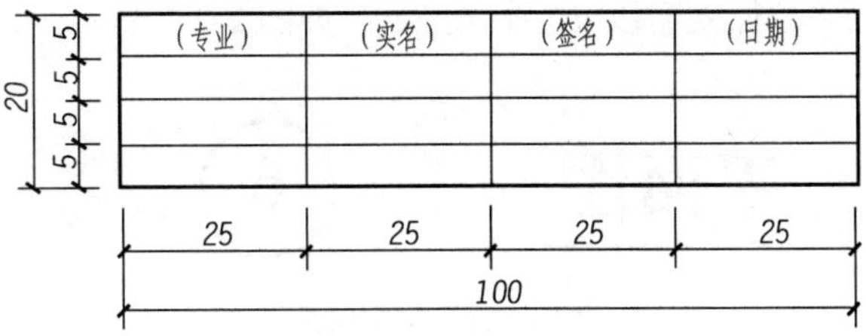

图 2-2-6　会签栏的绘制格式

知识测评

填空题

(1)标准图纸的幅面代号有____、____、____、____、____。

(2)A0 图幅的尺寸是____mm × ____mm。

(3)A1 图幅的尺寸是____mm × ____mm。

(4)A2 图幅的尺寸是____mm × ____mm。

(5)A3 图幅的尺寸是____mm × ____mm。

(6)A4 图幅的尺寸是____mm × ____mm。

(7)图幅分______式和______式两种。图纸以短边作为垂直边称为______,以短边作为水平边称为______。

二、字体和比例的规定

内容引导

扫描二维码,观看配套微课,并回答以下问题。

根据国家制图标准,哪些是优先选择的比例?

字体和比例的规定

知识精讲

1. 比例

比例就是图形与其实物相应要素的线性尺寸之比。例如某建筑物的结构尺寸为 50 m,画在工程图纸上的长度为 0.1 m,则该图纸的比例为 $\frac{图形上的线段长度}{实物的线段长度}=\frac{1}{500}$,记为 1∶500。比例的大小是指其比值的大小。

原值比例是指比例为 1 的比例。放大比例是指比例大于 1 的比例,如 2∶1、4∶1、5∶1;缩小比例是指比值小于 1 的比例,如 1∶2、1∶5、1∶10。

比例宜注写在图名的右侧,字的基准线应取平;比例的字高宜比图名的字高小一号或两号。图名下画一条粗实线,长度需以文字长短为准,如图 2-2-7 所示。

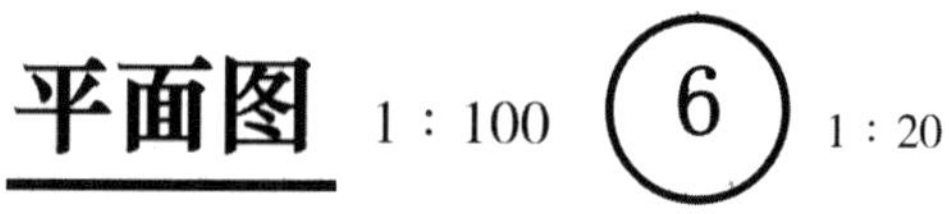

图 2-2-7　比例标示

比例的选择应符合《房屋建筑制图统一标准》(GB/T 50001—2017),见表 2-2-2。一般情况下,一个图样应选用一种比例。根据专业制图需要,同一图样可选用两种比例。特殊情况下也可自选比例。

表 2-2-2　制图比例选择

种类	优先选择系列	允许选择系列
原值比例	1 : 1	—
放大比例	5 : 1　2 : 1 5×10^n : 1　2×10^n : 1　1×10^n : 1	4 : 1　2.5 : 1 4×10^n : 1　2.5×10^n : 1
缩小比例	1 : 2　1 : 5　1 : 10 1 : 2×10^n　1 : 5×10^n　1 : 1×10^n	1 : 1.5　1 : 2.5　1 : 3 1 : 1.5×10^n　1 : 2.5×10^n　1 : 3×10^n 1 : 4　1 : 6 1 : 4×10^n　1 : 6×10^n

图 2-2-8 所示为同一形体在不同比例下图形的区别。可以得知,图样上所标注的尺寸是物体的真实尺寸,与比例无关。

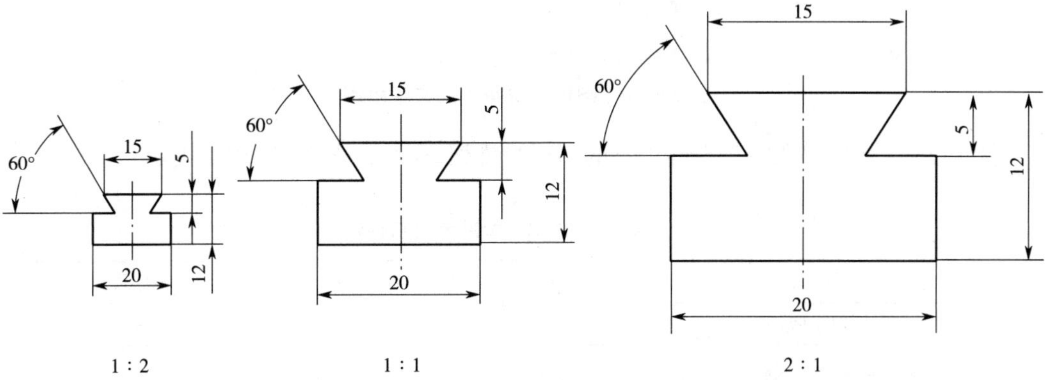

图 2-2-8　用不同比例绘制的同一形体

2. 字体

在图纸上书写的文字、数字或符号等,都应该保证笔画清晰、字体端正、排列整齐;其中,标点符号应清楚正确。

文字的字高,应从 3.5 mm、5 mm、7 mm、10 mm、14 mm、20 mm 几个高度中选取。

为了使字行清楚,行距应大于字距。通常字距约为字高的 1/4,行距约为字高的 1/2。如需书写更大的字,其高度应按 $\sqrt{2}$ 的比值递增。在同一张图样上,只允许选用一种类型的字体,如图 2-2-9 所示。

工	业	民	用	建	筑	厂	房	屋	平	立	剖	面	详	图
结	构	施	说	明	比	例	尺	寸	长	宽	高	厚	砖	瓦
木	石	土	砂	浆	水	泥	钢	筋	混	凝	截	校	核	梯
门	窗	基	础	地	层	楼	板	梁	柱	墙	厕	浴	标	号
制	审	定	日	期	一	二	三	四	五	六	七	八	九	十

图 2-2-9 图纸文字示例

图样及说明中的汉字，宜采用长仿宋体，并应采用国家正式公布的简化字，如图 2-2-10 所示。

10 号字 字体工整 笔画清楚 间隔均匀 排列整齐

7 号字 横平竖直 注意起落 结构均匀 填满方格

5 号字 技术制图 机械电子 汽车船舶 土木建筑

3.5 号字 螺纹齿轮 航空工业 施工排水 供暖通风 矿山港口

图 2-2-10 图样及说明中的文字示例

拉丁字母、阿拉伯数字与罗马数字的书写与排列，应符合表 2-2-3 中的规定。

表 2-2-3 各种数字、字母的书写规格

书写格式	一般字体	窄字体
大写字母高度	h	h
小写字母高度（上下均无延伸）	$\frac{7}{10}h$	$\frac{10}{14}h$
小写字母伸出的头部或尾部	$\frac{3}{10}h$	$\frac{4}{14}h$
笔画宽度	$\frac{1}{10}h$	$\frac{1}{14}h$
字母间距	$\frac{2}{10}h$	$\frac{2}{14}h$
上下行基准线最小间距	$\frac{15}{10}h$	$\frac{21}{14}h$
词间距	$\frac{6}{10}h$	$\frac{6}{14}h$

拉丁字母、阿拉伯数字与罗马数字若需写成斜体字，斜体的倾斜度应是对底线逆时针旋转 75°，其高度和宽度均与相应的直体相等，若与汉字并列书写时，应写成直体字，并且字高比汉字的字高宜小一号或两号，但最小字高应不小于 2.5 mm，如图 2-2-11 所示。

图 2-2-11　各种数字、字母的斜体形式

数量的数值注写，应采用正体阿拉伯数字（图 2-2-12），各种计量单位凡前面有量值的，均采用国家颁布的单位符号注写，单位符号应采用正体字母。

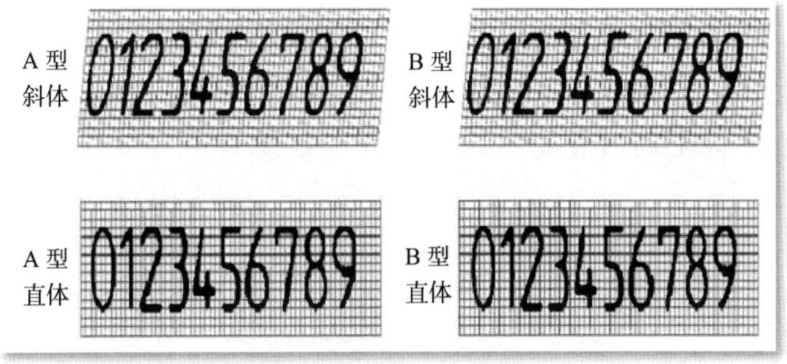

图 2-2-12　数量的数值注写

知识测评

1. 填空题

（1）比例就是______________________与______________________之比。

（2）某建筑物的结构尺寸为 1 m，画在工程图纸上的长度为 0.1 m，则该图纸的比例为____。

（3）原值比例是指_______的比例。放大比例是指比值____1 的比例，缩小比例是指比值____1 的比例。

（4）比例宜注写在图名的____侧，字的基准线应取平；比例的字高宜比图名的字高__________。图名下画一条______线，长度需以文字长短为准。

（5）拉丁字母、阿拉伯数字与罗马数字写成直体字时，字高比汉字的字高宜小一号或两号，但最小字高应不小于______。

2. 选择题

（1）图样上所标注的尺寸是物体的（　　），与比例（　　）。

A. 缩小尺寸，无关　B. 放大尺寸，有关　C. 真实尺寸，无关　D. 真实尺寸，有关

（2）图样及说明中的汉字，宜采用（　　），并应采用国家正式公布的（　　）。

A. 宋体，简化字　B. 楷体，简化字

C. 长仿宋体，简化字　D. 长仿宋体，繁体字

（3）下列比例中的（　　）是放大比例。

A.2：1　B.1：10　C.1：50　D.1：20

（4）下列比例中的（　　）是缩小比例。

A.1：1　B.1：100　C.2：1　D.5：1

三、图线的规定

内容引导

扫描二维码，观看配套微课，并回答以下问题。

国家制图标准中规定的线宽组有几组？每一组线宽中有几种宽度的线型？

图线的规定

知识精讲

为了表示不同内容，并且能分清主次，建筑图样必须使用不同线型和不同粗细的图线。常用的有实线、虚线、单点长画线、双点长画线、折断线和波浪线六类。图线的宽度 b，宜以粗实线的宽度为基本宽度，b、$0.7b$、$0.5b$、$0.25b$ 称为一个线宽组，b 通常的取值有 1.4、1.0、0.7、0.5 四种，单位为 mm。详细线宽比及线宽组可从表 2-2-4 中得知。

表 2-2-4　国家制图标准（GB/T 50001—2017）线宽规定　单位：mm

线宽比	线宽组			
b	1.4	1.0	0.7	0.5
$0.7b$	1.0	0.7	0.5	0.35
$0.5b$	0.7	0.5	0.35	0.25
$0.25b$	0.35	0.25	0.18	0.13

每个图样，应根据复杂程度与比例大小，先选定基本线宽 b，再从表中选用相应的线宽组。

实线和虚线按宽度不同分为粗、中粗、中、细四种；单点长画线、双点长画线按宽度不同又分为粗、中、细三种；折断线和波浪线一般均为细线。图线的选用详细情况可参见表 2-2-5。

表 2-2-5　国家制图标准(GB/T 50001—2017)图线的选用

名称		线型	线宽	一般用途
实线	粗		b	主要可见轮廓线
	中粗		0.7b	可见轮廓线、变更云线
	中		0.5b	可见轮廓线、尺寸线
	细		0.25b	图例填充线、家具线
虚线	粗		b	见各有关专业制图标准
	中粗		0.7b	不可见轮廓线
	中		0.5b	不可见轮廓线、图例线
	细		0.25b	图例填充线、家具线
单点长画线	粗		b	见各有关专业制图标准
	中		0.5b	见各有关专业制图标准
	细		0.25b	中心线、对称线、轴线等
双点长画线	粗		b	见各有关专业制图标准
	中		0.5b	见各有关专业制图标准
	细		0.25b	假想轮廓线、成型前原始轮廓线
折断线	细		0.25b	断开界线
波浪线	细		0.25b	断开界线

1. 房屋建筑室内装饰装修制图常用线型

房屋建筑室内装饰装修图纸中图线的绘制方法及图线宽度应符合现行国家标准《房屋建筑制图统一标准》(GB/T 50001—2017)的规定。下面仅介绍房屋建筑室内装饰装修制图中的常用线型,具体可参阅《房屋建筑室内装饰装修制图标准》(JGJ/T 244—2011)。

1)实线

实线分为粗实线、中粗实线、中实线、细实线。

Ⅰ. 粗实线

选用粗实线的情况主要有:

(1)平、剖面图中被剖切的房屋建筑和装饰装修构造的主要轮廓线;

(2)房屋建筑室内装饰装修立面图的外轮廓线;

(3)房屋建筑室内装饰装修构造详图、节点图中被剖切部分的主要轮廓线;

(4)平、立、剖面图的剖切符号。

Ⅱ. 中粗实线

选用中粗实线的情况主要有:

(1)平、剖面图中被剖切的房屋建筑和装饰装修构造的次要轮廓线;

(2)建筑室内装饰装修详图中的外轮廓线。

Ⅲ. 中实线

使用中实线的情况主要有：

(1)房屋建筑室内装饰装修构造详图中的一般轮廓线；

(2)小于 0.7*b* 的图形线、家具线、尺寸线、尺寸界线、索引符号、引出线、地面、墙面的高差分界线等。

Ⅳ. 细实线

细实线一般用作图形和图例的填充线。

2)虚线

虚线分为中粗虚线、中虚线、细虚线。

Ⅰ. 中粗虚线

选用中粗虚线的情况主要有：

(1)表示被遮挡部分的轮廓线；

(2)表示被索引图样的范围；

(3)拟建、扩建房屋建筑室内装饰装修部分轮廓线。

Ⅱ. 中虚线

选用中虚线的情况主要有：

(1)表示平面中上部的投影轮廓线；

(2)预想放置的房屋建筑或构件。

Ⅲ. 细虚线

细虚线用于表示的内容与中虚线相同，适合小于 0.5*b* 不可见轮廓线。

3)点画线

0.7*b* 的点画线用于运动轨迹线，0.25*b* 的点画线用于中心线、对称线、定位轴线。

4)折断线

折断线用于不需要画全的断开界线。

5)波浪线

选用波浪线的情况主要有：

(1)不需要画全的断开界线；

(2)构造层次的断开界线；

(3)曲线形构件的断开界线。

6)点线

点线作为制图需要的辅助线。

7)样条曲线

样条曲线用于不需要画全的断开界线或用于制图需要的引出线。

8)云线

选用云线的情况主要有：

(1)圈出被索引的图样范围；

(2)标注材料范围；

(3)标注需要强调、变更或改动的区域。

工程制图中线型应用举例如图 2-2-13 所示。

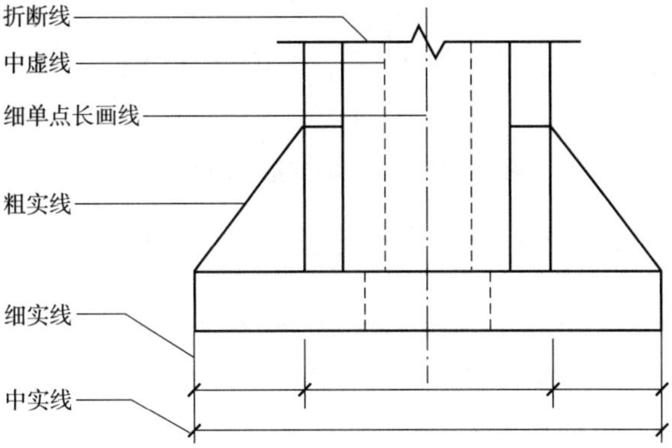

图 2-2-13　工程制图中线型应用举例

2. 图线的规定画法

互相平行的图线，其间隙不宜小于其中的粗线宽度，且不宜小于 0.7 mm。

虚线、单点长画线或双点长画线的线段长度和间隔，宜各自相等，如图 2-2-14 所示。

线素	线型	长度
点	点画线、双点画线	≤0.5*d*
短间隔	虚线、点画线	3*d*
画	虚线	12*d*
长画	点画线、双点画线	24*d*

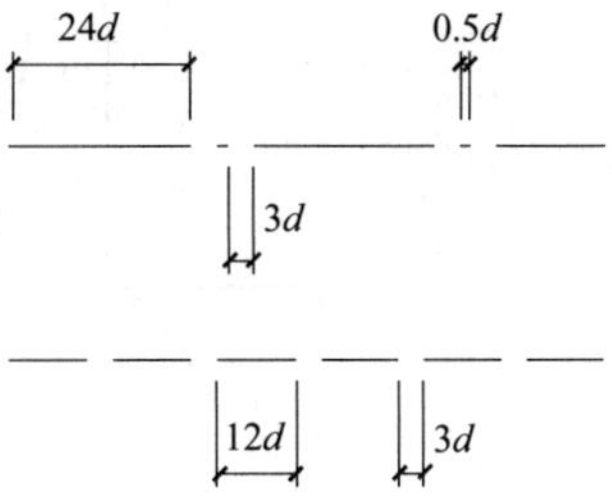

注：*d* 为粗线的宽度

图 2-2-14　图线的规定画法

单点长画线或双点长画线，当在较小图形中绘制有困难时，可用实线代替。

单点长画线或双点长画线的两端，不应是点，如图 2-2-15 所示。

图 2-2-15　单点长画线与双点长画线的画法

点画线和点画线交接或点画线与其他图线交接时，应是线段交接，如图 2-2-16 所示。

图 2-2-16　点画线的交接画法

虚线与虚线或虚线与其他图线交接、转折时，应是线段的交接、连接，如图 2-2-17 所示。

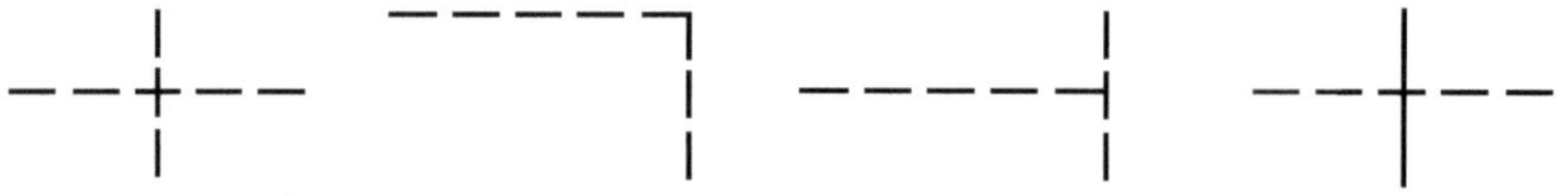

图 2-2-17　虚线的交接、转折画法

虚线为实线的延长线时，不得与实线连接，如图 2-2-18 所示。

图 2-2-18　虚线为实线的延长线画法

图线不得与文字、数字或符号重叠、混淆，不可避免时，应首先保证文字等的清晰。

工程制图中线型画法举例如图 2-2-19 所示。

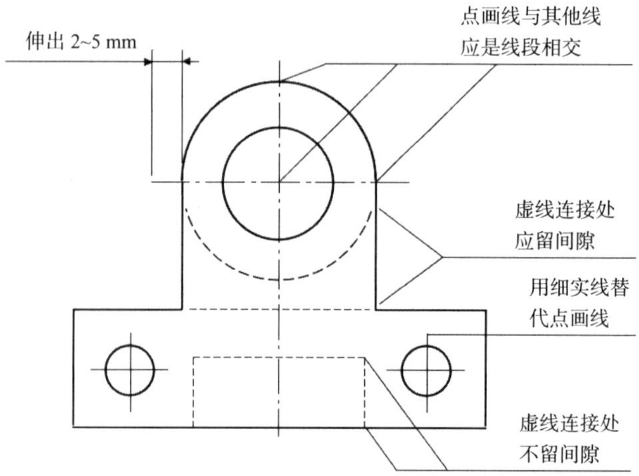

图 2-2-19　工程制图中线型画法举例

知识测评

1. 填空题

（1）工程制图中，建筑图样必须使用不同________和不同________的图线。常用的有________、________、________、________、________和________六类。

（2）图线有___种线宽，分别为_____、_____、_____、_____。图线的粗线宽度为 b，则中粗线为____b、中线为____b、细线为____b，b 通常的取值有_____、_____、_____、_____四种，单位为 mm。

2. 选择题

(1)在工程制图中,平、剖面图中被剖切的房屋建筑和装饰装修构造的主要轮廓线采用(　　)。

A. 粗实线　　B. 中粗实线　　C. 中实线　　D. 细实线

(2)在工程制图中,房屋建筑室内装饰装修立面图的外轮廓线采用(　　)。

A. 粗实线　　B. 中粗实线　　C. 中实线　　D. 细实线

(3)在工程制图中,图形和图例的填充线采用(　　)。

A. 粗实线　　B. 中粗实线　　C. 中实线　　D. 细实线

(4)在工程制图中,被遮挡部分的轮廓线采用(　　)。

A. 中粗虚线　　B. 中虚线　　C. 细虚线　　D. 粗实线

(5)在工程制图中,定位轴线采用(　　)。

A. 实线　　B. 虚线　　C. 细单点长画线　　D. 粗单点长画线

四、平面图形的尺寸标注

内容引导

扫描二维码,观看配套微课,并回答以下问题。

在工程制图中,为什么要采用标准图形尺寸?

平面图形的尺寸标注

知识精讲

图样上的图形只能表示物体的形状,至于物体各部分的具体位置和大小,还必须在图上标注出物体的尺寸作为施工的依据。尺寸标注要求完整、准确、清晰、整齐。

1. 尺寸的基本要素

图样上的尺寸由尺寸界线、尺寸线、尺寸起止符号和尺寸数字组成,如图 2-2-20 所示。

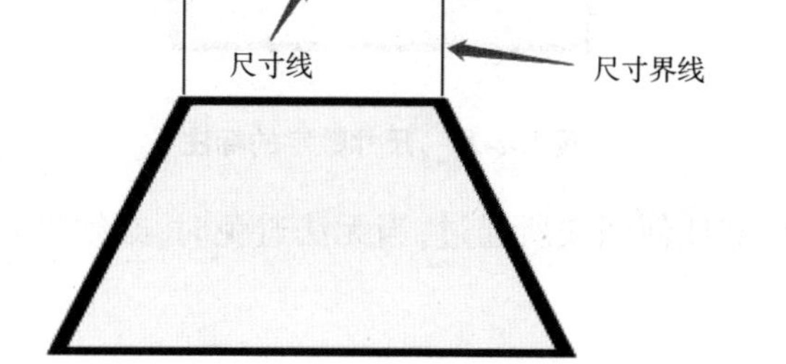

图 2-2-20　图样尺寸标注要求

2. 尺寸标注的一般规定

（1）图样上标注的尺寸反映物体的真实大小，与绘图时采用的比例以及绘制的准确度无关。

（2）尺寸单位规定，标高及总平面图以 m 为单位，如图 2-2-21 所示；其他图样均以 mm 为单位。

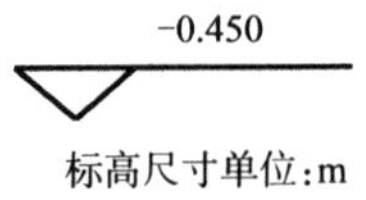

图 2-2-21　标高尺寸标注

（3）尺寸界线和尺寸线用细实线绘制，且尺寸线与所要标注的轮廓线平行，与尺寸界线垂直，不得超过尺寸界线。

（4）尺寸起止符号一般用中粗斜短线绘制，其斜度方向应与尺寸界线成顺时针 45°，长度宜为 2~3 mm。

（5）尺寸界线与所要标注轮廓线垂直，其一端应离开图样轮廓线不小于 2 mm，另一端宜超出尺寸线 2~3 mm，如图 2-2-22 所示。

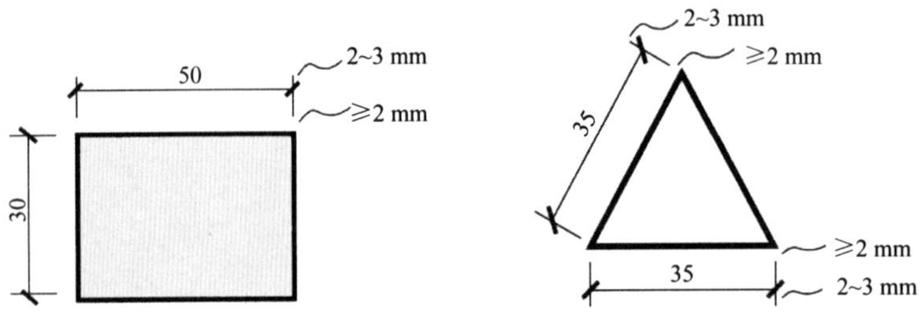

图 2-2-22　尺寸界线作法

（6）尺寸数字应根据其方向注写在靠近尺寸线的上方中部，如图 2-2-23 所示。

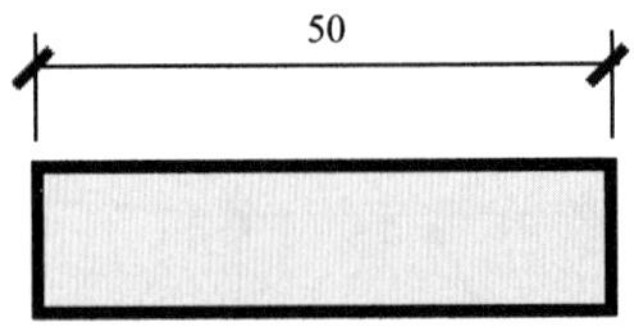

图 2-2-23　尺寸数字的标注

（7）尺寸数字不可被任何图线所通过，当无法避免时，必须将该图线断开，如图 2-2-24 所示。

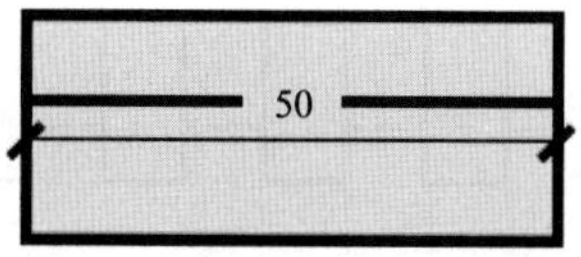

图 2-2-24　尺寸数字与图线的做法

（8）尺寸数字应按图 2-2-25 所示方向注写，并尽可能避免在图示 30° 范围内标注尺寸。

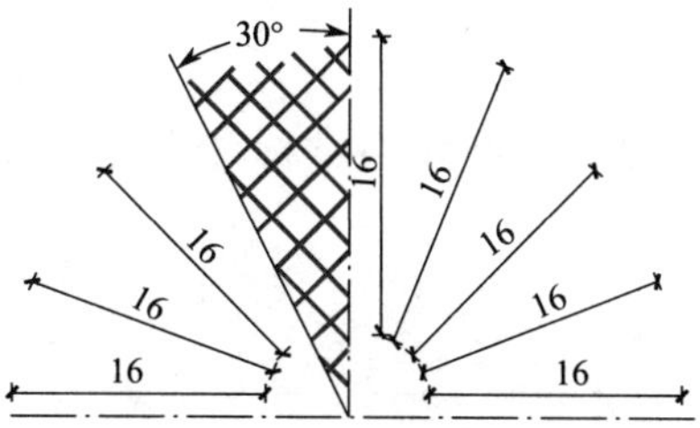

图 2-2-25　尺寸数字标注方向

（9）当无法避免时可按此图的形式标注，如图 2-2-26 所示。

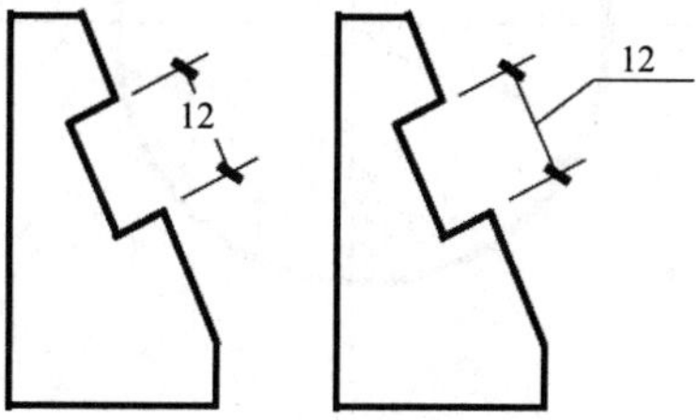

图 2-2-26　尺寸数字的特殊标注方式

（10）尺寸数字如果没有足够的注写位置，最外面的尺寸数字可注写在尺寸界线的外侧，中间相邻的尺寸数字可错开注写，如图 2-2-27 所示。

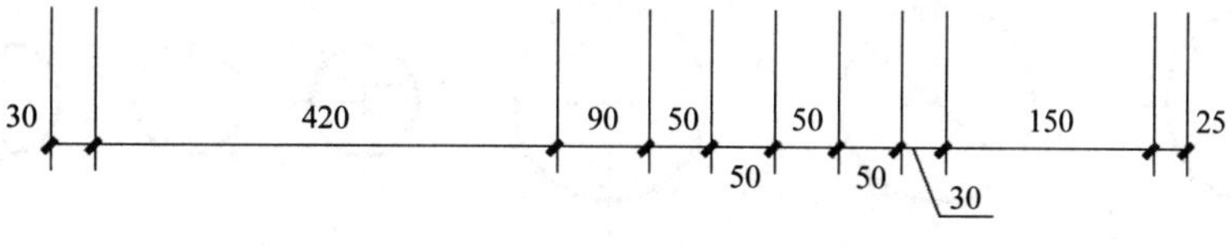

图 2-2-27　尺寸数字可标注在尺寸界线外侧

（11）连续排列的等长尺寸，可用“等长尺寸 × 个数＝总长”的形式标注，如图 2-2-28 所示。

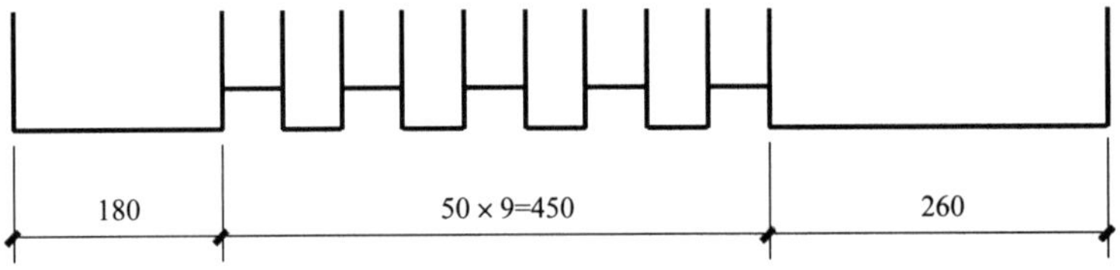

图 2-2-28　连续排列的等长尺寸标注

3. 直径的标注

（1）完整的圆或大于 1/2 圆周的圆弧通常标注直径尺寸，直径数字前应加直径符号“ϕ”，如图 2-2-29 所示。

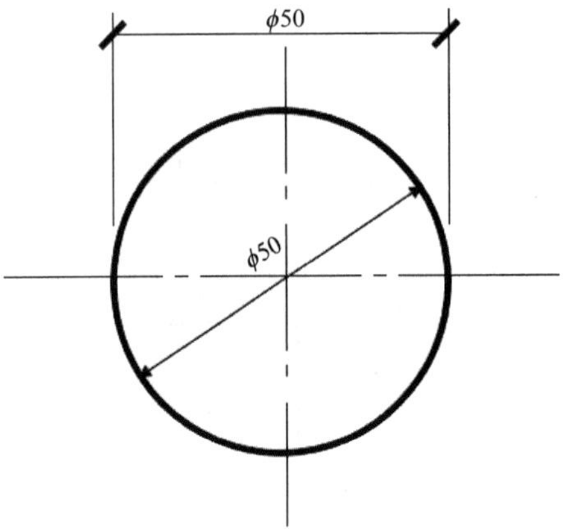

图 2-2-29　直径尺寸的标注

（2）在圆内标注的尺寸线应通过圆心，两端画箭头指向圆弧，如图 2-2-30 所示。

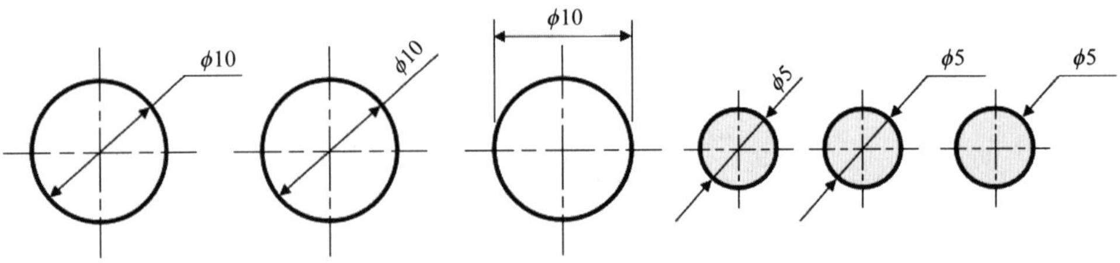

图 2-2-30　圆内标注的尺寸线

4. 半径的标注

（1）小于或等于 1/2 圆周的圆弧通常标注半径尺寸。

（2）半径的尺寸线应一端从圆心开始，另一端箭头向指圆弧。半径数字前应加半径符号“R”，如图 2-2-31 所示。

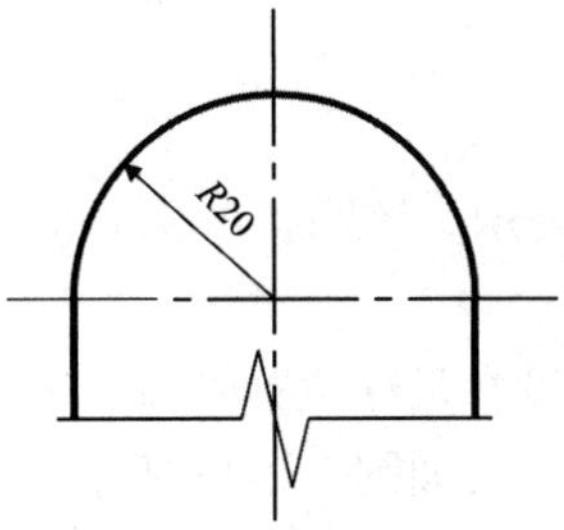

图 2-2-31 半径尺寸的标注

（3）较小圆弧的半径，可按图 2-2-32 的样式标注。

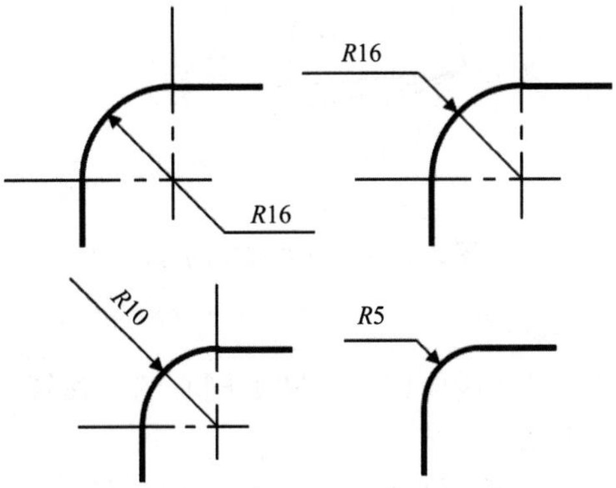

图 2-2-32 较小圆弧的半径标注

（4）较大圆弧的半径，可按图 2-2-33 的样式标注。

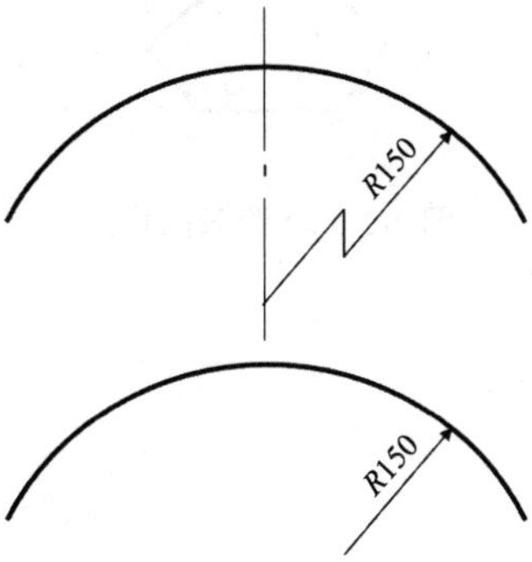

图 2-2-33 较大圆弧的半径标注

5. 角度、弧长的标注

1)角度

(1)角度的尺寸线应以圆弧表示。该圆弧的圆心应是该角的顶点,角的两条边为尺寸界线。

(2)起止符号以箭头表示,如没有足够位置画箭头,可用圆点代替。

(3)角度数字应按水平方向书写,如图 2-2-34 所示。

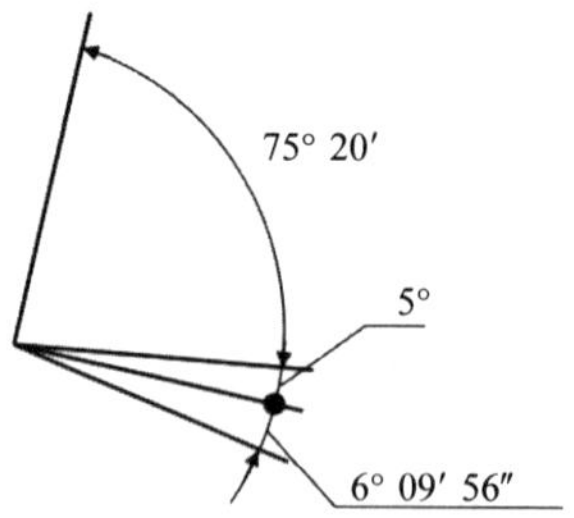

图 2-2-34　角度数字的标注

2)弧长

(1)标注圆弧的弧长时,尺寸线应以与该圆弧同心的圆弧线表示,尺寸界线应垂直于该圆弧的弦,起止符号用箭头表示。

(2)弧长数字上方应加注圆弧符号"⌒",如图 2-2-35 所示。

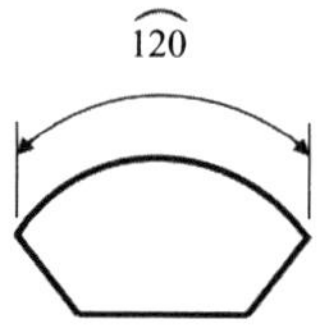

图 2-2-35　弧长的标注

知识测评

1. 填空题

(1)图样上的尺寸由________、________、________和________组成。

(2)尺寸单位规定,标高及总平面图以____为单位,其他图样均以____为单位。

(3)尺寸起止符号一般用________线绘制,其斜度方向应与尺寸界线成____________,长度宜为________。

(4)连续排列的等长尺寸,可用"______________"的形式标注。

（5）完整的圆或大于 1/2 圆周的圆弧通常标注直径尺寸，直径数字前应加直径符号“_____”。

（6）小于或等于 1/2 圆周的圆弧通常标注______。半径的尺寸线应一端从圆心开始，另一端箭头向指圆弧。半径数字前应加半径符号“_____”。

（7）弧长数字上方应加注圆弧符号“_____”。

2. 选择题

（1）图样上标注的尺寸反映物体的（　　），与绘图时采用的比例以及绘制的准确度（　　）。

A. 真实大小，无关　　B. 比值大小，有关　　C. 真实大小，有关　　D. 比值大小，无关

（2）尺寸界线和尺寸线用（　　）绘制，且尺寸线与所要标注的轮廓线平行，与尺寸界线垂直，不得超过尺寸界线。

A. 粗实线　　B. 中实线　　C. 细实线　　D. 虚线

（3）尺寸界线与所要标注轮廓线垂直，其一端应离开图样轮廓线（　　），另一端宜超出尺寸线（　　）。

A. 不小于 2 mm，3~5 mm　　B. 不大于 2 mm，3~5 mm

C. 不小于 2 mm，2~3 mm　　D. 不大于 2 mm，2~3 mm

第三节　建筑施工图的制图规定

一、定位轴线

内容引导

扫描二维码，观看配套微课，并回答以下问题。

（1）定位轴线是用什么线来绘制的呢？

（2）定位轴线的作用是什么呢？

定位轴线

知识精讲

房屋建筑工程施工图的绘制应遵循《房屋建筑制图统一标准》（GB/T 50001—2017）及《建筑制图标准》（GB/T 50104—2010）等国标的有关规定。其中主要包括：定位轴线、索引符号、详图符号及引出线、标高和其他符号。我们用于定位建筑构件的正是定位轴线。

房屋的主要承重构件，如墙、柱、梁等，均用定位轴线确定基准位置。定位轴线应用细单点长画线绘制，并进行编号，以备设计或施工放线使用，如图 2-3-1 所示。

1. 定位轴线的编号顺序

制图标准规定，平面图定位轴线的编号，宜标注在下方与左方。横向编号应用阿拉伯数字从左至右顺序编写，竖向编号应用大写拉丁字母，从下至上编写。编号应注写在轴线端部的圆内，圆应用细实线绘制，直径为 8~10 mm。线型采用细单点长画线，如图 2-3-2 所示。

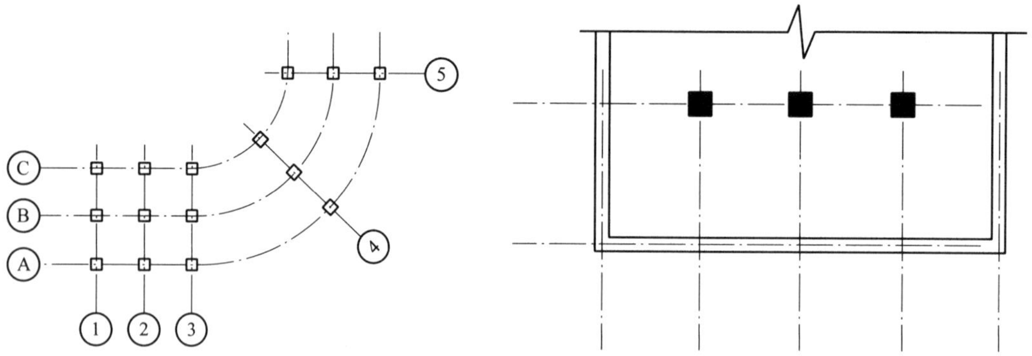

图 2-3-1　定位轴线

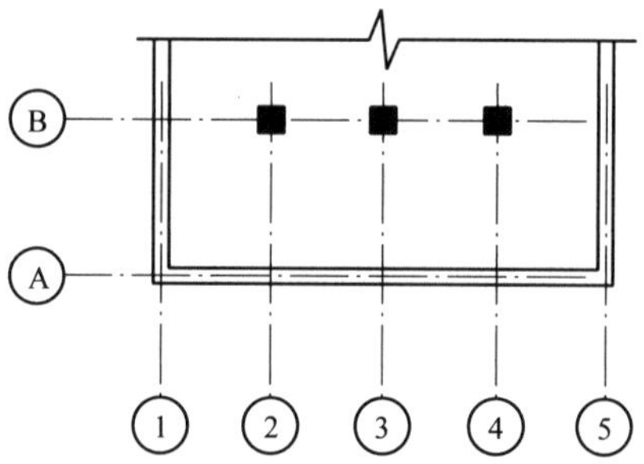

图 2-3-2　轴线编号

拉丁字母的 I、O、Z 不得用作轴线编号，以免与数字 1、0、2 混淆。如字母数量不够使用，可增加双字母或单字母加数字注脚，如 AA，BA，或 A1、B1 等等。

2. 标注位置

图样对称时，一般标注在图样的下方和左侧；图样不对称时，以下方和左侧为主，上方和右方也要标注。

3. 附加定位轴线的编号

附加定位轴线的编号是在两条轴线之间，遇到较小局部变化时的一种特殊表示方法。附加定位轴线的编号，应以分数形式表示，并按下列规定编写。

（1）两根轴线间的附加轴线，应以分母表示前一轴线的编号，分子表示附加轴线的编号，编号宜用阿拉伯数字顺序书写。

（2）若在 1 号轴线或 A 号轴线之前的附加轴线时，分母应以 01 或 0A 表示。

表示 2 号轴线之后附加的第一根轴线。

表示 C 号轴线之后附加的第三根轴线。

表示 1 号轴线之前附加的第一根轴线。

表示 A 号轴线之前附加的第三根轴线。

4. 一个详图适用于几根定位轴线的表示方法

一个详图适用于几根定位轴线时，应同时注明各有关轴线的编号，如图 2-3-3 所示。

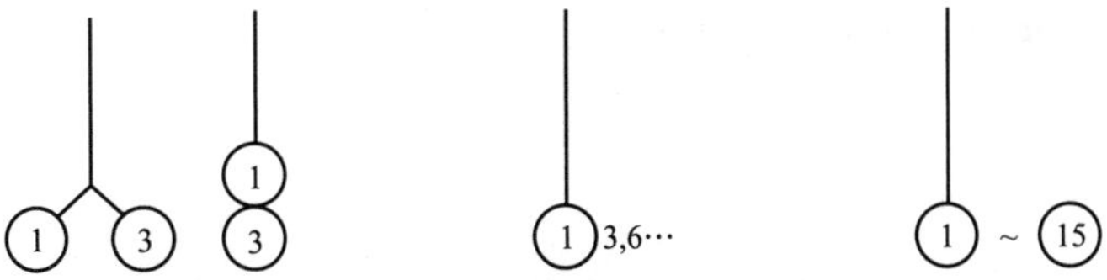

图 2-3-3　一个详图适用于几根定位轴线的表示方法

5. 通用详图中的定位轴线表示方法

对于通用详图来说，定位轴线应只画圆，不注写轴线编号，如图 2-3-4 所示。

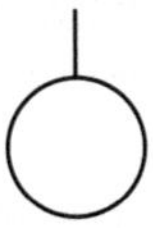

图 2-3-4　通用详图中的定位轴线表示方法

知识测评

1. 填空题

（1）房屋建筑工程施工图的绘制应遵循《房屋建筑制图统一标准》（GB/T 50001—2017）及《建筑制图标准》（GB/T 50104—2010）等国标的有关规定，其中主要包括__________、__________、__________、__________。

（2）制图标准规定，平面图定位轴线的编号，宜标注在下方与左方。横向编号应用__________从左至右顺序编写，竖向编号应用大写__________，从下至上编写。

2. 选择题

（1）建筑制图中定位轴线用（　　）来绘制。

A. 双点长画线　　B. 细单点长画线　　C. 细实线

(2)建筑制图中轴线圈直径为(　　)。

A.8~10 mm　　B.12~14 mm　　C.14~16 mm

(3)拉丁字母的(　　)不得用作轴线编号。

A.I、O、Z　　B.I、L、O　　C.I、O、S

二、索引符号、详图符号和引出线

内容引导

扫描二维码,观看配套微课,并回答以下问题。

(1)索引符号的作用是什么?

(2)多层构造共用引出线有哪些特点?

索引符号、详图符号和引出线

知识精讲

1. 索引符号

图样中的某一局部或构件,如需另见详图,为了读图方便,应在图中的相应位置以索引符号索引。

(1)索引符号如用于索引剖视详图,应在被剖切的部位绘制剖切位置线,并以引出线引出索引符号,引出线所在的一侧应为投射方向线,如图 2-3-5 所示。

(2)索引符号如用于索引图样某局部进行放大的索引,一般用虚线框选需索引的部位并以引出线引出索引符号,如图 2-3-6 所示。

(3)索引符号由直径为 8~10 mm 的圆和水平直径组成,圆及水平直径均以细实线绘制,如图 2-3-7 所示。

(4)索引出的详图,如与被索引的详图同在一张图纸内,应在索引符号的上半圆中用阿拉伯数字注明该详图编号,并在下半圆中间画一段水平细实线,如图 2-3-8 所示。

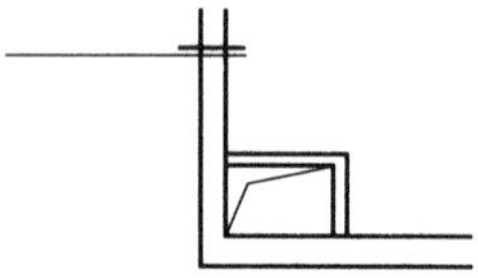

图 2-3-5　剖视详图中的索引

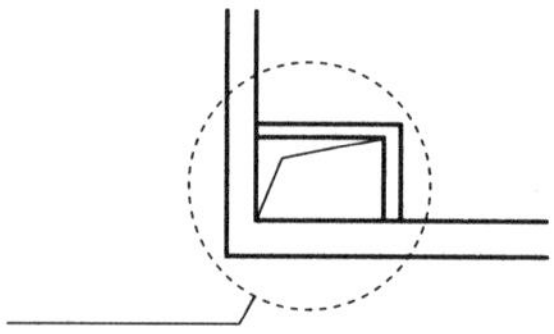

图 2-3-6　局部放大的索引

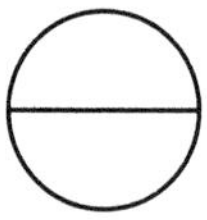

图 2-3-7　索引符号绘制要求

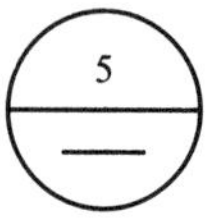

图 2-3-8　与被索引的详图同在一张图纸内的索引

（5）索引出的详图，如与被索引的详图不在同一张图纸内，应在索引符号的上半圆中用阿拉伯数字注明该详图编号，在下半圆中用阿拉伯数字注明该详图所在图纸的编号，如图2-3-9所示。

（6）索引出的详图，如采用标准图，应在索引符号水平直径的延长线上加注标准图册的编号，如图2-3-10所示。

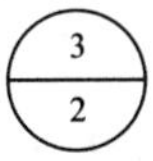

图2-3-9　索引符号标注方式1

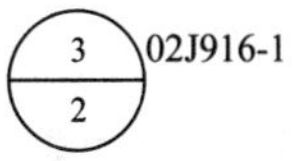

图2-3-10　索引符号标注方式2

2. 详图符号

详图的位置与编号，应以详图符号表示。详图符号应以直径为14 mm的粗实线绘制圆，并将详图编号注写在圆内中央。详图与被索引的图样同在一张图纸内，应在圆中用阿拉伯数字注明详图编号，如图2-3-11所示。

详图与被索引的图样不在同一张图纸内，应用细实线在详图符号内画一水平直径，在上半圆中注明详图符号，在下半圆中注明被索引的图纸编号，如图2-3-12所示。

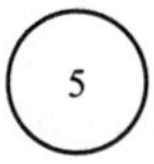

图2-3-11　详图符号标注方式1

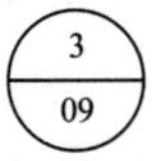

图2-3-12　详图符号标注方式2

3. 引出线

引出线是对图样上某些部位引出文字说明、符号编号和尺寸标注等用的线，如图2-3-13所示，其画法规定如下。

（1）引出线应以细实线绘制。

（2）采用水平方向的直线绘制。

（3）采用与水平方向成30°、45°、60°、90°的直线绘制，或同时引出几个相同部分的引线。同时引出的几个相同部分的引出线，宜相互平行，也可画成集中于一点的放射线。

（4）引出的文字说明宜注写在水平线的上方或端部。索引详图的引出线应与水平直径线相连接。

4. 多层构造共用引出线

（1）引出线应通过被引出的各层。

（2）文字说明注写顺序应由上至下，并与被说明的层次互相一致，且注写在水平线的上方，或注写在水平线的端部，如图2-3-14所示。

（3）如层次为横向排序，则由上至下的文字说明顺序应与左至右的层次互相一致，如图2-3-15所示。

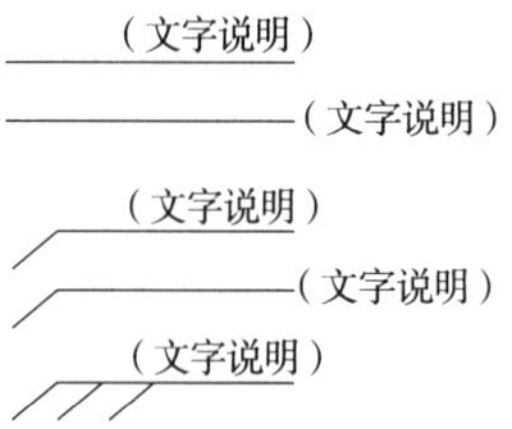

图 2-3-13　引出线

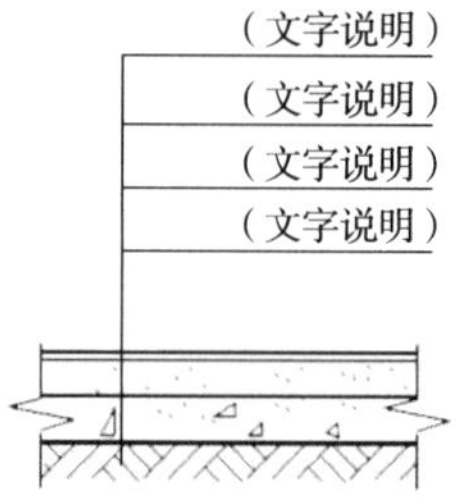

图 2-3-14　文字说明注写

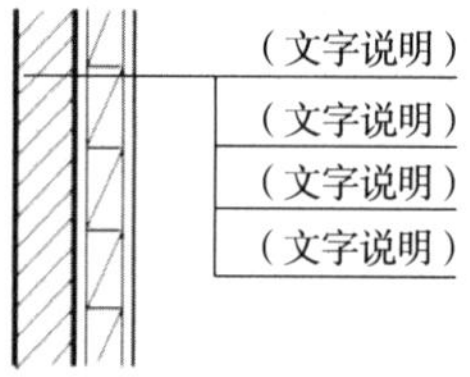

图 2-3-15　引出线中文字说明顺序

知识测评

1. 填空题

（1）索引符号如用于索引剖视详图，应在被剖切的部位绘制________，并以引出线引出索引符号，引出线所在的一侧应为________。

（2）详图与被索引的图样不在同一张图纸内，应用细实线在详图符号内画一水平直径，在上半圆中注明________，在下半圆中注明被索引的________。

2. 选择题

（1）索引符号是由直径为（　　）的圆和水平直径组成，圆及水平直径均以细实线绘制。

A.10~12 mm　　B.8~10 mm　　C.14 mm

（2）详图符号应以直径为（　　）的粗实线绘制圆，并将详图编号注写在圆内中央。

A.10 mm　　B.12 mm　　C.14 mm

（3）引出线应以（　　）绘制。

A. 粗实线　　B. 细实线　　C. 中实线

三、标高和其他符号

内容引导

扫描二维码，观看配套微课，并回答以下问题。

（1）标高符号应以什么图形来表示？用什么线来绘制？

（2）什么是连接符号？

标高和其他符号

知识精讲

建筑工程中，建筑物各部分或各个位置的高度主要用标高来表示。

1. 标高符号

（1）标高符号应以等腰直角三角形表示，并应按图 2-3-16（a）所示形式用细实线绘制。如标注位置不够，也可按图 2-3-16（b）所示形式绘制。标高具体画法可按图 2-3-16（c）和图 2-3-16（d）绘制。

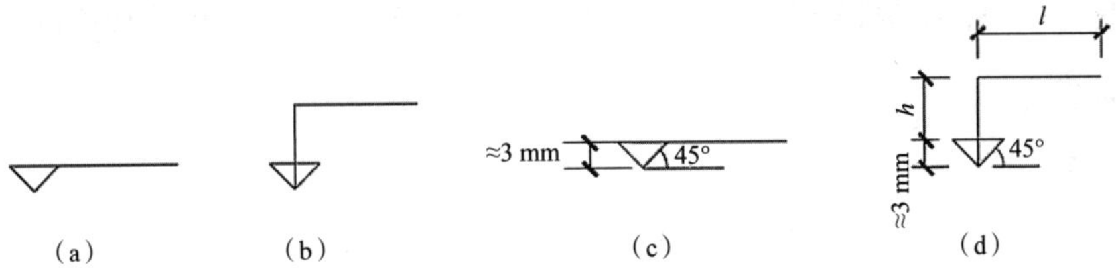

图 2-3-16　标高符号

（2）总平面图的室外地坪标高符号，宜用涂黑的三角形表示，具体画法如图 2-3-17 所示

（3）标高符号的尖端应指至被注高度的位置。尖端一般应向下，当标高数字无法注写时，可采用尖端向上。标高数字应注写在标高符号的上侧或下侧，如图 2-3-18 所示。

图 2-3-17　室外地坪标高符号

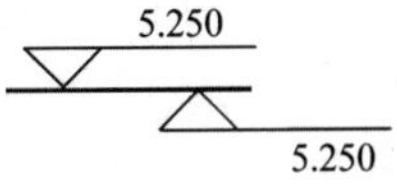

图 2-3-18　标高符号的尖端位置

（4）标高数字应以 m 为单位，注写到小数点以后第三位。在总平面图中，注写到小数点以后第二位。

（5）零点标高应注写成“±0.000”；正数标高不注“+”；负数标高注“-”，如图 2-3-19 所示。

图 2-3-19　零点标高

（6）同一位置需表示几个不同标高时，标高数字可按下面形式注写，如图 2-3-20 所示。

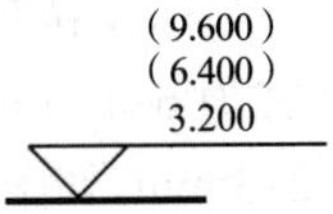

图 2-3-20　同一位置不同标高

2. 标高的分类

房屋建筑工程施工图的标高可分为绝对标高和相对标高。

绝对标高：指的是我国以青岛附近的黄海平均海平面为零点，以此为基准而设置的标高。

相对标高：基准面即 ±0.000 水平面是根据工程需要而选定的标高。在一般建筑工程中，通常取底层室内主要地面作为相对标高的基准面。

房屋的标高还包括建筑标高和结构标高。

建筑标高：指构件包括粉刷层在内的、装修完成后的标高。

结构标高：不包括构件表面的粉饰层厚度，是构件在结构施工后的完成面的标高。

3. 其他符号

1）指北针

在总平面图、首层建筑平面图旁边画出指北针，用来表示朝向。

指北针的圆直径 24 mm，用细实线绘制，内部过圆心并对称画出一瘦长形箭头，箭头尾宽取直径的 1/8，即 3 mm，指针头部应注“北”或“N”字。圆用细实线绘制，箭头涂黑，如图 2-3-21 所示。

2）风玫瑰

风玫瑰全称为风向频率玫瑰图。根据当地风向资料，将全年中不同风向的次数用同一比例画在一个十六方位线上，然后将各点用实线连成一个像玫瑰的多边形，如图 2-3-22 所示。

3）连接符号

连接符号是用来表示图形的一部分与另一部分的连接关系的符号。连接符号以折断线表示需连接的部位。两部位相距过远时，折断线两端靠图样一侧应标注大写拉丁字母表示连接编号。两个连接的图样应用相同的字母编号，如图 2-3-23 所示。

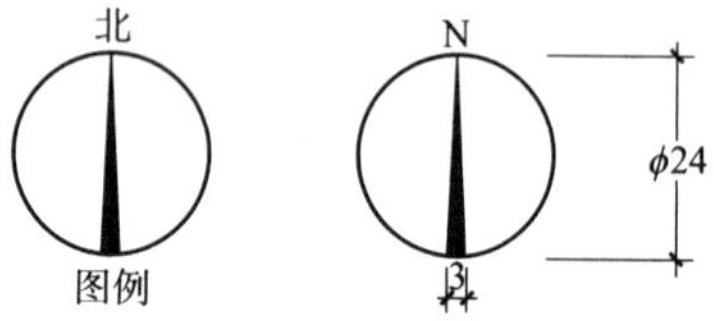

图 2-3-21　指北针

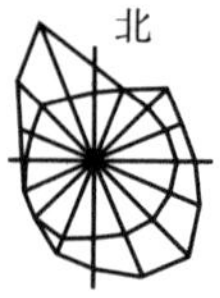

图 2-3-22　风向频率玫瑰图

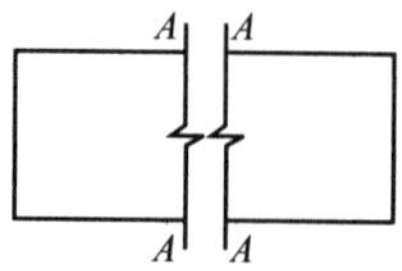

图 2-3-23　连接符号

4）对称符号

当图形为对称图形，绘图时可画对称图形的一半，然后在图形的对称中心处画上对称符号，另一半图形可省略不画。对称符号由对称线和两对平行线组成。对称线用细单点长画线绘制。平行线用细实线绘制，其长度宜为 6~10 mm，每对间距宜为 2~3 mm，对称线垂直平分两对平行线，两端超出平行线宜为 2~3 mm，如图 2-3-24 所示。

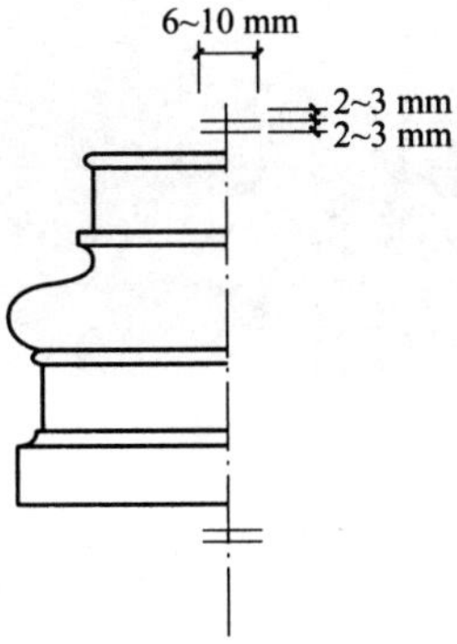

图 2-3-24　对称符号

知识测评

1. 填空题

(1)总平面图的室外地坪标高符号，宜用________表示。

(2)房屋建筑工程施工图的标高分为______和______。

(3)对称符号由______和______组成，对称线用__________线绘制。

2. 选择题

(1)标高符号等腰直角三角形的高度应为(　　)。

A.2 mm　　B.3 mm　　C.4 mm

(2)标高数字应以(　　)为单位。

A.mm　　B.cm　　C.m

(3)指北针圆的直径为(　　)。

A.20 mm　　B.22 mm　　C.24 mm

3. 简答题

(1)什么是建筑标高？

(2)什么是结构标高？

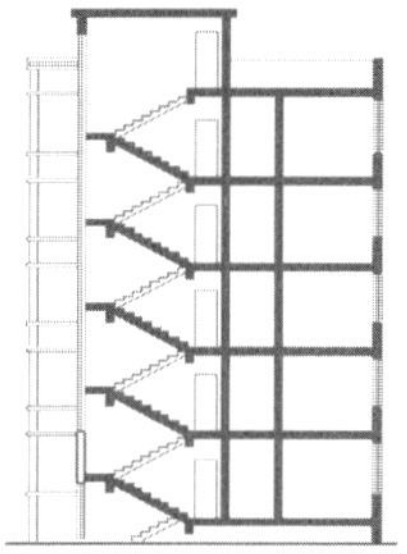

第三章 建筑施工图的设计说明

思政元素

《中华人民共和国建筑法》第五十八条规定:“建筑施工企业对工程的施工质量负责。建筑施工企业必须按照工程设计图纸和施工技术标准施工,不得偷工减料。工程设计的修改由原设计单位负责,建筑施工企业不得擅自修改工程设计。”遵纪守法是每个公民应尽的社会责任和道德义务。在自己从事的行业领域内,我们要遵守与职业活动相关的法律法规和职业纪律。

第一节 建筑设计说明的识读

内容引导

扫描二维码,观看配套微课,并回答以下问题。

(1)什么是建筑设计说明?

(2)建筑设计说明主要包括什么内容?

建筑设计说明的识读

知识精讲

1. 建筑设计说明

设计说明将工程的概况和总体的设计要求,用文字或表格的形式详细地表达出来。它主要说明本工程的设计依据、工程概况,如建设地点、建筑面积、平面形式、建筑层数、抗震设防烈度、主要结构类型以及相对标高与总图绝对标高的关系等,此外,还包括建筑材料说明、施工要求及有关技术经济指标等,有些内容还以配置表格的方式表达。

2. 建筑设计说明的识读内容

设计说明要具体说明以下内容。

(1)施工图设计的依据性文件、批文和相关规范。

(2)项目概况。内容一般应包括建筑名称、建设地点、建设单位、建筑面积、建筑基底面积、建筑工程等级、设计使用年限、建筑层数和建筑高度、防火设计建筑分类和耐火等级、人防工程防护等级、屋面防水等级、地下室防水等级、抗震设防烈度等,以及能反映建筑规模的主要技术经济指标,如住宅的套型和套数、旅馆的客房间数和床位数、医院的门诊人次和住院部的床位数、车库的停车泊位数等。

（3）设计标高。在房屋建筑中,规范规定用标高表示建筑物的高度。标高分为相对标高和绝对标高两种,以建筑物底层室内主要地面为零点的标高称为相对标高;以青岛黄海平均海平面的高度为零点的标高称为绝对标高。建筑设计说明中要说明相对标高与绝对标高的关系。

（4）用料说明和室内外装修说明。墙体、墙身防潮层、地下室防水、屋面、外墙面、勒脚、散水、台阶、坡道、油漆、涂料等材料和做法可用文字说明或部分文字说明,部分直接在图上引注或注索引号;室内装修部分除用文字说明以外也可用表格形式表达,在表上填写相应的做法或代号;对采用新技术、新材料的做法说明及对特殊建筑造型和必要的建筑构造的说明,见表 3-1-1。

表 3-1-1 室内装修说明

部位	名称					
	楼、地面	踢脚板	墙裙	内墙面	顶棚	备注
门厅						
走廊						
……						

（5）门窗表及门窗性能、用料、颜色、玻璃、五金件等的设计要求,见表 3-1-2。

表 3-1-2 门窗设计要求

类别	设计编号	洞口尺寸（mm）		樘数	采用标准图集及编号		备注
		宽	高		图集代号	编号	
门							
窗							

（6）幕墙工程及特殊的屋面工程的性能及制作要求,平面图、预埋件安装图等,以及防火、安全、隔音构造。

（7）电梯选择及性能说明。

（8）建筑节能设计构造做法。

（9）墙体及楼板预留孔洞需封堵时的封堵方式说明。

（10）其他需要说明的问题。

知识测评

填空题

（1）项目概况内容一般应包括______、______、______、______、______、建筑工程等级、设计使用年限、建筑层数和建筑高度、防火设计建筑分类和耐火等级、人防工程防护等级、屋面防水等级、地下室防水等级、抗震设防烈度等。

（2）标高分为相对标高和绝对标高两种，以建筑物底层室内主要地面为零点的标高称为______；以青岛黄海平均海平面的高度为零点的标高称为______。

（3）室内装修部分除用______以外也可用______，在表上填写相应的做法或代号。

第二节　建筑设计说明识读方法

知识精讲

以图 3-2-1 识读为例，从图中可以读出如下内容。

（1）本项目施工图设计的依据性文件、批文和相关规范是：《民用建筑设计统一标准》（GB 50352—2019）、《办公建筑设计标准》（JGJ/T 67—2019）及现行的国家有关建筑设计规范、规程和规定（含地方规程和规定）。

（2）项目概况。

①工程名称：教学楼。建设地点：南宁市高新区。建设单位：南宁职业技术学院。

②占地面积：223.26 m²。总建筑面积：730.68 m²。

③建筑层数：地上 3 层。建筑高度：11.27 m。

④建筑工程等级：三级。设计使用年限：50 年。耐火等级：二级。结构类型：框架结构。抗震设防烈度：六度。结构设计使用年限：50 年。

⑤本工程标高以 m 为单位，尺寸以 mm 为单位。各层标高为建筑完成面标高。

（3）本工程首层室内主要地面为零点标高 ±0.000，即相对标高。各层标高为建筑完成面标高。

（4）墙体。

① ±0.000 以下（M7.5）水泥砂浆砌（MU1O）标准砖，墙厚 240；±0.000 以上（M5）混合砂浆砌（MU10）KP1 烧结多孔砖，墙厚 240。

②屋面女儿墙高度为 600，应设钢筋混凝土压顶及构造柱，构造柱尺寸为 240×240；构造柱间距≤3 600；女儿墙泛水做法参见 05ZJ201 $\frac{1}{10}$，女儿墙厚度为 240，女儿墙与框架梁柱相接处应增设钢丝网抹灰等措施防止表面开裂。

（5）屋面防水。

本工程屋面防水等级为二级，防水层耐用年限为 10 年，一道防水设防。所有防水层四周均涂至屋面泛水高度，女儿墙阴阳转角处应增加铺卷材，垂直与水平方向各加长 300 mm，穿板面管道或泛水以下外墙穿管，安装后须严格用 C20 细石混凝土封严，管根四周加嵌防水胶，与防水层闭合。

（6）屋面及楼地面。

①本设计除标注外，外廊楼面标高均比楼层标高低 20 mm，梁顶标高下降 20 mm。

②屋面按不上人屋面处理，屋面采用有组织排水，结构找坡。

（7）从设计说明第六、七点及工程做法中可以读出门窗、内外装修工程的用料和做法。

建筑设计总说明

一、设计依据

1. 建设工程设计合同。

2. 用地红线图。

3. 方案批复文件，业主提供的有关资料及设计要求。

4. 现行国家及地方有关本建筑设计的工程建设规范、法规、通则及规定，主要包括：

4.1《民用建筑设计统一标准》（GB 50352—2019）；

4.2《办公建筑设计标准》（JGJ/T 67—2019）；

4.3 现行的国家有关建筑设计规范、规程和规定（含地方规程和规定）。

二、项目概况

1. 工程名称：教学楼。建设地点：南宁市高新区。
建设单位：南宁职业技术学院。

2. 占地面积：223.26 m²。总建筑面积：730.68 m²。

3. 建筑层数和建筑高度：地下0层，地上3层。建筑总高度：11.27 m。

4. 建筑工程等级：三级。耐火等级：二级。
结构类型：框架结构。抗震设防烈度：六度，结构设计使用年限50年。

5. 本工程首层室内设计标高 ±0.000 由现场定。

6. 本工程标高以米（m）为单位，尺寸以毫米（mm）为单位。各层标高为建筑完成面标高。

三、墙体

1. ±0.000以下（M7.5）水泥砂浆砌（MU10）标准砖，墙厚240；
±0.000以上（M5）混合砂浆砌（MU10）KP1烧结多孔砖，墙厚240。

2. 屋面女儿墙高度为600，应设钢筋混凝土压顶及构造柱，
构造柱尺寸为240×240，构造柱间距≤3 600，
构造柱做法参照98ZJ201，其中4ϕ10改为4ϕ12。
女儿墙泛水做法参见05ZJ201，女儿墙厚度为240。
女儿墙与框架梁柱相接处应增设钢丝网抹灰等措施防止表面开裂。

四、屋面防水

本工程屋面防水等级为三级，防水层耐用年限为10年，一道防水设防。
所有防水层四周均涂卷至屋面泛水高度，女儿墙阴阳转角处应增加铺卷材，
垂直与水平方向各加长300 mm，穿板面管道或泛水以下外墙穿管，
安装后须严格用C20细石混凝土封严，管根四周加嵌防水胶，与防水层闭合。

五、屋面及楼地面

1. 本设计除标注外，外廊楼面标高均比楼层标高低20 mm，梁顶标高下降20 mm。

2. 屋面：按不上人屋面处理，屋面采用有组织排水，结构找坡。

六、门窗工程

1. 门窗立面形式、开启方式见门窗大样图；门窗数量见门窗表。窗框颜色甲方自理；
门窗玻璃由厂家按节能设计结果选用，门窗玻璃厚度，框料尺寸由厂家根
据门窗立面规格，高度经风压计算后确定，各部位玻璃均应满足《建筑安全玻璃管理规定》。
门窗五金件选用优质产品，经设计人和建设单位认可后确定。

2. 木门油调和漆，用油灰膏嵌缝，砂纸打磨平整，内外同色，底油一道，面油淡栗色调和漆两道，
做法参照05ZJ001/第87页/涂10。

七、内外装修

1. 本工程外墙（含女儿墙内侧）采用涂料饰面，装饰分隔及颜色见立面图所注，涂料做法参见05ZJ001/第70页/外墙23；
为避免外墙面雨水渗漏，外墙抹灰应保证外墙砂浆饱满，垂直和水平缝中均不得有漏浆现象。外墙填充墙与框架梁柱间应
加ϕ1@20宽度为200～300的钢丝网或玻璃纤维网格布抹灰。

2. 本工程内外墙钢筋混凝土柱面应先刷内掺水重3%～5%的801胶素水泥浆一道。

3. 室内外装修（不含二次装修部分）材料的规格、颜色、质地选择须通过产品样品和施工样板由业主和建筑师共同确定。

4. 室内墙、柱、门洞口的阳角均应做1∶2水泥砂浆护角，护角每侧宽度不小于50，高度为2 000或同门洞高。

八、其他

1. 凡入墙柱预埋铁件经除锈后油红丹漆二道（含露明铁件），露明铁件面涂银灰色磁漆两道。
凡与砖（砌块）或混凝土接触的木材表面均须做防腐处理。

2. 本工程施工及验收应严格执行国家现行的建筑安装工程施工及验收规范，以及工程所在地的有关建筑工程法规。
本说明未尽之处，在施工中各方协商配合，共同解决。

工程做法

一、屋面工程

屋1：平屋面

1. 35厚490×490，C20预制钢筋混泥土板（ϕ4钢筋双向中距150），1∶2水泥砂浆填缝。

2. M5水泥砂浆砌侧砌中砖巷砖90×135，双向中距500。

3. 一层1.2厚SBC聚乙烯丙纶复合防水卷材用专业胶粘剂配置水泥胶粘接。

4. 15厚1∶3水泥砂浆找平。

5. 干铺150厚加气混凝土砌块。

6. 钢筋混泥土屋面板，表面清洁干净。

二、楼地面工程

地1：防滑地砖地面（用于办公室、教室、卫生间及楼梯间）

1. 8~10厚防滑地砖铺实拍平，白色素水泥擦缝水泥浆结合层一道。

2. 20厚1∶4干硬性水泥砂浆找平，面上撒素水泥。

3. 素水泥浆结合层一道。

4. 80厚C15混凝土。

5. 素土夯实。

地2：水泥砂浆地面（用于一层走廊）详见98ZJ001 地2/4
C10混凝土垫层改为C15。

楼1：防滑地砖楼面（用于办公室、教室、卫生间、楼梯间及楼梯地面）

1. 8~10厚防滑地砖铺实拍平，白色素水泥擦缝水泥浆结合层一道。

2. 25厚1∶4干硬性水泥砂浆找平，面上撒素水泥。

3. 素水泥浆结合层一道。

4. 钢筋混凝土楼板。

楼2：水泥砂浆楼面（用于二、三层走廊）详见98ZJ001 楼2/14

三、墙外工程

外墙1：涂料及墙面（位置及颜色详立面图）

1. 墙体清理干净。

2. 12厚1∶3水泥砂浆加3%~5%防水剂打底扫毛。

3. 8厚1∶2.5水泥砂浆加3%~5%防水剂罩面。

4. 涂料面层。

内墙1：腻子墙面

1. 墙体。

2. 15厚1∶1∶6水泥石灰砂浆打底。

3. 5厚1∶0.5∶3水泥石灰砂浆。

4. 满刮腻子2厚。

顶棚1：混合砂浆顶棚

1. 7厚1∶1∶4水泥石灰砂浆抹平内掺水重3%~5%的801胶

2. 5厚1∶2水泥砂浆压光。

3. 满刮腻子2厚。

墙裙1：（用于外廊走道两侧、卫生间及楼梯间）面砖墙裙卫生间高1 500，其他高900 98ZJ001

墙裙2：（用于外墙面）
面砖高500 mm 98ZJ001

踢脚1：（用于办公室、教室）
乳胶漆踢脚高120 mm 98ZJ001

台阶：98ZJ901

散水明沟：98ZJ901

散水暗沟：98ZJ901 盖板为A型板

检修孔：98ZJ201

设计单位名称区
注册师签章区
项目经理区
修改记录区
工程名称区
图号区
签字区
会签栏
附注栏

图 3-2-1 建筑设计总说明

知识测评

填空题

（1）本建筑工程等级______级；设计使用年限______年；耐火等级______级；结构类型是______；抗震设防烈度：六度；结构设计使用年限 50 年。

（2）本工程______为零点标高 ±0.000，即相对标高。各层标高为建筑完成面标高。

（3）本工程屋面防水等级为______级，防水层耐用年限为______年，一道防水设防。

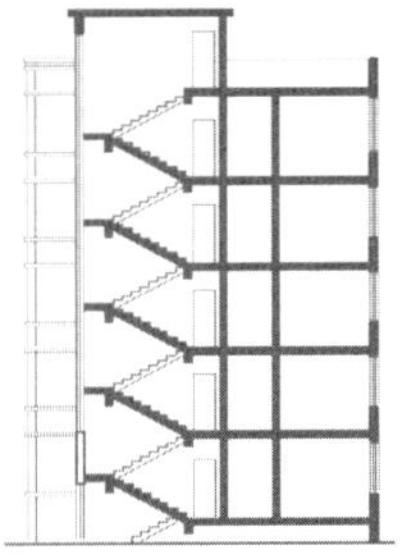

第四章 建筑平面图

思政元素

《兆域图》是1983年10月在河北省平山县中山国古墓发现的一块铜版地图。铜版上记述了中山王颁布修建陵园的诏令，图文用金银镶嵌。《兆域图》是迄今为止世界现存最早的建筑设计平面图，在考古学、历史学、语言学、社会学、建筑学等方面都很有研究价值，在地图史上也占有一定地位，它比外国最早的罗马帝国时代的地图还要早600年。《兆域图》的发现为我国建筑史提供了宝贵的实物资料。

第一节 建筑总平面图

一、总平面图图例、标高及相关符号

内容引导

扫描二维码，观看配套微课，并回答以下问题。

总平面图的图例主要有哪些？

总平面图图例、标高及相关符号

知识精讲

1. 总平面图概念

总平面图是新建房屋在基地范围内的总体布置图，是新建房屋范围内的水平正投影图。它反映新建房屋的平面形状、位置、尺寸、标高、层数、朝向及其与周围原有的建筑及道路、河流、地形等的关系。它是新建房屋定位、施工放线、土石方施工、现场布置的依据。

2. 总平面图图例

由于总平面图的绘制比例较小，许多物体不可能按原状绘出，因而采用了图例符号来表示，总平面图常见图例见表4-1-1。

表 4-1-1　总平面图图例、标高及相关符号

序号	名称	图例	备注
1	新建建筑物	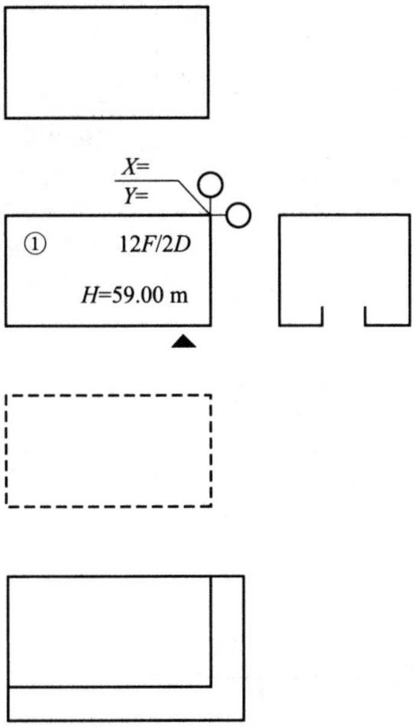	新建建筑物以粗实线表示与室外地坪相接处 ±0.00 外墙定位轮廓线 建筑物一般以 ±0.00 高度处的外墙定位轴线交叉点坐标定位。轴线用细实线表示，并标明轴线号 根据不同设计阶段标注建筑编号，地上、地下层数，建筑高度，建筑出入口位置（两种表示方法均可，但同一图纸仅能采用一种表示方法） 地下建筑物以粗虚线表示其轮廓 建筑上部（±0.00 以上）外挑建筑用细实线表示 建筑物上部连廊用细虚线表示并标注位置
2	原有建筑物	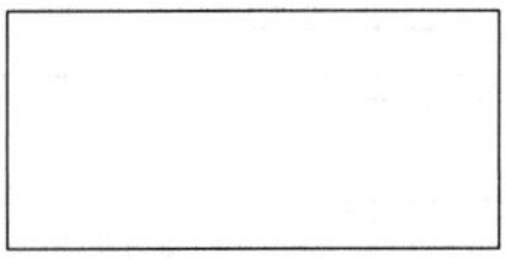	用细实线表示
3	计划扩建的预留地或建筑物		用中粗虚线表示
4	拆除的建筑物	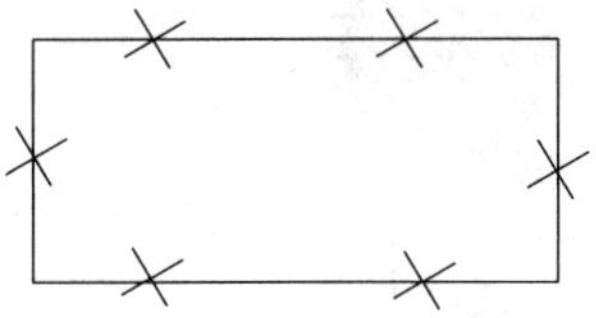	用细实线表示
5	围墙及大门	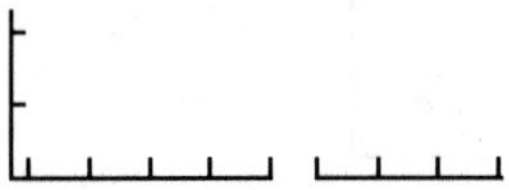	—
6	室内地坪标高	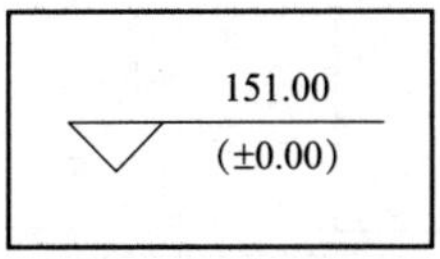	数字平行于建筑物书写
7	室外地坪标高		室外标高也可采用等高线

续表

序号	名称	图例	备注
8	新建的道路	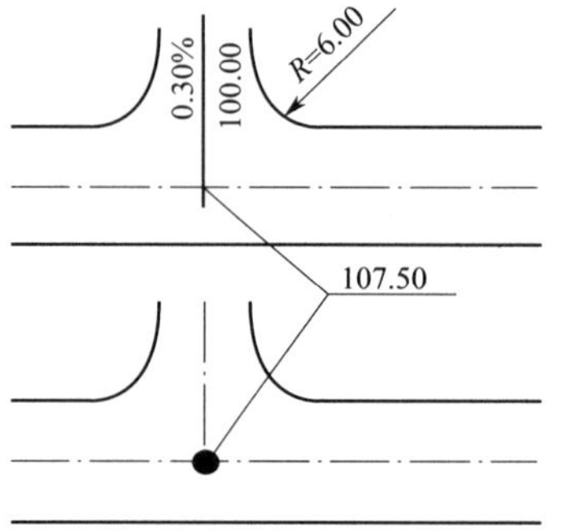	图例中所示的 R=9.00 表示道路转弯半径，101.00 为道路中心线交叉点设计标高，两种表示方式均可，同一图纸采用同一种方式表示；150.00 为变坡点之间距离，0.6%表示道路坡度
9	原有道路	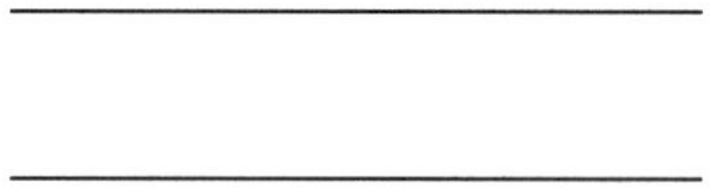	—
10	计划扩建的道路		—
11	拆除的道路	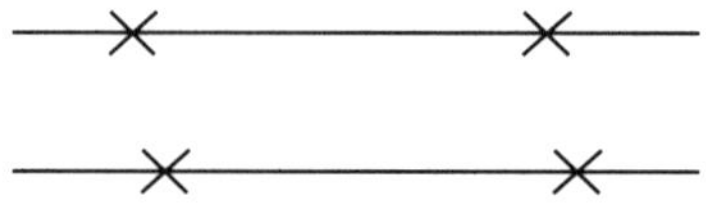	—
12	人行道	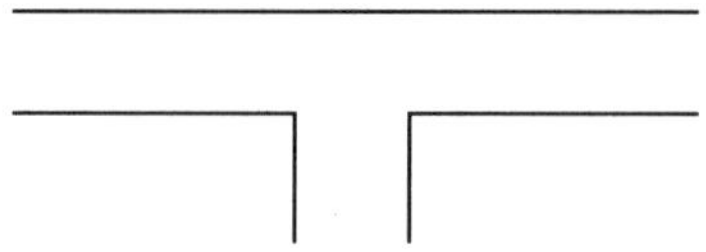	—
13	常绿针叶乔木	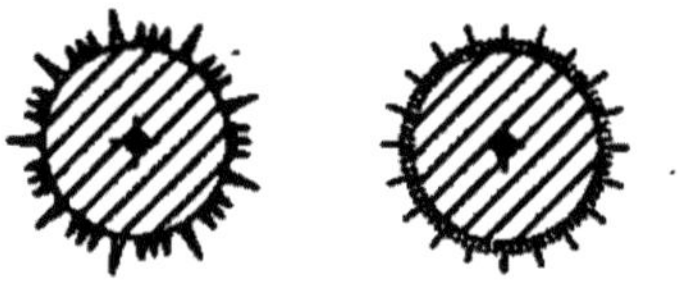	—
14	花卉	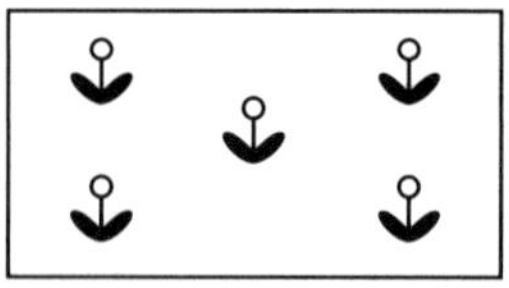	—
15	整形绿篱		—

续表

序号	名称	图例	备注
16	草坪	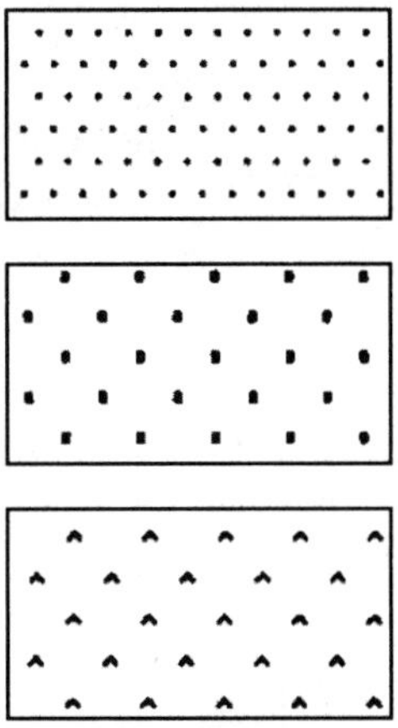	左图从上至下依次表示:草坪、自然草坪、人工草坪
17	植草砖	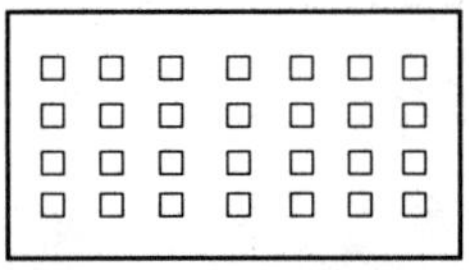	—
18	土石假山	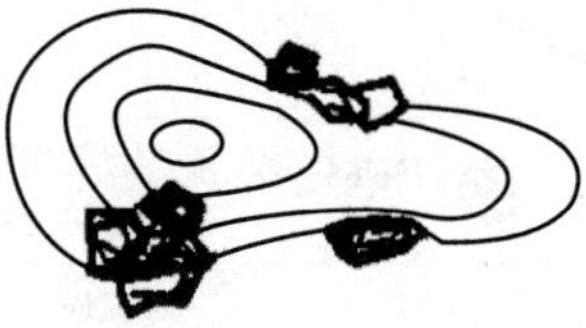	包括土包石、石抱山及假山
19	散装材料露天堆场	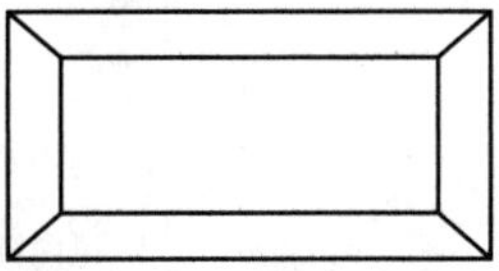	需要时可注明材料名称
20	其他材料露天堆场或露天作业场	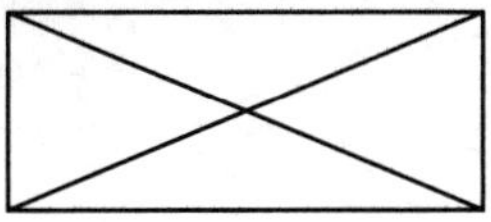	需要时可注明材料名称
21	烟囱	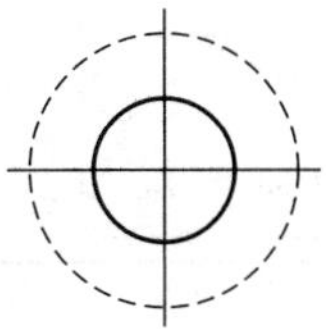	实线为烟囱下部直径,虚线为基础,可注写高度及上下口直径
22	挡土墙	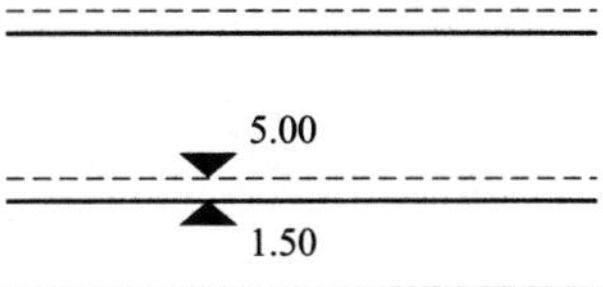	挡土墙根据设计阶段的需要标出,上方标注墙顶标高,下方标注墙底标高

续表

序号	名称	图例	备注
23	方格网交叉点标高		78.35 为原地面标高，77.85 为设计标高，-0.50 为施工高度，-表示挖方，+表示填方
24	台阶及无障碍坡道	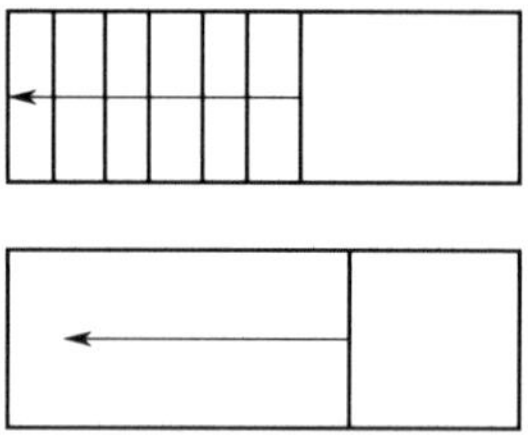	表示台阶(级数仅为示意) 表示无障碍坡道
25	自然水体	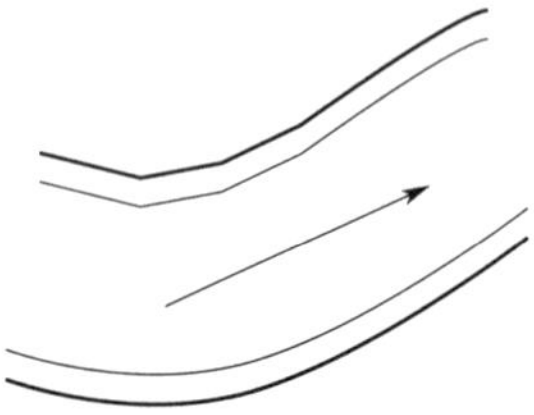	表示河流，以箭头表示水流方向
26	绝对标高	▼ 756.65　　● 756.65	以我国青岛黄海平均海平面为零点标高，用于总平面图的标注
27	相对标高	(±0.00) ▽ 756.65	以底层室内主要地坪高度为零点标高，用于施工图的标注。图例中首层主要地坪的相对标高为 ±0.00，相当于绝对标高 756.65
28	风向频率玫瑰图	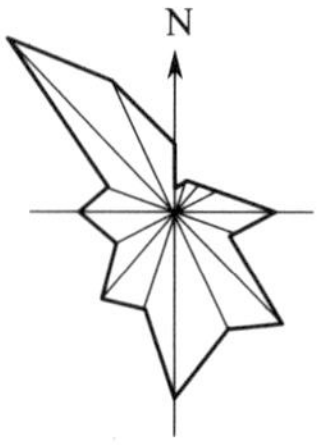	风向频率玫瑰图是根据当地风向资料，将全国中不同风向的次数用同一比例画在一个十六方位线上，然后将各点用实线连接成一个貌似玫瑰的多边形，也称风向玫瑰图
29	坐标	X105.00 Y426.00　　A105.00 B426.00	坐标图例有两种表示方法，第一种表示地形测量坐标系，第二种表示建筑坐标系，坐标数字平行于建筑标注

知识测评

1. 填空题

(1)新建建筑物图例，新建建筑物以____表示与室外地坪相接处。

（2）建筑上部外挑建筑以____表示，建筑上部连廊用____表示并标注位置。

2. 选择题

（1）在总平面图中，地下建筑物以（　　）表示其轮廓。

A. 粗实线　　　　B. 粗虚线　　　　C. 细虚线

（2）在总平面图中，原有建筑物以（　　）表示。

A. 细实线　　　　B. 中实线　　　　C. 粗实线

二、建筑总平面图图示内容

内容引导

扫描二维码，观看配套微课，并回答以下问题。

（1）总平面图的读图注意事项有哪些？

（2）总平面图的作用是什么？

建筑总平面图
图示内容

知识精讲

1. 总平面图的形成及用途

1）总平面图的形成

将拟建工程四周一定范围内的新建、拟建、原有和拆除的建筑物、构筑物连同其周围的地形地貌（道路、绿化、土坡、池塘等），用水平投影方法和相应的图例绘制而成的工程图样，称为建筑总平面图。（图 4-1-1）

2）总平面图表达的内容

总平面图主要是表达了新建房屋的位置、朝向、与原有建筑物的关系，以及周围道路、绿化和给水、排水、供电条件等方面的情况。

3）总平面图的用途

总平面图是建设工程中新建筑物施工定位、土方施工、设备专业管线平面布置的重要依据，也是安排在施工时进入现场的材料和构件、配件堆放场地，构件预制的场地以及运输道路等施工总平面布置的依据。

2. 图示内容

如图 4-1-1 总平面图所展现的，该总平面图包括的内容有计划扩建、花坛、室外标高、拆除建筑、围墙、建筑层数、原有建筑、坐标、草坪、新建建筑的定位、室内标高、指北针及风向。低层建筑的层数可用相应数量的小黑点或阿拉伯数字表示。高层建筑用阿拉伯数字表示。风向用风向频率玫瑰图表示，根据某一地区多年平均统计的各个方向吹风次数的百分数值，按一定比例绘制，一般多用 8 个或 16 个罗盘方位表示。有风玫瑰图，可以不绘制指北针，此外还包括图名。

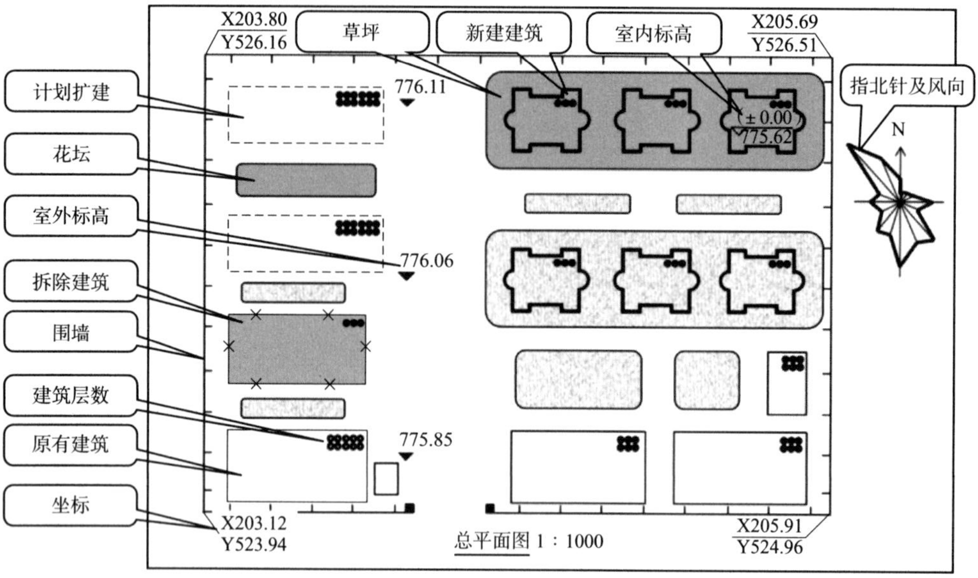

图 4-1-1　总平面图的图示内容

3. 总平面图的读图注意事项

（1）总平面图中的内容，多数是用符号表示的，看图之前要先熟悉图例符号的意义。总平面图常见图例见上一节的表 4-1-1。

（2）总平面图表现的工程性质，不但要看图，还要看文字说明。

（3）查看总平面图的比例，以了解工程规模。一般常用比例为 1：300，1：500，1：1 000，1：2 000。如图 4-1-2 所示，建筑总平面图的比例为 1：1 000。

（4）看清用地范围内新建、原有、拟建、拆除建筑物或构筑物的位置，新、旧道路布局，周围环境和建设地段内的地形、地貌情况。

（5）查看新建建筑物的室内外地面高差和道路标高，地面坡度及排水走向。

（6）根据风向频率玫瑰图看清楚朝向。

（7）查看图中尺寸的表现形式，以便查看清楚建筑物或构筑物自身占地尺寸及相对距离。

（8）总平面图中的各种管线要细致阅读，管线上的窨井、检查井要看清编号和数目，要看清管径、中心距离、坡度、从何处引进到建筑物或构筑物，要看准具体位置。

（9）绿化布置要看清楚哪是草坪、树丛、乔木、灌木、松墙等，是何树种，花坛、小品、桌、凳、长椅、林荫小路、矮墙、栏杆等各种物体的具体尺寸，做法及建造要求和选材说明。

（10）以上全部内容还要查清定位依据。由于总平面图内容多样、庞杂，需要仔细、认真阅读。

知识测评

1. 填空题

（1）将拟建工程四周一定范围内的_____、_____、_____和_____的建筑物、构筑物连同其周围的地形地貌（道路、绿化、土坡、池塘等），用水平投影方法和相应的图例所画出的图样，称为总平面图（总平面布置图）。

（2）总平面图主要是表达了新建房屋的_____、_____与_____的关系，以及周围道路、绿化和给水、排水、供电条件等方面的情况。

2. 简答题

（1）总平面图常用的比例有哪些？

（2）总平面图包括的内容主要有哪些？

第二节　建筑平面图

一、建筑平面图概述

内容引导

扫描二维码，观看配套微课，并回答以下问题。

（1）建筑平面图形成的原理是什么？

（2）底层平面图是怎么形成的？

建筑平面图的形成

知识精讲

1. 建筑平面图的形成

建筑平面图即建筑物各层的水平剖面图。除屋面平面图之外，每一楼层平面图是用一个假想的水平剖切平面在略高于窗台的部位将整个建筑物切开后，移去剖切平面以上的部分，做剩余部分水平面投射方向的正投影图，如图 4-2-1 所示。

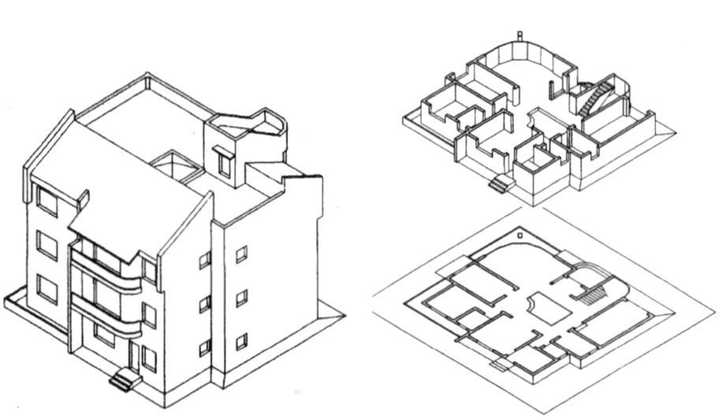

图 4-2-1　建筑平面图的形成

通常来说，房屋有几层，就应画出几个平面图。在图的下方应注明图名和比例。沿房屋底层窗洞口剖切所得到的平面图称为底层平面图，如图 4-2-2 所示。最上面一层的平面图称为顶层平面图。中间各楼层的平面各层房间的数量、大小、布置如果一样，通常只画一个平面图表示，称为标准层平面图。

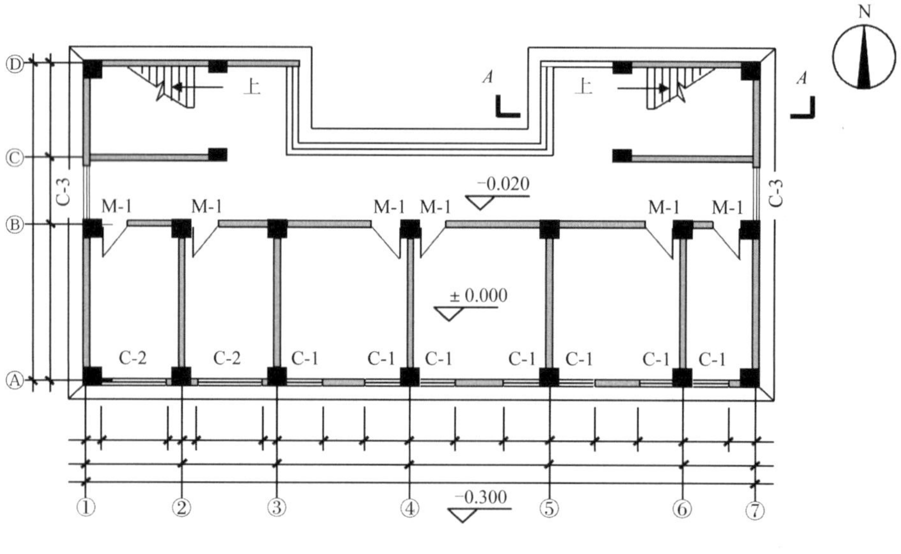

图 4-2-2　底层平面图

2. 建筑平面图的用途

建筑平面图反映房屋的平面形状、大小和房间的相互关系、内部布置、墙的位置、厚度和材料、门窗的位置以及其他建筑构配件的位置和大小等。它是施工放线、砌墙、安装门窗、室内装修和编制预算的重要依据。

3. 建筑平面图的分类

建筑施工图中一般包括以下几种平面图。

1)地下室平面图

地下室平面图表示房屋建筑地下室的平面形状、各房间的平面布置及楼梯布置等情况，如图 4-2-3 所示。

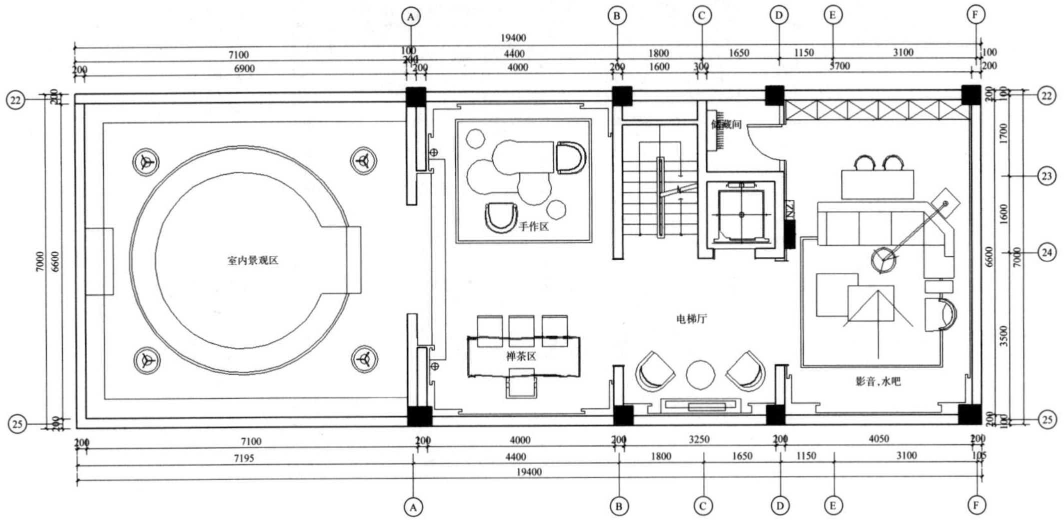

负一层平面布置图 1：50

图 4-2-3　地下室平面图

2)底层或首层平面图

底层或首层平面图表示房屋建筑底层或首层的布置情况，在底层平面图上还需反映室外可见的台阶、散水、花台、花池等。此外，还应标注剖切符号和指北针，如图 4-2-4 所示。

3)楼层平面图

楼层平面图表示房屋建筑中间各层及最上一层的布置情况，楼层平面图还需画出本层的室外阳台和下一层的雨篷、遮阳板等，如图 4-2-5 所示。

4)屋顶平面图

屋顶平面图是在房屋的上方，向下作屋顶外形的水平投影线而得到的投影线图。用它表示屋顶的情况，如屋面排水的方向、坡度、雨水管的位置、上人孔及其他建筑构配件的位置等，如图 4-2-6 所示。

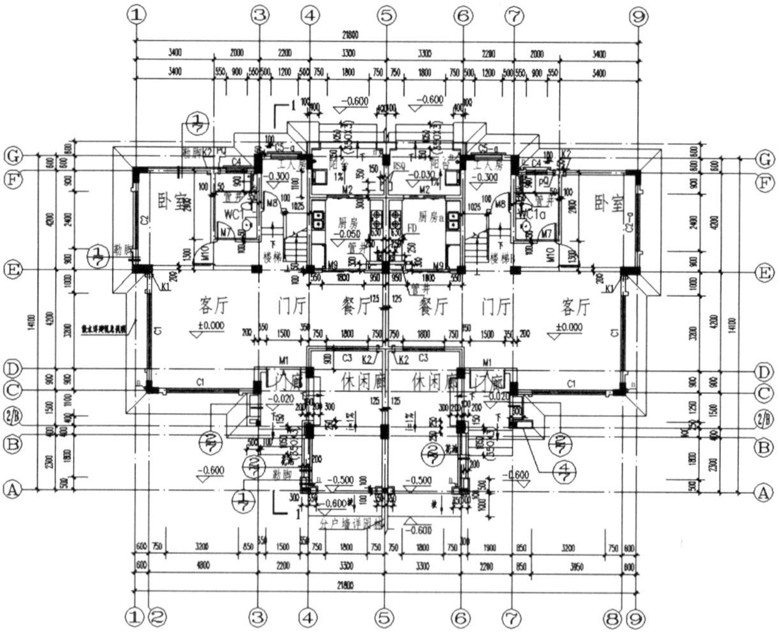

首层平面图 1:100

图 4-2-4 首层平面图

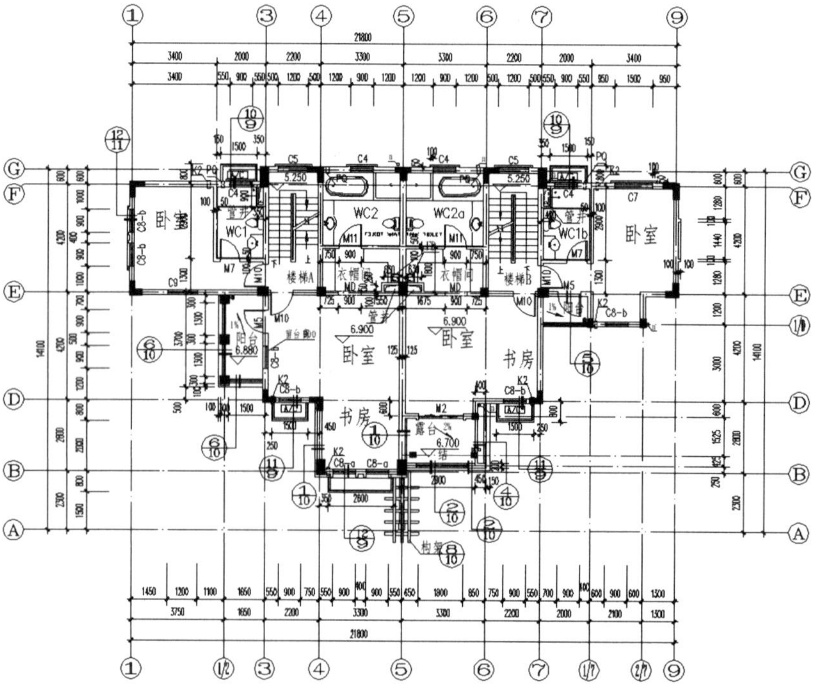

三层平面图 1:100

图 4-2-5 三层平面图

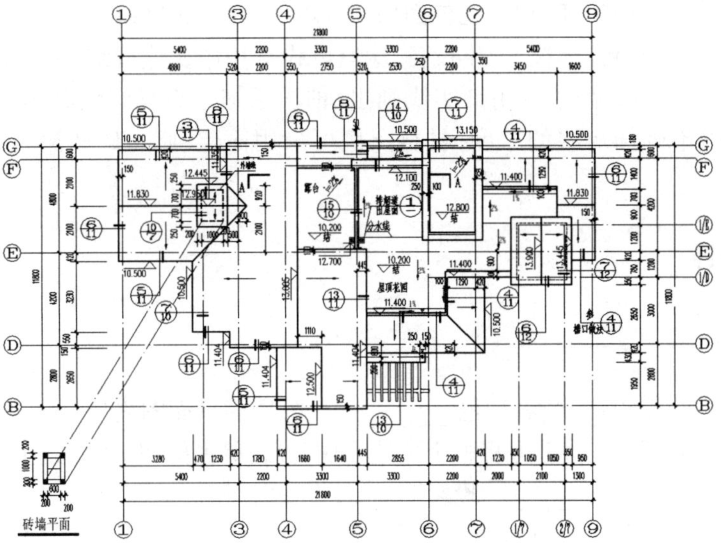

屋顶平面图 1:100

图 4-2-6　屋顶平面图

4. 建筑平面图的规定画法

断面材料的表示：比例大于 1∶50 时，画出材料图例和抹灰层的厚度，如图 4-2-7 所示。

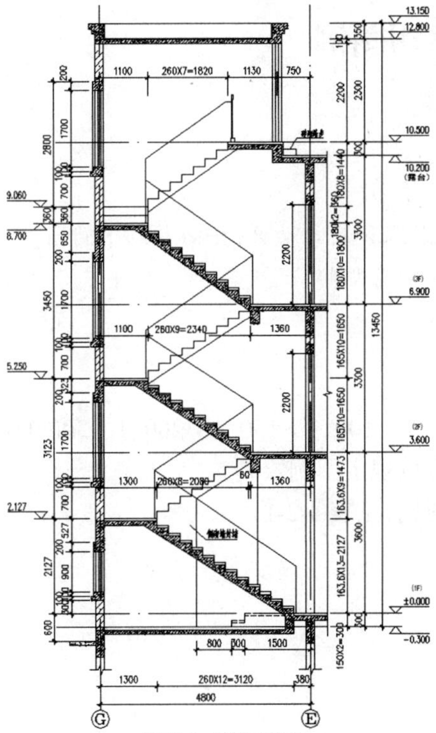

楼梯B 1—1剖面大样图 1:50

图 4-2-7　楼梯剖面图

平面图中的线型应粗细分明，凡被剖切到的墙、柱断面轮廓线用粗实线画出，没有剖切到的可见轮廓线，如窗台、梯段、卫生设备、家具陈设等用中实线或细实线画出。尺寸线、尺寸界线、索引符号、标高符号等用细实线画出，轴线用细单点长画线画出。比例小于等于1∶100时，可以不画抹灰层的厚度，材料图例可采用简化画法，砖墙涂红，钢筋混凝土涂黑等。

知识测评

1. 填空题

（1）建筑平面图即建筑物各层的__________，除屋面平面图之外，每一楼层平面图是假想用水平的剖切平面在窗台上方将整个建筑物切开后，移去剖切平面以上的部分，作剩余部分水平面投射方向的____________投影图。

（2）建筑施工图中一般包括地下室平面图、__________、__________、__________这四平面图。

2. 简答题

（1）建筑平面图的作用是什么？

（2）屋顶平面图主要表达什么内容？

二、建筑平面图常用图例

内容引导

扫描二维码，观看配套微课和教学动画，并回答以下问题。

建筑平面图常用比例主要有哪些？

建筑平面图
常用图例

知识精讲

建筑平面图常用1∶50、1∶100、1∶150、1∶200、1∶300的比例绘制，由于比例较小，所以门窗及细部构配件等均应按规定图例绘制。

常用建筑构造及配件图例，见表4-2-1。

表 4-2-1　建筑平面图常用图例

序号	名称	图例	备注
1	墙体	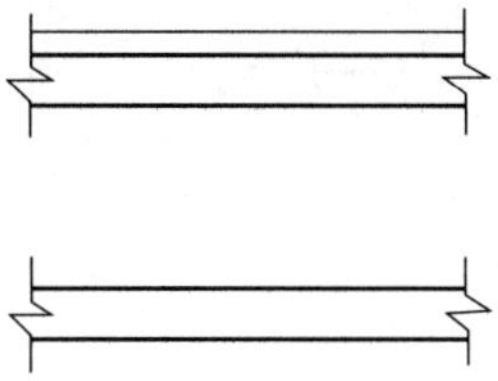	上图为外墙，下图为内墙。外墙细线表示有保温层或有幕墙，应加注文字或涂色或图案填充表示各种材料的墙体。在各层平面图中防火墙宜着重以特殊图案填充表示
2	隔断		加注文字、涂色或图案填充以表示各种材料的轻质隔断，适用于到顶与不到顶隔断
3	玻璃幕墙	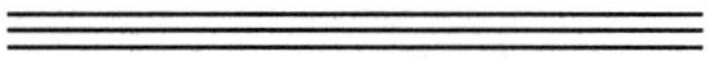	幕墙龙骨是否表示由项目设计决定
4	楼梯	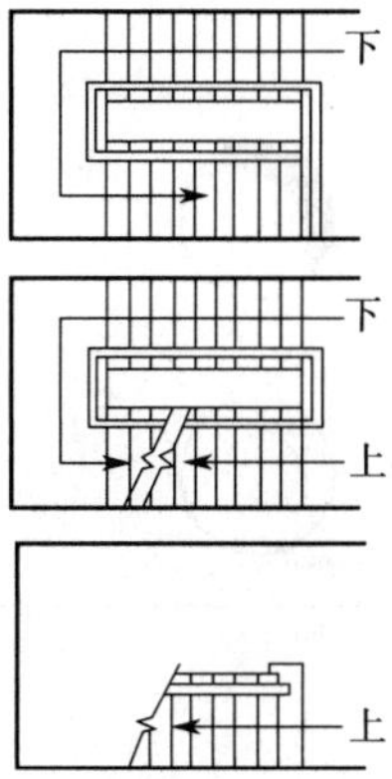	楼梯图例分为顶层楼梯平面，中间层楼梯平面和底层楼梯平面。需设置靠墙扶手或中间扶手，应在图中表示
5	坡道	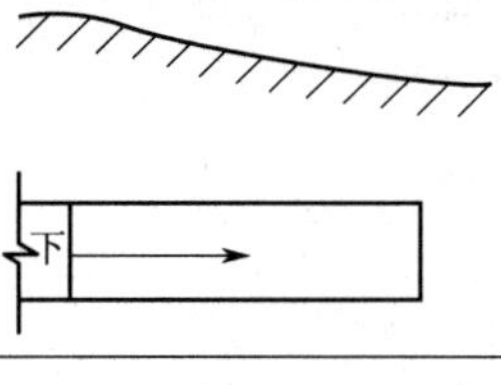	长坡道
		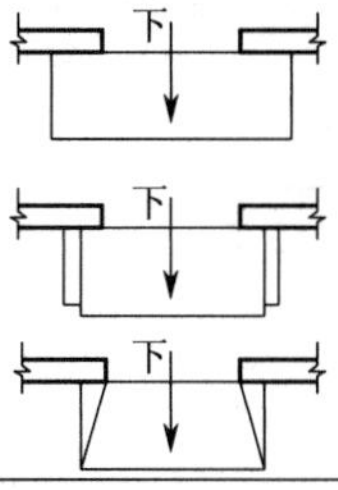	上图为两侧垂直的门口坡道，中图为有挡墙的门口坡道，下图为两侧找坡的门口坡道
6	台阶	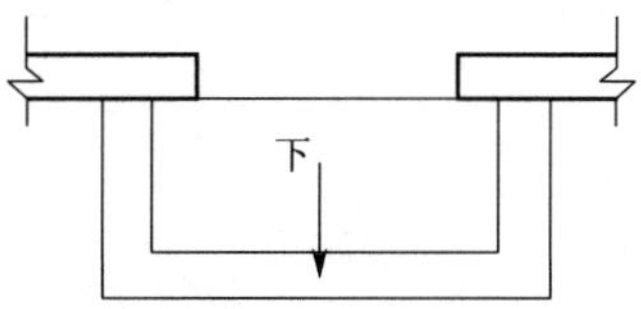	—

续表

序号	名称	图例	备注
7	平面高差	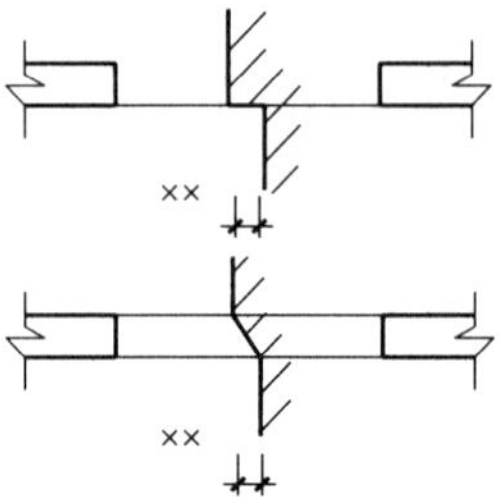	用于高差小的地面或楼面交接处，并应与门的开启方向相协调
8	检查口		检查口图例分为可见检查口和不可见检查口
9	孔洞		阴影部分可填充灰度或用涂色代替
10	坑槽		—
11	墙预留洞和墙预留槽	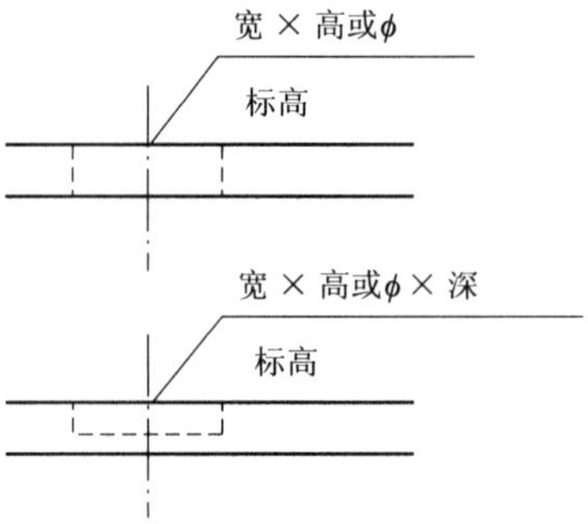	上图为预留洞，下图为预留槽 平面以洞(槽)中心定位 标高以洞(槽)底或中心定位 宜以涂色来区别墙体和预留洞(槽)
12	地沟	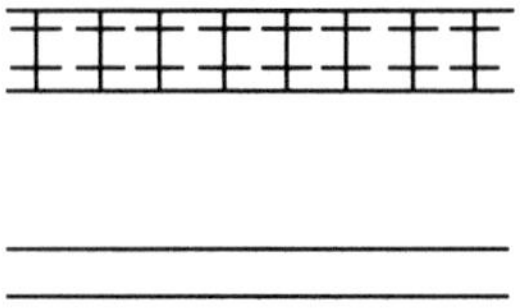	上图为有盖板地沟，下图为无盖板明沟

续表

序号	名称	图例	备注
13	烟道	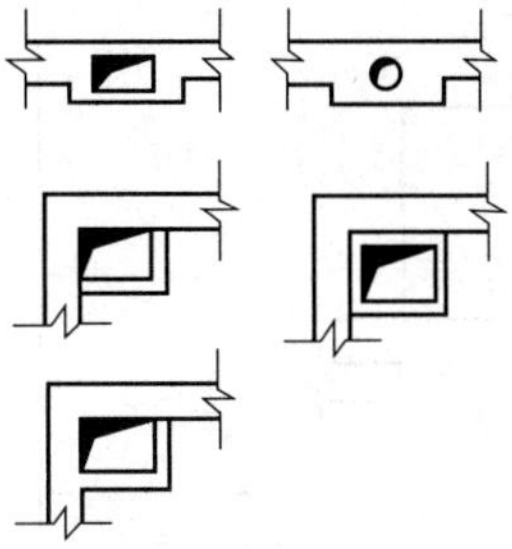	阴影部分亦可填充灰度或涂色代替 烟道、风道与墙体为相同材料，其相接处墙身线应连通 烟道、风道根据需要增加不同材料的内衬
14	风道	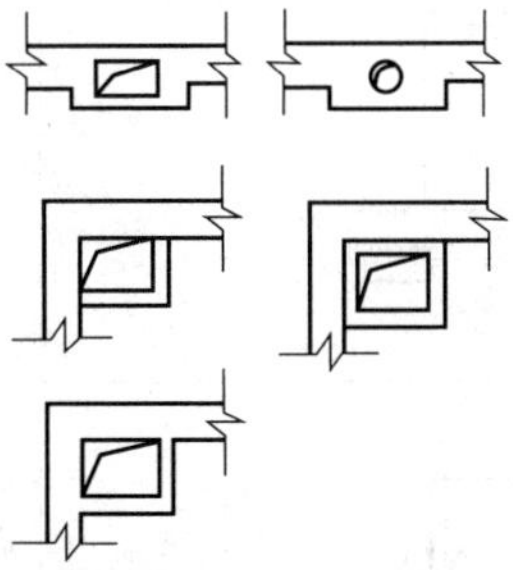	
15	新建的墙和窗	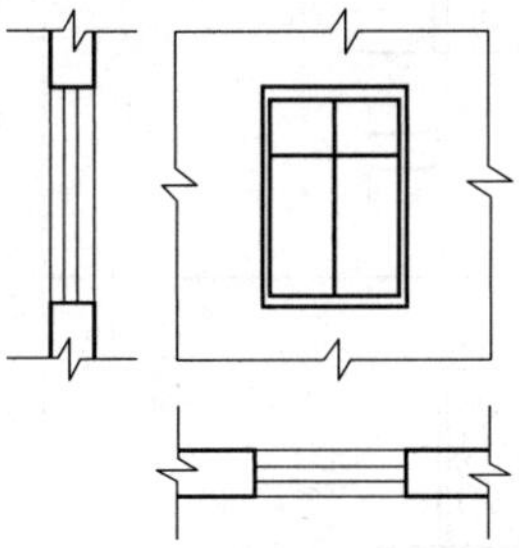	—
16	改建时保留的墙和窗	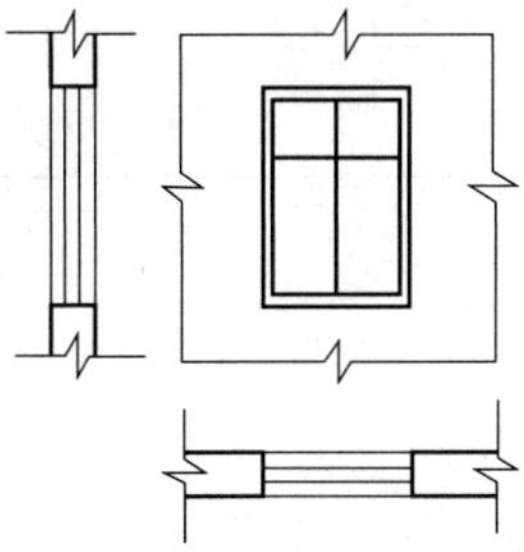	只更换窗，应加粗窗的轮廓线
17	拆除的墙	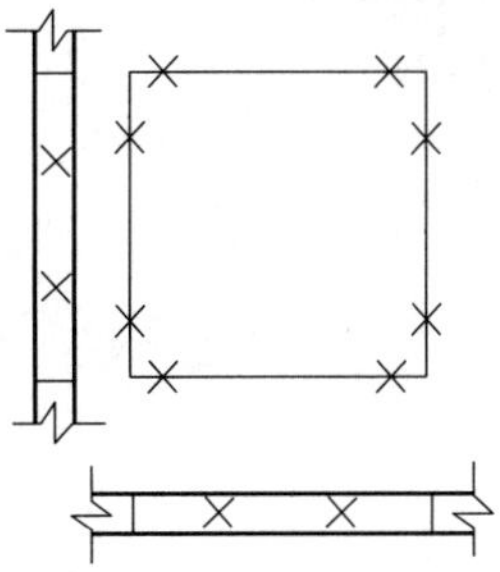	在原有墙或楼板洞旁扩大的洞。此处展示洞口向左边扩大的情况，在原有墙或楼板上全部填塞的洞

续表

序号	名称	图例	备注
18	空门洞	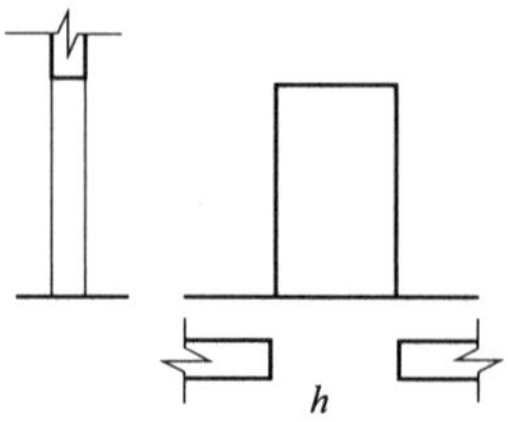	*h* 为门洞高度
19	单面开启单扇门	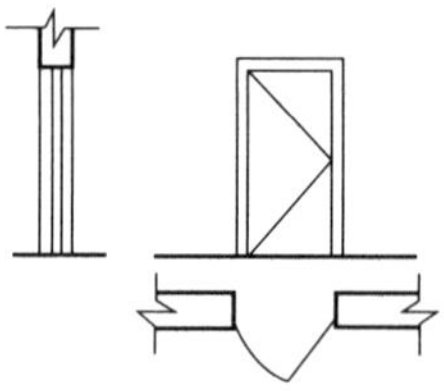	门的名称代号用 M 表示。平面图中，下为外，上为内。门开启线为 90°、60°或 45°，开启弧线宜绘出。立面图中，开启线实线为外开，虚线为内开，开启线交角的一侧为安装合页的一侧。开启线在建筑立面图中可不表示，在立面大样图中可根据需要绘出。剖面图中，左为外，右为内。附加纱扇应以文字说明，在平、立、剖面图中均不表示。立面形式应按实际情况绘制
20	双面开启单扇门	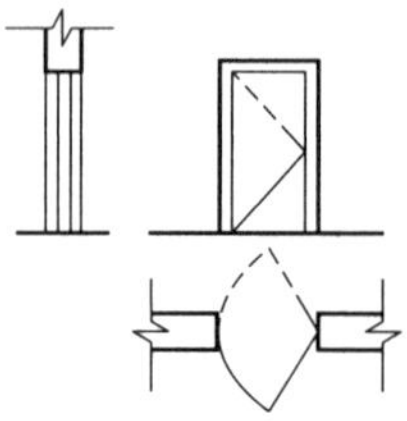	
21	双层单扇平开门	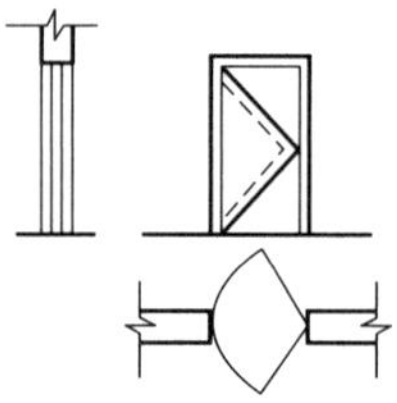	

续表

序号	名称	图例	备注
22	固定窗	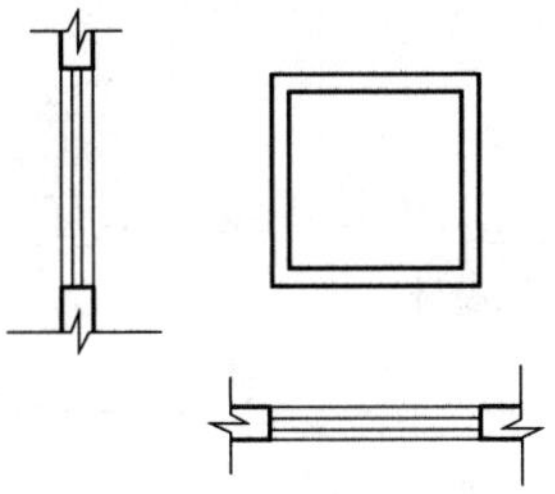	窗的名称代号用C表示。平面图中，下为外，上为内。立面图中，开启线实线为外开，虚线为内开。开启线交角的一侧为安装合页的一侧。开启线在建筑立面图中可不表示，在门窗立面大样图中需绘出。剖面图中，左为外，右为内。虚线仅表示开启方向，项目设计不表示。附加纱窗应以文字说明，在平、立、剖面图中均不表示。立面形式应按实际情况绘制
23	上悬窗	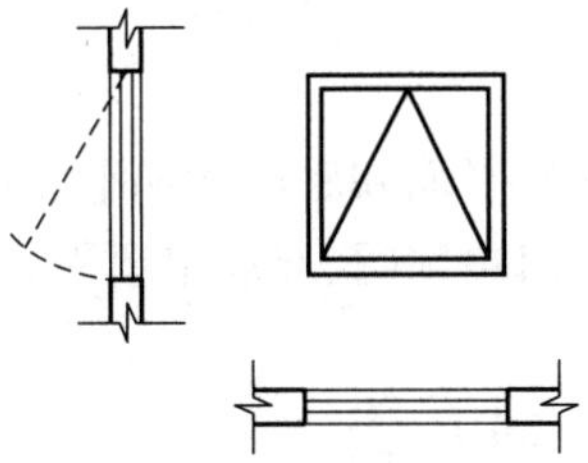	
24	中悬窗	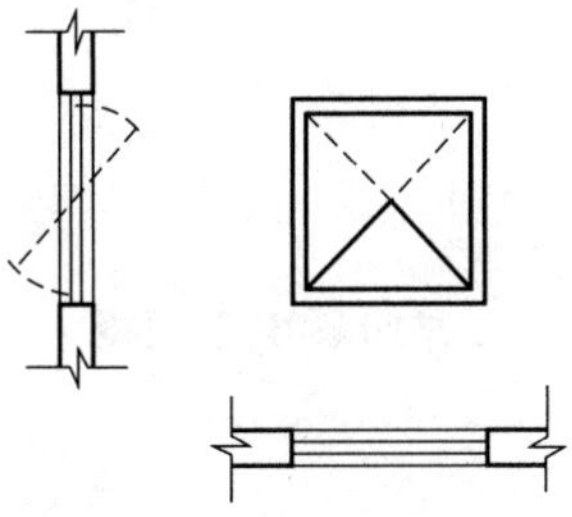	
25	下悬窗	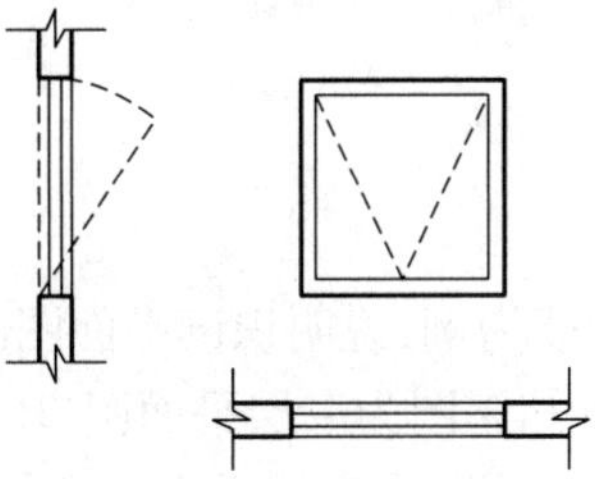	
26	立转窗	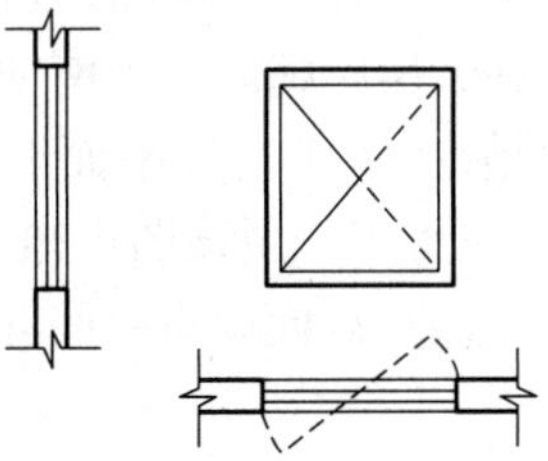	

知识测评

1. 填空题

(1)墙体图例分为________和________,外墙细线表示有________或有________,应加注文字或涂色或图案填充表示各种材料的墙体。

(2)楼梯图例分为____________,____________和____________,需设置靠墙扶手或中间扶手,应在图中表示。

2. 绘图题

(1)请绘制顶层楼梯平面、中间层楼梯平面和底层楼梯平面楼梯图例。

(2)请绘制单面开启单扇门、双面开启单扇门、双层单扇平开门图例。

三、建筑平面图的识读及绘制方法

内容引导

扫描二维码,观看配套微课和教学动画,并回答以下问题。

建筑平面图的图示内容主要有哪些?

建筑平面图的图示内容及绘制方法

知识精讲

1. 建筑平面图的识读步骤

以本书附图教学楼的一层平面图识读为例,说明识读平面图的一般步骤。

(1)了解图名、比例及文字说明。可知该图为一层平面图,比例为 1∶100。

(2)指北针一般画在底层平面图上。该图为底层平面图,看指北针可了解房屋的朝向。从图中可知,该建筑物主要出入口在房屋南面,房屋朝向为坐南朝北。

(3)看房屋平面外形和内部墙的分隔情况,了解房屋平面形状和房间分布、用途、数量及相互间关系,如入口、走廊、楼梯和房间的位置等。由该图可知,教学楼平面基本形状为矩形。总长 32.4 m,总宽 6.84 m。一层有 3 间教室,东面设有一间办公室,西面设有男卫生间,在东西两侧设有内部楼梯。

(4)在底层平面图上看室外台阶、花池、散水坡(或明沟)及雨水管的大小和位置。由该图可知,一层教学楼南面有室外台阶,教学楼外侧设有散水。

(5)看图中定位轴线的编号及其间距尺寸。从中了解各承重墙(或柱)的位置及房间大小,以便于施工时定位放线和查阅图纸。从该图定位轴线可以看出墙柱的布置情况,纵向轴线编号 1/0A、A、B,横向轴线编号 1~8。其中 1/0A 是附加轴线,表示 A 号轴线之前附加的

第一条轴线。

（6）看平面图的各部分尺寸。从各道尺寸的标注，可知墙体厚度、各房间的开间、进深、门窗及室内设备的大小位置。

建筑平面图外部一般标注三道尺寸。最外一道是外包尺寸，表示房屋外轮廓的总尺寸。即从一边外墙面到另一边外墙面的总长和总宽尺寸；中间一道是轴线间尺寸，表示各房间的开间进深大小；最里面一道尺寸是细部尺寸，表示门窗洞口和窗间墙等水平方向的定形和定位尺寸。相邻定位轴线之间的距离，横向称为开间，纵向称为进深。从图中可知，办公室开间 3.6 m，进深 6.6 m。三间教室的开间进深一样，均是开间 6.6 m，进深 6.6 m。卫生间开间 3.6 m，进深 6.6 m。该楼所有墙厚 240 mm，定位轴线均为中轴线（轴线居中）。

建筑平面图内部尺寸就近标注，标注内墙门窗洞等的大小和定位尺寸。

（7）看地面标高。一般采用相对标高，取底层室内主要房间地面标高为 ±0.000。一般平面图分别标注下列标高：室内地面标高、室外地面标高、室外台阶标高、卫生间地面标高、楼梯平台标高等。由该图可知，室外地坪标高为-0.470 m；室外台阶标高-0.020 m；室内房间地面为标高零点，即 ±0.000 m；楼梯休息平台标高-0.450 m。

（8）看门窗的分布及其编号。了解门窗的位置、类型及其数量。为了便于识读，建筑施工图中常采用专门的代号标注门窗，门的代号为 M，窗的代号为 C。代号后面用数字表示编号。根据该图可知，一层教学楼的门有 M1、M2。窗有 C1、C2、C3。

（9）在底层平面图上看剖面的剖切符号，了解剖切部位及编号，以便与有关剖面图对照阅读。该图为底层平面图，从图中可见楼梯位置有剖切符号，对应 1—1 楼梯剖面图。

（10）查看平面图中的索引符号，当某些构造细部或构件，需另画比例较大的详图或引用有关标准图时，则须标注出索引符号，以便与有关详图符号对照查阅。读该图可知有 4 处索引符号。

①散水明沟剖切索引符号。引出线所在一侧为投影方向，如图 4-2-8 所示，详图见图集 98ZJ901 第 5 页的 3 号详图。

②散水明沟详图索引符号，如图 4-2-9 所示。详图见图集 98ZJ901 第 6 页的 3 号详图。

③黑板详图索引符号。黑板长 3 600 mm，如图 4-2-10 所示。详图见图集 98ZJ501 第 34 页。

④室外台阶详图索引符号，如图 4-2-11 所示。详图见图集 98ZJ901 第 8 页的 11 号详图。

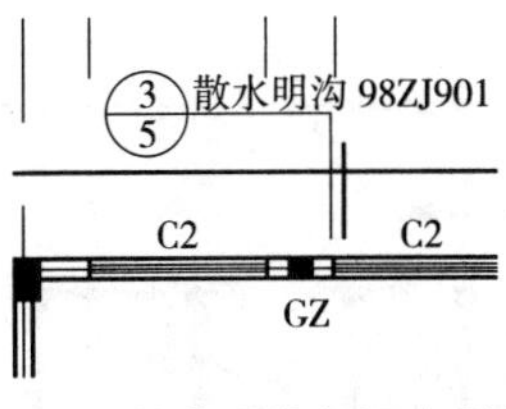

图 4-2-8　散水明沟剖切索引符号

图 4-2-9　散水明沟详图索引符号

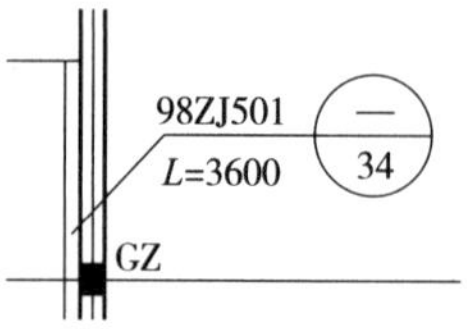

图 4-2-10　黑板详图索引符号

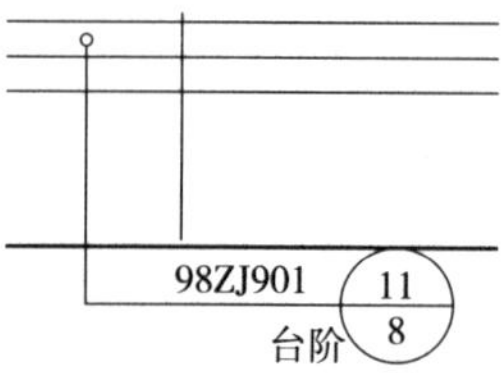

图 4-2-11　室外台阶详图索引符号

（11）图中“1%”、“3%”为坡度设计值。例如“1%”是指沿 100 cm 水平长度，高度下降了 1 cm。

2. 建筑平面图的图示内容和绘制方法

1）底层平面图

沿房屋底层窗洞口剖切所得到的平面图称为底层平面图，一般包含墙体、柱、门窗及代号、室内外地坪标高、底层楼梯、指北针、剖切符号、室外明沟、散水、尺寸标注、轴线及编号、图名、比例，如图 4-2-12 所示。

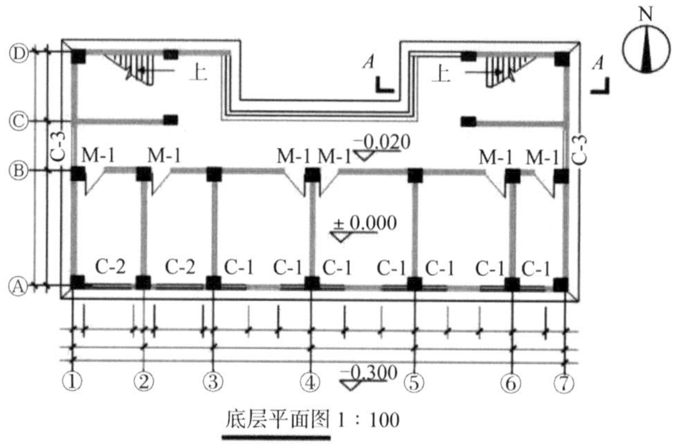

图 4-2-12　底层平面图

底层平面图的绘制如下。

第一步，画定位轴线，如图 4-2-13 所示。

第二步，然后根据画好的定位轴线画墙、柱线，如图 4-4-14 所示。

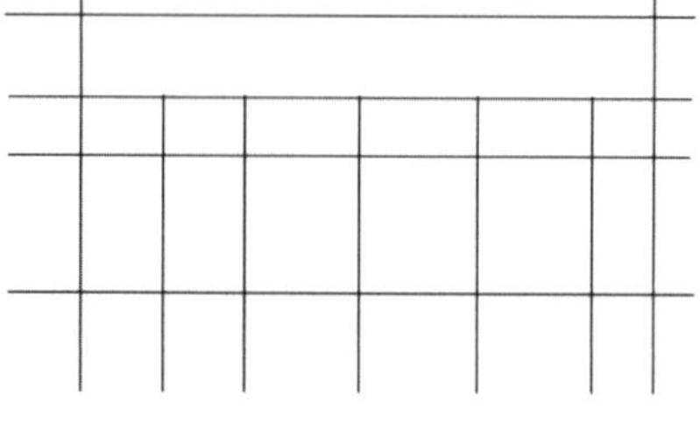

图 4-2-13　画定位轴线

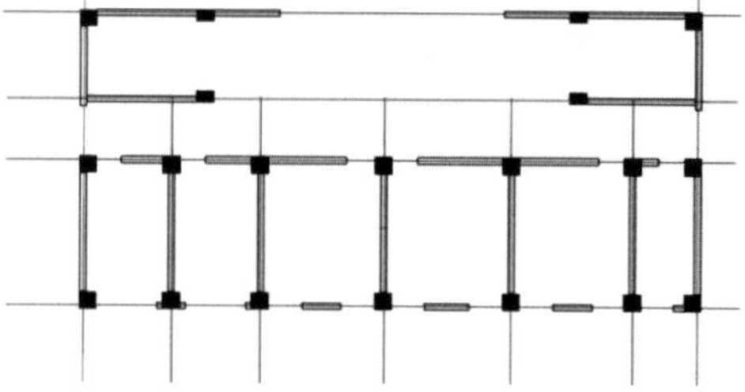

图 4-2-14　画墙、柱线

第三步，画散水线等，如图 4-2-15 所示。

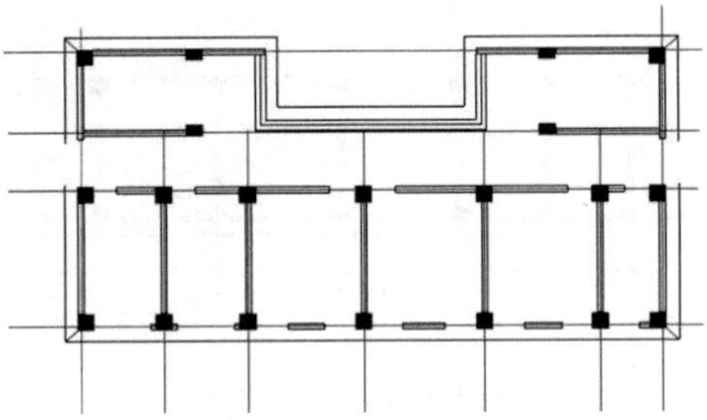

图 4-2-15　画散水线

第四步，画门窗线，如图 4-2-16 所示。

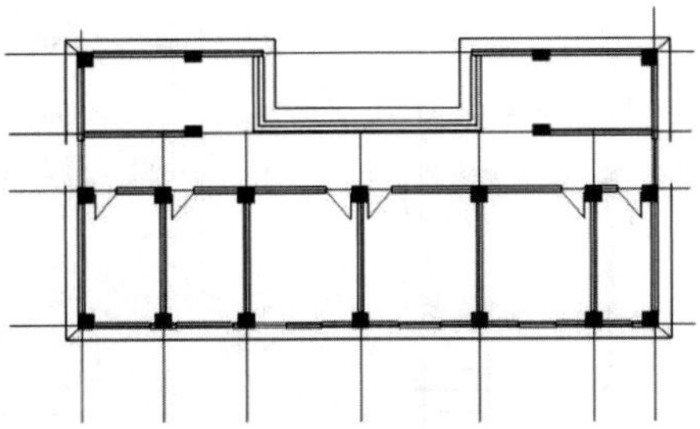

图 4-2-16　画门窗线

第五步，画楼梯，如图 4-2-17 所示。

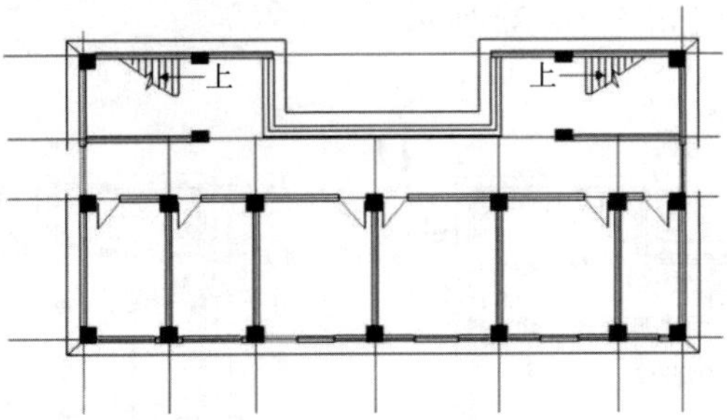

图 4-2-17　画楼梯

第六步，标注尺寸，如图 4-2-18 所示。

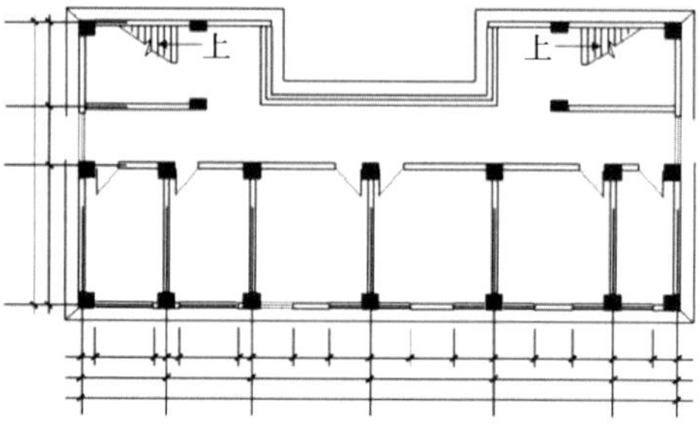

图 4-2-18 标注尺寸

第七步，绘制轴线符号，如图 4-2-19 所示。

第八步，标注门窗代号，如图 4-2-20 所示。

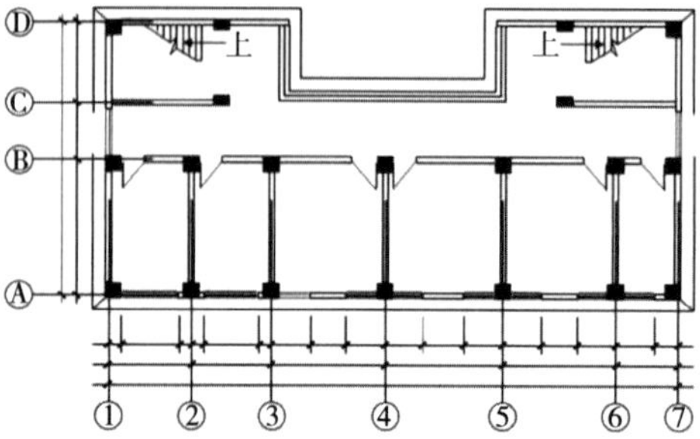

图 4-2-19 绘制轴线符号

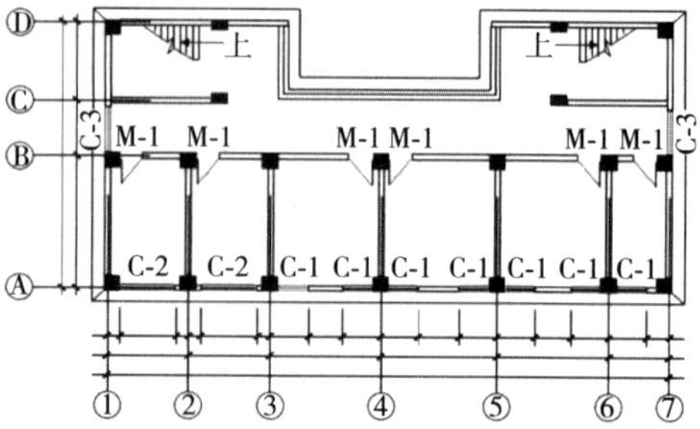

图 4-2-20 标注门窗代号

第九步，标注剖切符号、标高符号和指北针等，如图 4-2-21 所示。

最后注写图名及比例，如图 4-2-22 所示。

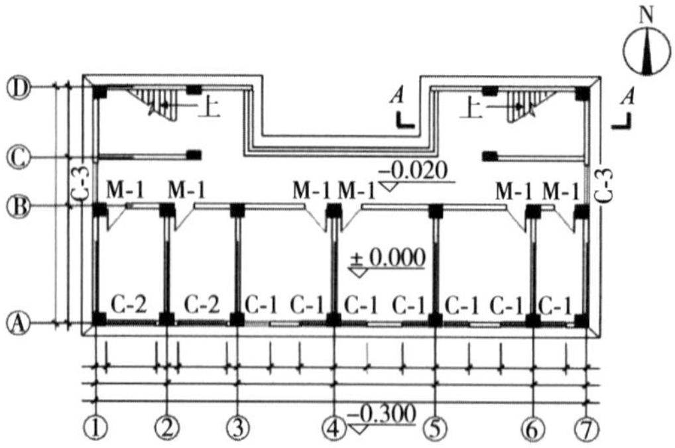

图 4-2-21 标注剖切符号、标高符号和指北针

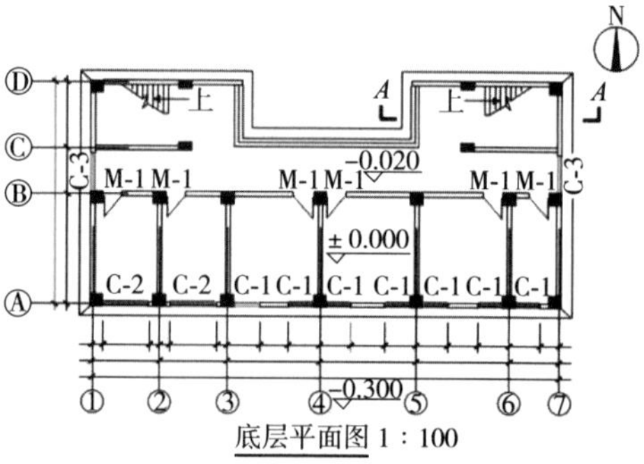

图 4-2-22 注写图名及比例

2）标准层平面图

如果一栋建筑的中间各层平面布置相同，可只画一个平面图表示，该平面图称为标准层平面图，一般包含墙体、柱、门窗及代号、室内地坪标高、标准层楼梯、尺寸标注、轴线及编号、图名、比例，如图 4-2-23 所示。

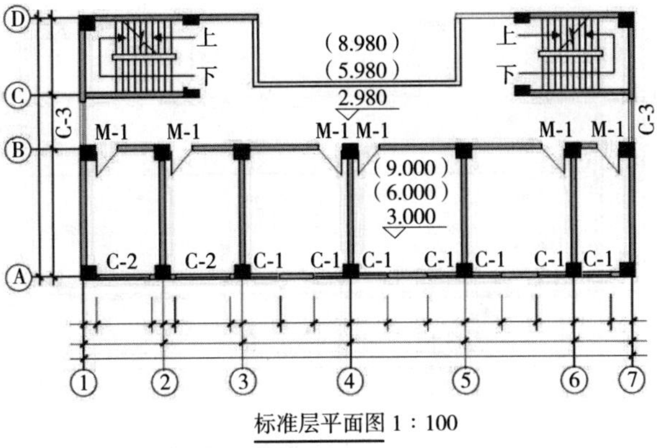

图 4-2-23　标准层平面图

标准层平面图的绘图步骤如下。

(1)定位轴线。先定横向和纵向的最外两道轴线,再根据开间和进深尺寸定出各轴线。

(2)画墙身厚度,定门窗洞位置,定门窗洞位置时,应从轴线往两边定门窗间墙宽。

(3)画楼梯、散水、明沟等细部。

(4)按施工图要求加深或加粗图线,并标注轴线、尺寸、门窗编号、剖切位置线、图名、比例及其他文字说明。

(5)平面图中线性要求是:剖到的墙身用粗实线,看到的墙轮廓线、构配件轮廓线、窗洞、窗台及门扇图用中粗线,窗扇及其他细部用细实线。

3)顶层平面图

房屋最上面一层的平面图称为顶层平面图。图示内容一般包括墙体、柱、门窗及代号、室内地坪标高、顶层楼梯、尺寸标注、轴线及编号、图名、比例。顶层平面图的绘制方法基本和标准层平面图相同,如图 4-2-24 所示。

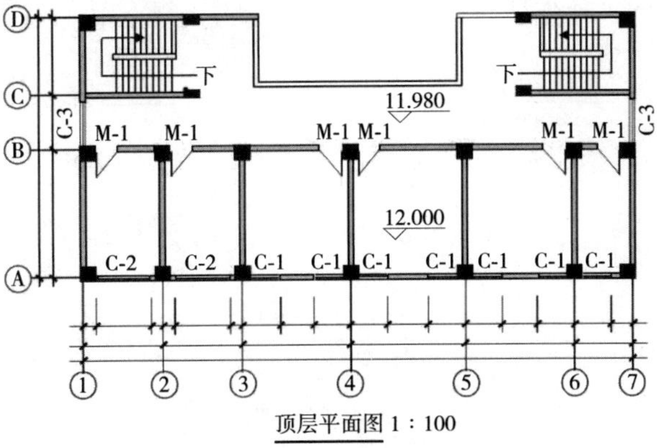

图 4-2-24　顶层平面图

4)屋面平面图

屋面平面图是屋面的水平正投影图,它表示屋面从上向下作投影所能表现出的一切内容,如图 4-2-25 所示。

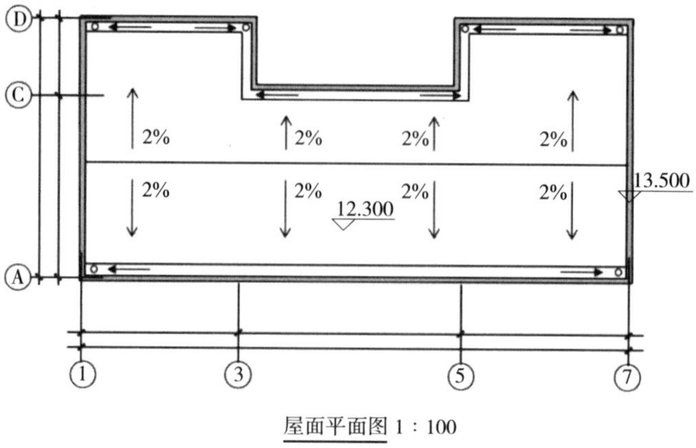

图 4-2-25　屋面平面图

（1）屋面平面图的作用。不管是平屋顶还是坡屋顶，都应主要表现出屋面排水情况和凸出屋面的全部构造位置。

（2）屋面平面图的基本内容。屋面平面图包括墙体、屋面标高、排水坡度及走向、排水构造及坡向、尺寸标注、轴线及编号、图名、比例。

（3）屋面平面图的读图注意事项。屋面平面图虽然比较简单，但应与外墙详图和索引屋面细部构造详图对照才能读懂，尤其是楼梯、人孔、烟道、通风道、檐口，以及屋面材料防水做法。

知识测评

简答题

建筑平面图的绘图步骤是什么？

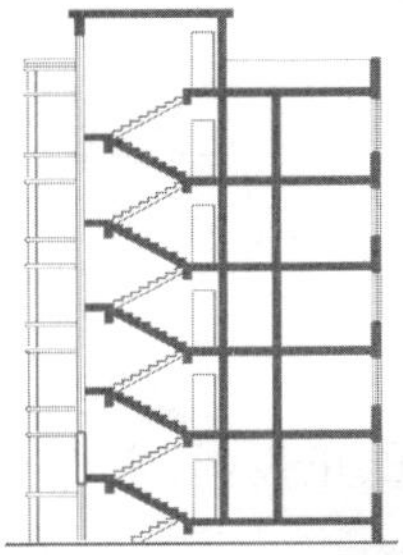

第五章 建筑立面图

思政元素

国家游泳中心看似简单的"方盒子",其实是中国传统文化和现代科技共同"搭建"而成的。中国人认为:没有规矩不成方圆。方形是中国古代城市建筑最基本的形态,它体现的是中国文化中以纲常伦理为代表的社会生活规则,而且这个"方盒子"又能够最佳体现国家游泳中心的多功能要求,从而实现了传统文化与建筑功能的完美结合。

第一节　建筑立面图的形成和作用

内容引导

扫描二维码,观看配套微课和教学动画,并回答以下问题。

建筑立面图形成的原理是什么?

建筑立面图的形成和作用

知识精讲

1. 建筑立面图的作用

建筑立面图是用来表达房屋外部造型、门窗位置及形式、阳台、雨篷、雨水管、勒脚、台阶、花坛等建筑形式及内容的工程图样。它是建筑工程和装饰工程施工的重要技术文件,如图 5-1-1 所示。

图 5-1-1　建筑外立面

2. 建筑立面图的形成

建筑立面图是在与房屋立面平行的铅垂投影面上对房屋外部形状所作的正投影，主要表达房屋外部形状，如图 5-1-2 所示。

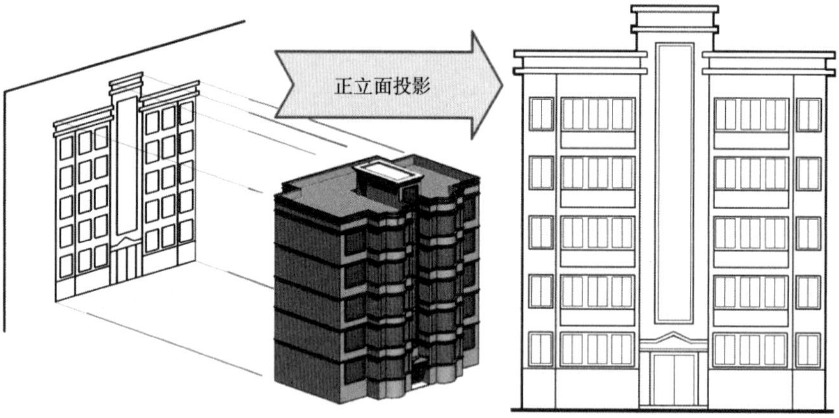

图 5-1-2　建筑立面图的形成

3. 建筑立面图的命名

根据建筑物外形的复杂程度，所需绘制的立面图的数量不同。建筑立面图一般有三种命名方式。

（1）按房屋的朝向来命名，如南立面图、北立面图、东立面图、西立面图。

（2）按轴号命名，对于那些不便于用朝向命名的立面图，可以用定位轴线命名，命名方式就是标示该立面图的首尾两个定位轴线的编号，这是建筑工程立面图命名的常用做法。例如：⑦轴~㉕ 轴立面图，如图 5-1-3 所示。

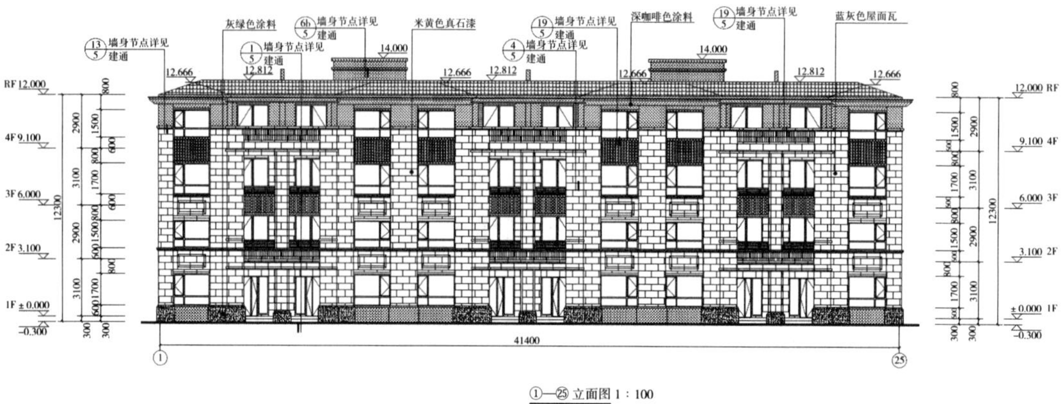

图 5-1-3　建筑立面图

（3）按房屋立面的主次来命名，规定房屋主出入口所在的墙面为正面，可命名为正立面图、背立面图、左侧立面图、右侧立面图。

在绘图时，根据情况来选择命名方式，最常用的命名方式是按轴线编号命名。

4. 规定画法

立面图一般按投影关系，画在平面图上方，与平面图轴线对齐，以便识读。立面图所采用的比例一般和平面图相同。由于比例较小，所以门窗、阳台、栏杆及墙面复杂的装修可按图例绘制。为简化作图，对立面图上同一类型的门窗，可详细地画一个作为代表，其余均用简单图例来表示。此外，在立面图的两端应画出定位轴线符号及其编号。

为了使立面图外形清晰、层次感强，立面图应采用多种线型画出。一般立面图的外轮廓用粗实线表示；门窗洞口、檐口、阳台、雨篷、台阶、花池等突出部分的轮廓用中实线表示；门窗扇及其分格线、花格、雨水管、有关文字说明的引出线及标高等均用细实线表示；室外地坪线用加粗实线表示。

知识测评

1. 填空题

（1）建筑立面图是用来表达房屋______、门窗______、雨篷、雨水管、勒脚、台阶、花坛等建筑形式及内容的工程图样。

（2）建筑立面图是在与房屋立面平行的______投影面上对房屋外部形状所作的______投影，主要表达房屋外部形状。

2. 选择题

（1）建筑立面图的命名方式一般有（　　）。

A. 按房屋的朝向来命名　　B. 按轴号命名

C. 按房屋立面的主次来命名

（2）按房屋的朝向来命名有（　　）。

A. 南立面图　　B. 北立面图　　C. 东立面图　　D. 西立面图

第二节　建筑立面图的识读与绘制

内容引导

扫描二维码，观看配套微课和教学动画，并回答以下问题。

建筑立面图包括哪些内容呢？

建筑立面图的识读与绘制

知识精讲

1. 建筑立面图的内容和规定

（1）建筑立面图中包含建筑物外形上可以看到的全部内容，如散水、台阶、雨水管、遮阳措施、花池、勒脚、门头、门窗、雨篷、阳台、檐口，屋顶上面可以看到的烟囱、水箱间、通风道，还可以看到外楼梯等可看到的其他内容和位置，如图 5-2-1 所示。

（2）表明外形高度方向的 3 道尺寸线，即总高度、分层高度、门窗上下皮、勒脚、檐口等具体高度。而长度方向由于平面图已标注过详细尺寸，所以立面图中一般不再注写，但长度方向首层两端的轴线要用数字符号标明。

（3）立面图重点是反映高度方面的变化，虽然标注了 3 道尺寸，若想知道某一位置的具体高度还需推算，为简便起见，从室外地坪到屋顶最高部位，都注标高，其单位是 m，小数点后面的位数一般取三位。

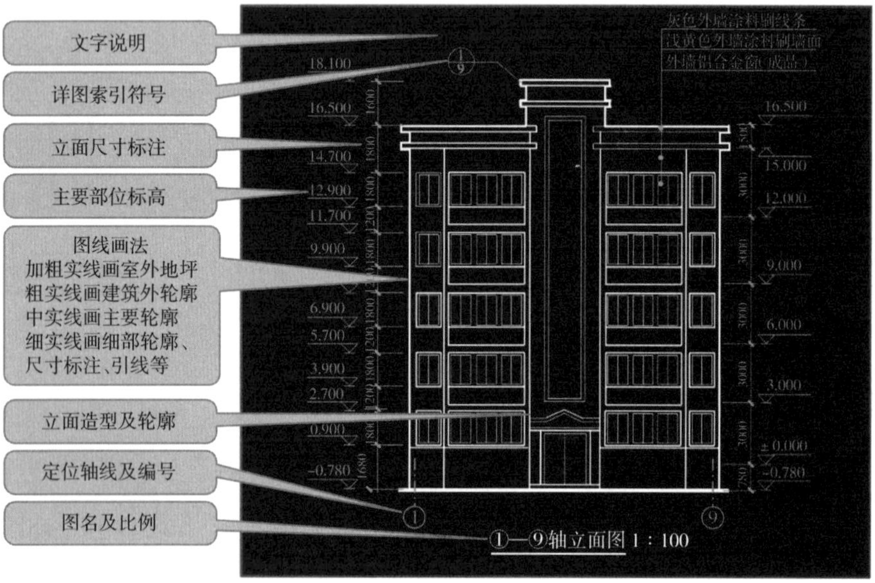

图 5-2-1　建筑立面图的内容

2. 建筑立面图的图线画法

加粗实线画室外地坪，粗实线画建筑外轮廓，中实线画主要轮廓，细实线画细部轮廓、尺寸标注、引线等。

3. 建筑立面图的读图注意事项

（1）立面图与平面图有密切关系，各立面图轴线编号均应与平面图严格一致，并应校核门、窗等所有细部构造是否正确无误。

（2）检查各立面图彼此之间在材料做法上有无不符、不协调一致之处，以及房屋整体外观、外装修中的环向构件两端是否相交或相接。

4. 建筑立面图绘图步骤

（1）画出室外地坪、楼面线、屋面线、两端定位轴线及外墙轮廓线，如图 5-2-2 所示。

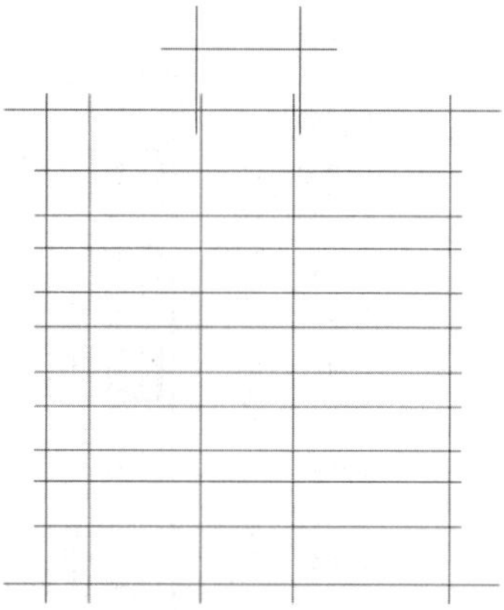

图 5-2-2　确定整体轮廓线

在合适的位置画上室外地坪。在定外墙轮廓线时，如果平面图和正立面图在同一张图纸上，则外墙轮廓线应由平面图的外墙外边线根据“长对正”的原理向上投影而得。根据高度尺寸画出屋面檐口线。如无女儿墙，则应根据侧面或剖面图上屋面坡度的脊点，投影到正立面定出屋脊线。如果有女儿墙，则需要根据标高定出女儿墙的压顶线。

（2）由平面图定出门窗位置，并画出细部，如门窗洞、窗台、雨篷、檐口、勒脚、墙面分格线条，如图 5-2-3 所示。

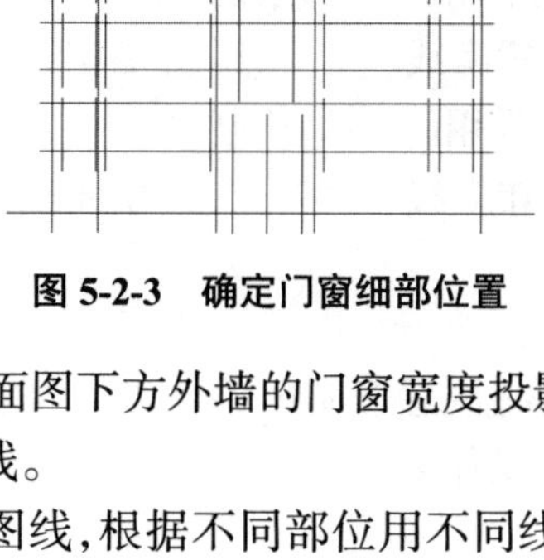

图 5-2-3　确定门窗细部位置

正立面图上门窗宽度由平面图下方外墙的门窗宽度投影得出。根据窗台高、门窗顶高度画出窗台线、门窗顶线、檐口线。

（3）检查完善图面各部位图线，根据不同部位用不同线宽加深图线，并擦除多余的图线，如图 5-2-4 所示。

（4）标注尺寸、标高、文字及详图符号，注写轴线编号、图名及比例，应注意各标高符号45° 等腰直角三角形的顶点在同一条竖直线上，如图 5-2-5 所示。

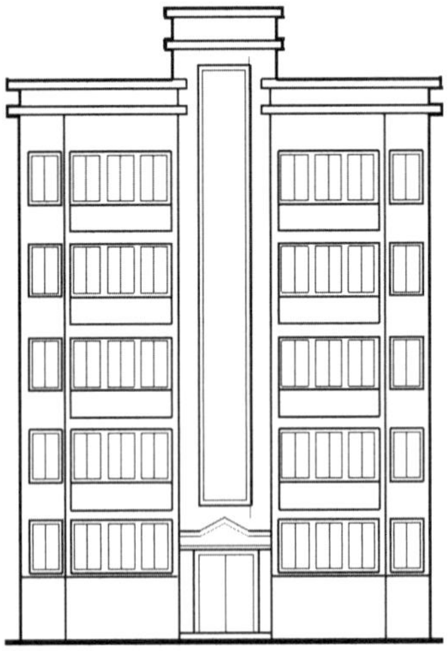

图 5-2-4　完善各部位图线

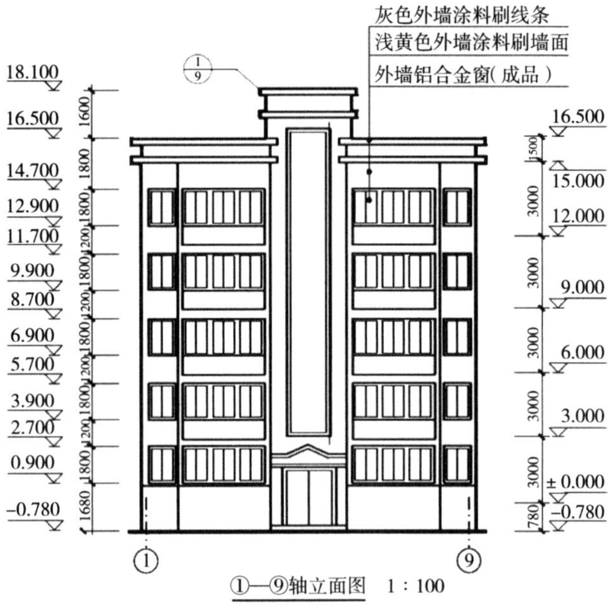

图 5-2-5　绘制标高符号

知识测评

1. 填空题

（1）加粗实线画____；粗实线画____；中实线画____；细实线画____、____、____等。

（2）建筑立面图的内容包括________、________、________、________、________、________、________等。

2. 选择题

（1）建筑立面图的外轮廓线采用(　　)绘制。

A. 粗实线　　B. 中粗实线　　C. 中实线　　D. 细实线

（2）建筑立面图的地平线线采用(　　)绘制。

A. 粗实线　　B. 加粗实线　　C. 中实线　　D. 细实线

3. 简答题

（1）建筑立面图的读图有哪些注意事项？

（2）建筑立面图的绘图步骤是什么？

第三节　建筑剖立面图的形成与绘制方法

内容引导

扫描二维码，观看配套微课和教学动画，并回答以下问题。

（1）通过 CT 的检查结果能够看到人体的内部情况，那么工程上通过什么图纸来了解建筑的内部情况呢？

（2）建筑剖立面图的作用是什么？

建筑剖面图

知识精讲

1. 建筑剖立面图的作用

建筑剖立面图是表示建筑物垂直方向的高度、楼层、垂直空间的结构布置和构造方式的工程图样。它是建筑工程和装饰工程施工的重要技术文件，如图 5-3-1 所示。

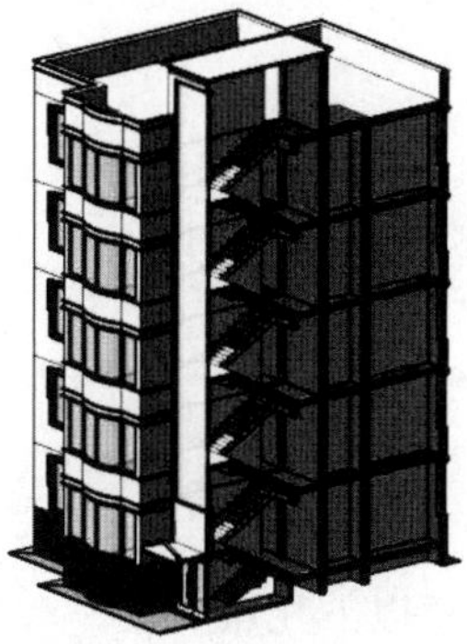

图 5-3-1　建筑剖立面图示意

2. 建筑剖立面图的形成

假想用一个铅垂的剖切平面将房屋剖开，移去剖切面与观察者之间的房屋部分，将剩余部分向投影面投射所得的正投影图，如图 5-3-2 所示。

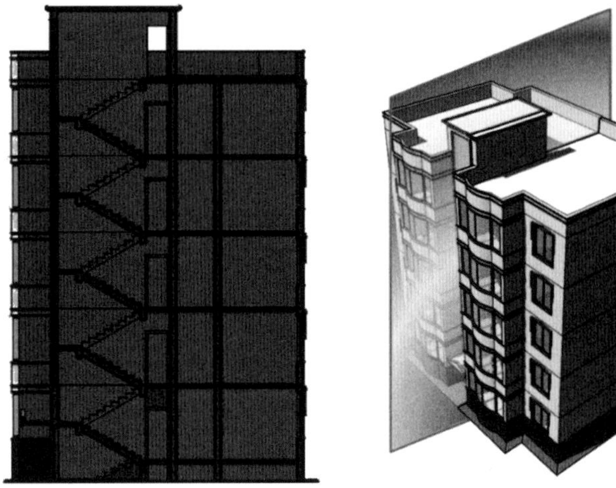

图 5-3-2　建筑剖立面图的形成

建筑剖面图的剖切位置来源于建筑平面图，一般选在平面或组合中不易表示清楚并较为复杂的部位，画出剖切位置和朝向，并给予名称，然后用一个假想的垂直剖切面，将房屋剖开得到剖面形式的投影图，并显示出被剖切部位的结构形式与材料做法。

3. 建筑剖立面图的图示内容

（1）图名及比例。
（2）墙柱定位轴线及间距尺寸。
（3）建筑竖向结构形式及内部构造。
（4）标高及尺寸。
（5）相关图例及文字说明。

4. 建筑剖面图的读图注意事项

在识读建筑剖面图的时候要注意以下几点。

（1）剖面图表示的内容多为有特殊设备的房间，如锅炉房、实验室、浴室、厕所、厨房等，里面都有固定设备，需用剖面图表示清楚它们的具体位置、形状尺寸等。阅读剖面图就要校核该图所在轴线位置、剖切到的内容和部位是否与平面图中相应的内容完全一致。

（2）剖面图中的尺寸重点表明内外高度尺寸、横向或纵向尺寸和标高时，应仔细校核这些具体细部尺寸是否和平面图、立面图中的尺寸完全一致。内外装修做法与材料做法是否也同平面图与立面图一致。这些校核都要从整体考虑，而不要单纯只是阅读剖面图。

5. 建筑剖立面图的规定画法

1）定位轴线

在剖面图中，通常只需画出建筑物图样两端的墙柱定位轴线、编号及间距尺寸，以便与平面图对照。

2）**图线**

（1）室外地平线用加粗线绘制（1.4*b*）。

（2）凡被切到的建筑实体断面（如墙、柱、梁、楼板、楼梯等）的轮廓线，均用粗实线绘制（*b*）。

（3）凡未被切到的可见建筑构件，均用细实线绘制（0.25*b*）。

3）**图例**

被剖切的建筑实体断面，均按规定的材料图例绘制。当图样比例≤1：100 时，材料图例可以采用简化画法，如钢筋混凝土、砖墙用涂黑表示。

4）**标高及尺寸**

通常对室外地坪、室内一层以及各楼层、屋面、外墙窗等部位进行标高标注；并标出各主要部位高度尺寸和建筑物总高度尺寸，注意与立面图和平面图尺寸对应。

5）**图名及比例**

图名应与平面图剖切符号编号对应。比例通常为 1：100，或 1：50，如图 5-3-3 所示。

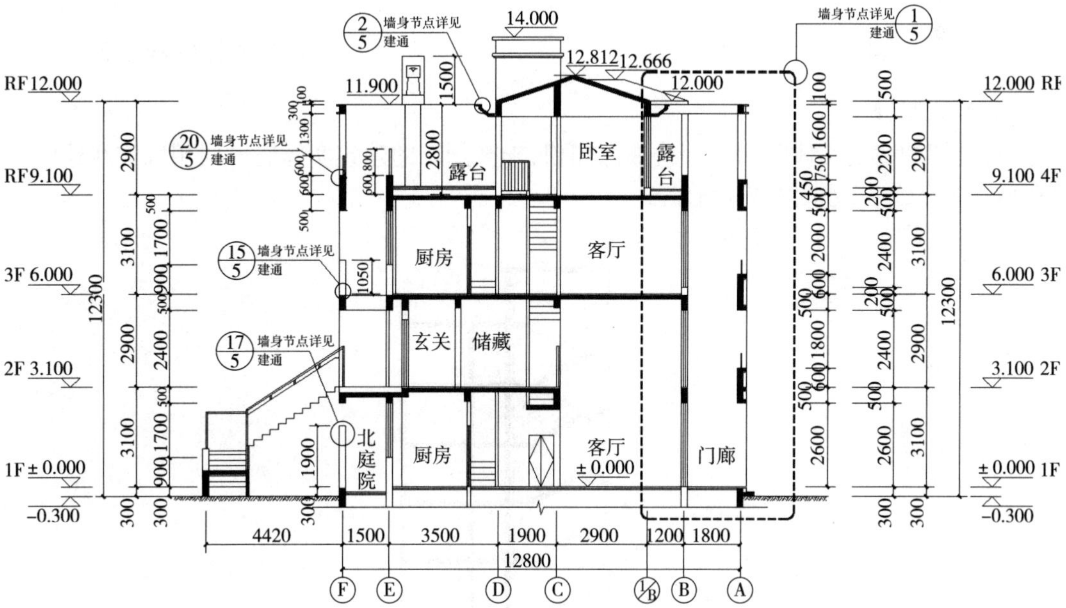

1—1 剖面图　1：100

图 5-3-3　剖面图

6. 绘制剖立面图的步骤与方法

1）**起草轮廓**

根据平面图轴线位置及间距尺寸，以及立面楼层标高，绘制定位轴线、室内外地坪线、各楼层楼面线，如图 5-3-4 所示。

2）**绘制建筑各部位构件轮廓**

画出被剖切和未被剖切的建筑构件轮廓线，如图 5-3-5 所示。

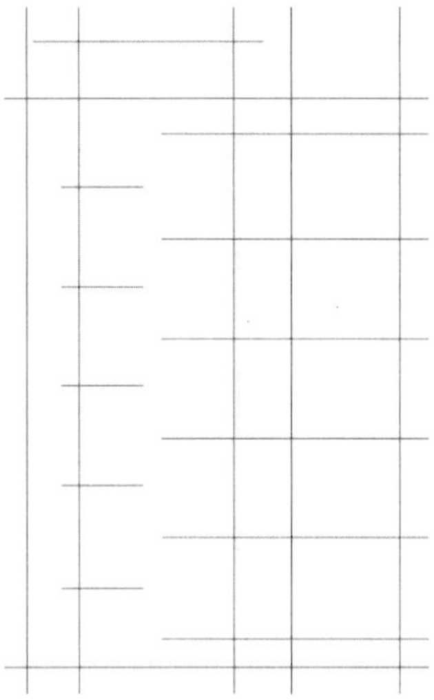

图 5-3-4　起草轮廓

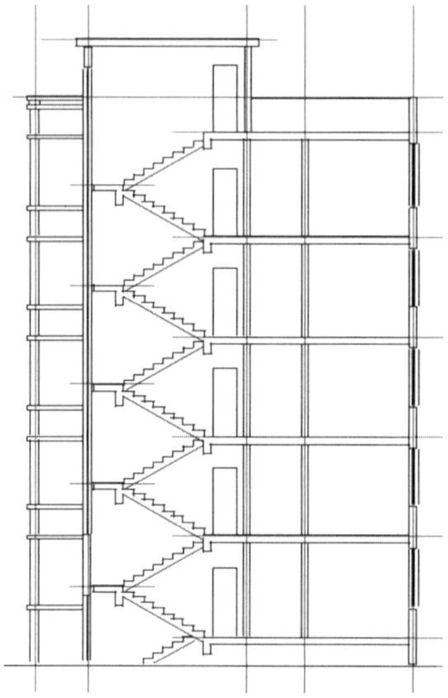

图 5-3-5　绘制建筑各部位构件轮廓

3)修正图线

被剖切的建筑实体断面轮廓线加深加粗,未被剖切的建筑实体轮廓线用细实线绘制完整,擦除多余线条,如图 5-3-6 所示。

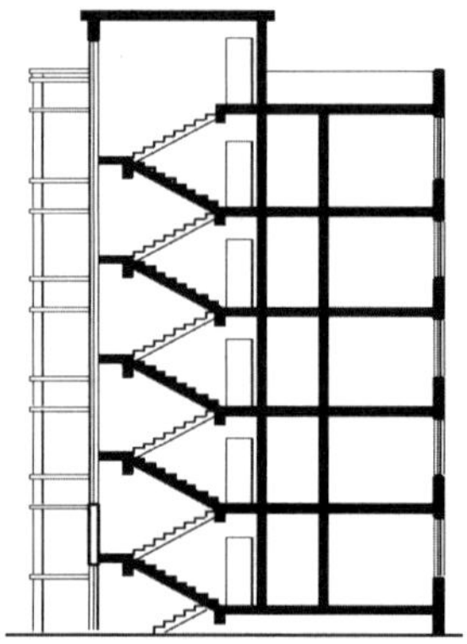

图 5-3-6　修正图线

4)标注及注释

标注标高、尺寸,注写文字说明、图名及比例,如图 5-3-7 所示。

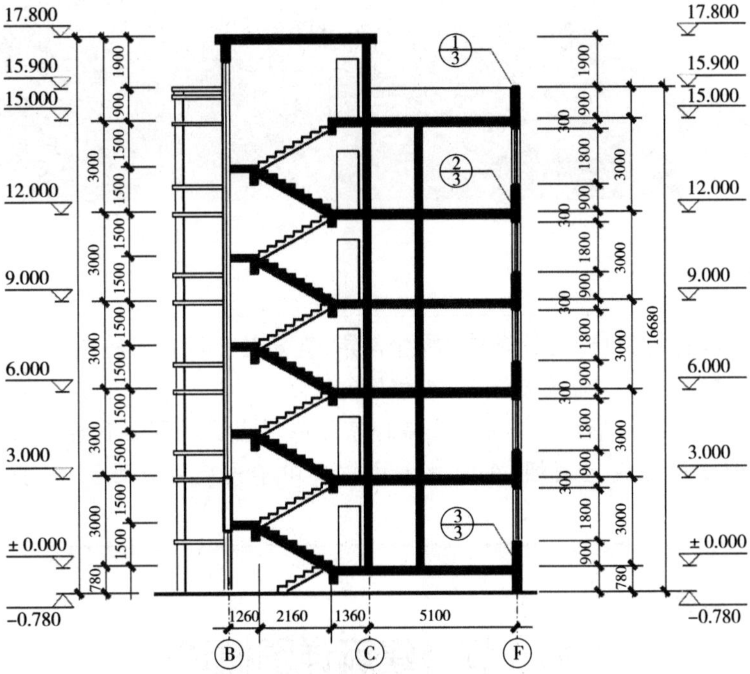

1—1 剖面图 1：100

图 5-3-7 剖面图

知识测评

1. 填空题

（1）建筑剖立面图是表示建筑物垂直方向的______、______、______的结构布置和构造方式的工程图样。

（2）假想用一个铅垂的剖切平面将房屋剖开，移去剖切面与观察者之间的房屋部分，将剩余部分向投影面投射所得的______。

2. 选择题

（1）凡被切到的建筑实体断面（如墙、柱、梁、楼板、楼梯等）的轮廓线，均用（　　）绘制。

A. 粗实线　　B. 中实线　　C. 细实线

（2）凡未被切到的可见建筑构件，均用（　　）绘制。

A. 粗实线　　B. 中实线　　C. 细实线

3. 简答题

（1）建筑剖立面图的图示内容有哪些？

（2）建筑剖面图的读图注意事项有哪些？

（3）建筑剖面图的绘图步骤是什么？

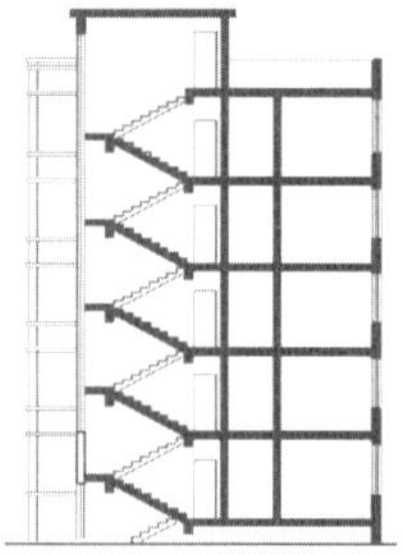

第六章
建筑详图

思政元素

司马台长城构思精巧、设计奇特、形态各异，集万里长城众多特色于一体，形成了一段“奇妙的长城”。过了“仙女楼”，陡立的山峰一侧就是“天梯”，几乎垂直，两侧都是深渊。梯子的宽度也只能容纳一只脚，天梯的惊险体现出了我国古代匠人们的智慧与勇气。司马台长城历经战火硝烟，在它身上记录着中华民族可歌可泣、不畏强敌的御敌精神。

第一节　建筑详图概述

内容引导

扫描二维码，观看配套微课和教学动画，并回答以下问题。
建筑详图的作用是什么？

建筑详图概述

知识精讲

1. 建筑详图的作用

由于建筑平面图、立面图、剖面图通常采用 1∶100 等较小比例绘制，对房屋的一些细部的构造，如形状、层次、尺寸、材料和做法等无法完全表达清楚，因此，为了满足施工的需要，必须分别将这些内容用较大的比例详细画出图样。这些放大比例的图样称为建筑详图。建筑详图是用较大的比例将建筑细部或建筑构件、配件进行放大绘制和详尽标注的图样，是建筑细部的施工图，是对建筑平面、立面、剖面图等基本图样的深化和补充，是建筑工程细部施工、建筑构配件制作及编制预算的依据。

2. 建筑详图的特点

建筑详图主要有三个特点，一是比例较大，如 1∶50、1∶20、1∶10、1∶5、1∶2 等；二是图示内容详尽；三是尺寸、标高齐全。

3. 建筑详图的表示

建筑详图应按该部位构造的复杂程度而定，有的只需一个剖面详图就能表达清楚，如墙身节点详图，有的则需另外加平面详图，如楼梯平面详图、卫生间平面详图、厨房平面详图等或立面详图，如阳台详图等，有的还要在详图中再补充比例更大的局部详图。（图 6-1-1 至图 6-1-5）

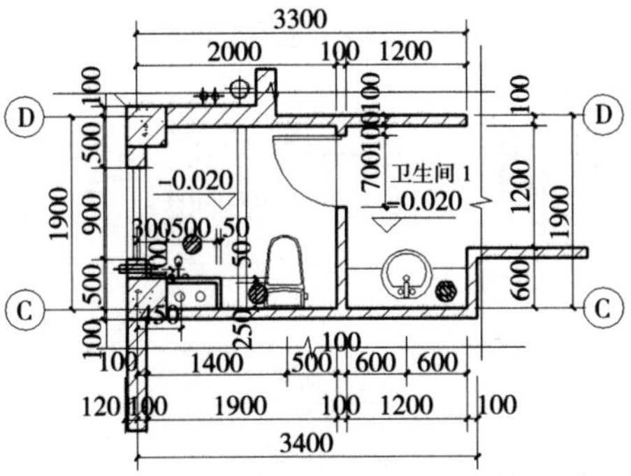

卫生间 1 大样图　1∶50

图 6-1-1　卫生间大样图

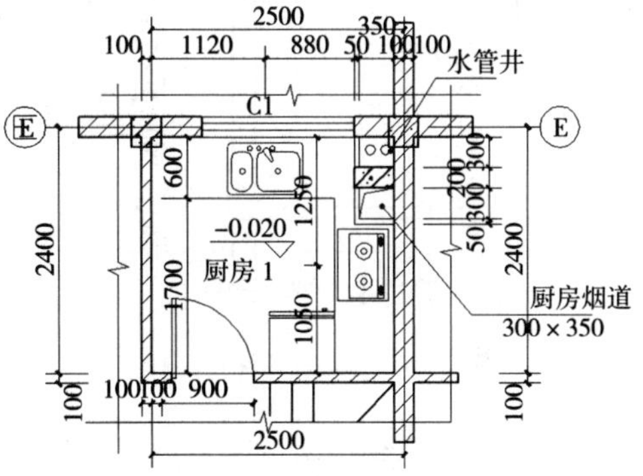

厨房 1 大样图　1∶50

图 6-1-2　厨房大样图

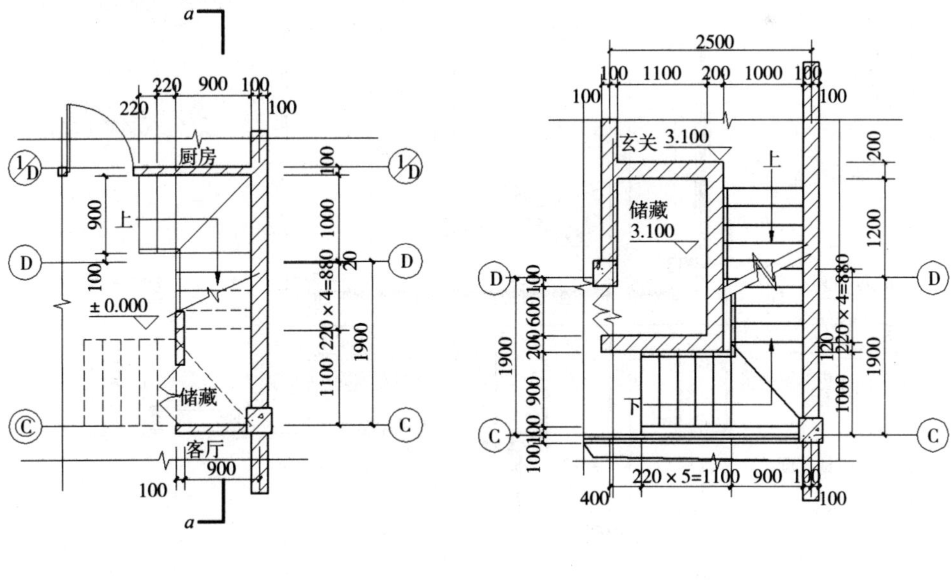

一层平面图　1∶50　　二层平面图　1∶50

图 6-1-3　楼梯平面详图

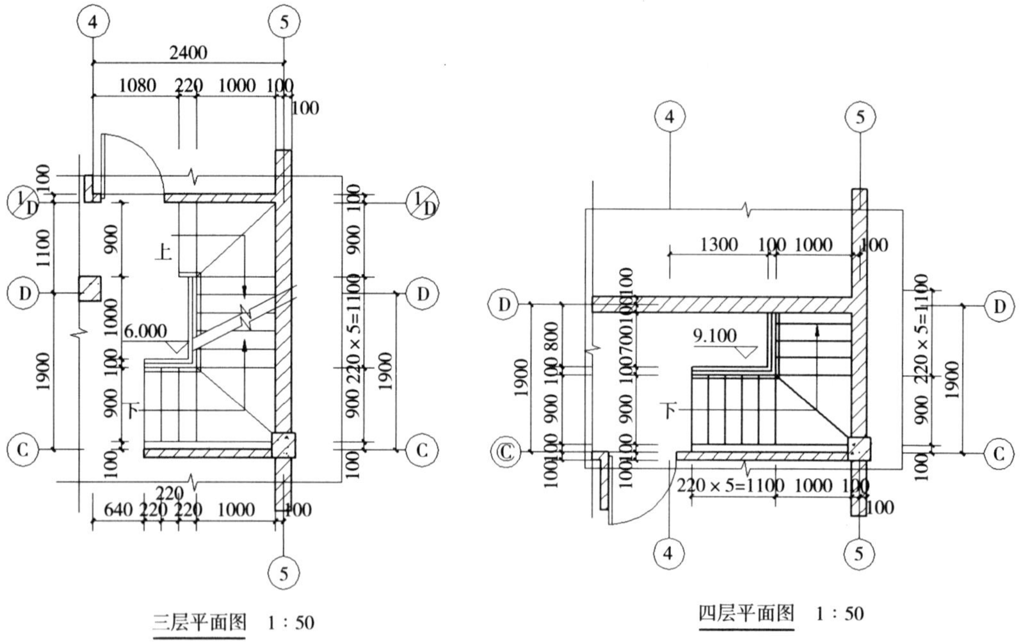

图 6-1-3 楼梯平面详图(续)

一般房屋的详图有墙身节点详图、楼梯详图及室内外构配件包括室外的台阶、花池、花格、雨篷等,室内的厕所、卫生间、壁柜及门窗等。

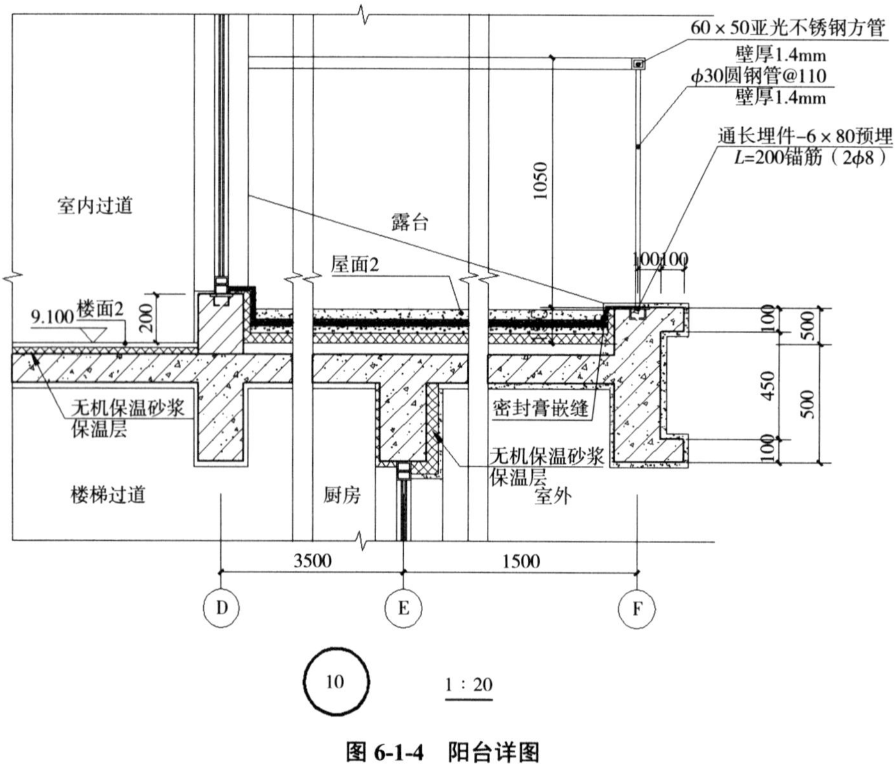

图 6-1-4 阳台详图

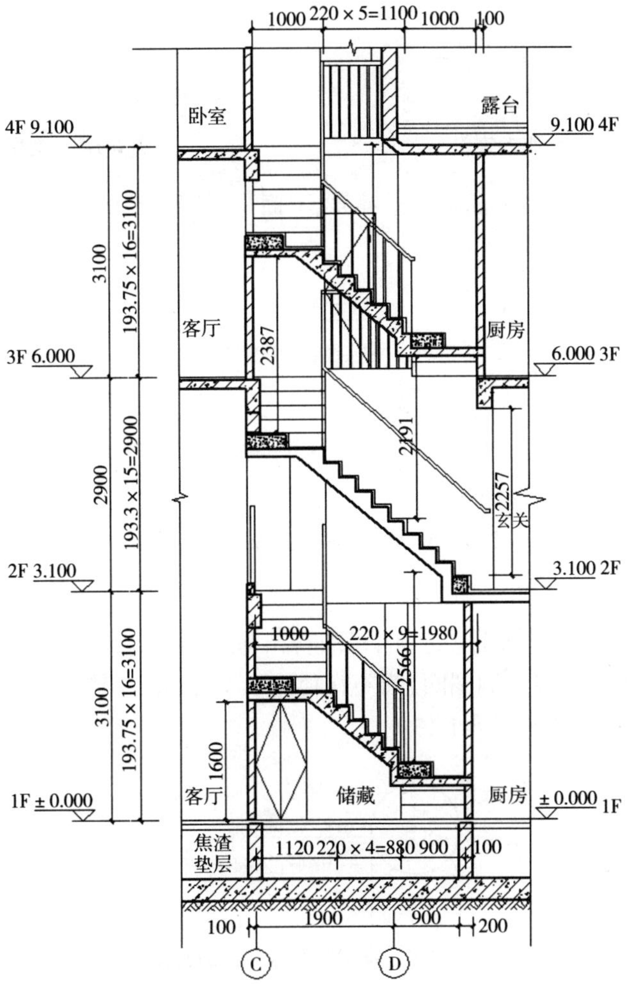

a—a剖面图　1∶50

图 6-1-5　楼梯详图

4. 建筑详图有关要求

详图要求图示的内容详尽清楚，尺寸标准、齐全，文字说明详尽。一般应表达出构配件的详细构造，所用的各种材料及其规格，各部分的构造连接方法及相对位置关系，各部位、各细部的详细尺寸，有关施工要求、构造层次及制作方法说明等。同时，建筑详图必须加注图名或详图符号，详图符号应与被索引的图样上的索引符号相对应，在详图符号的右下侧注写比例。对于套用标准图或通用图的建筑构配件和节点，只需注明所用图集的名称、型号、页次，可不必另画详图。

5. 建筑详图符号及应用

1）详图索引符号

详图索引符号用于原图局部的原形放大索引或剖切放大索引。（图 6-1-6、图 6-1-7）

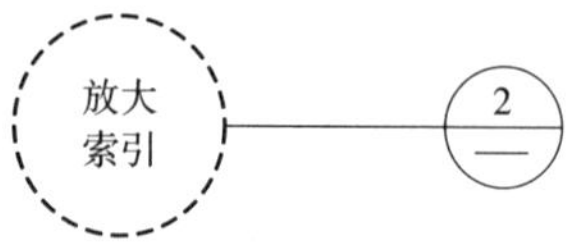

图 6-1-6　原形放大索引

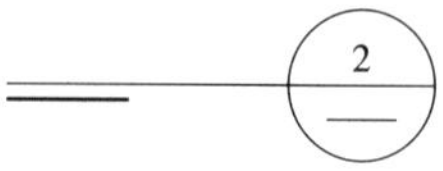

图 6-1-7　剖切放大索引

一个详图索引符号横线上面是详图编号、下面是详图所在图纸的编号，圆圈用细实线绘制，直径选取 10 mm，如图 6-1-8 所示。

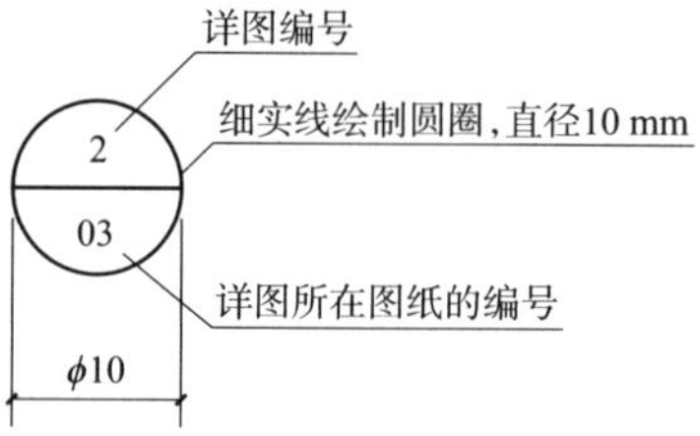

图 6-1-8　详图索引符号各部分的含义

2）详图符号

详图符号用于详图图名编号。一个详图符号，横线上方为详图编号，横线下方是索引图所在图纸的编号，用粗实线绘制圆圈，圆圈直径选取 14 mm。如果详图在同一图纸内，则仅标注详图编号。（图 6-1-9 至图 6-1-13）

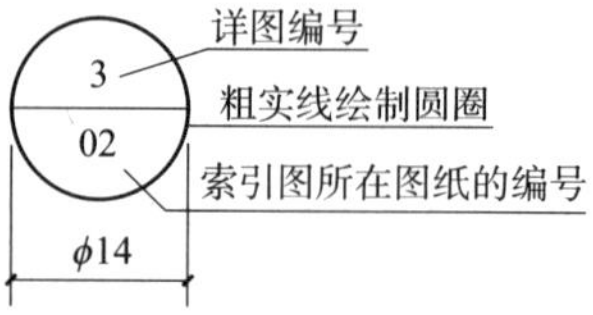

图 6-1-9　详图符号各部分的含义

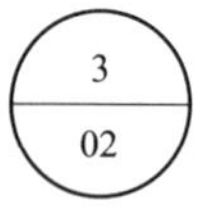

图 6-1-10　详图与被索引图不在同一张图纸

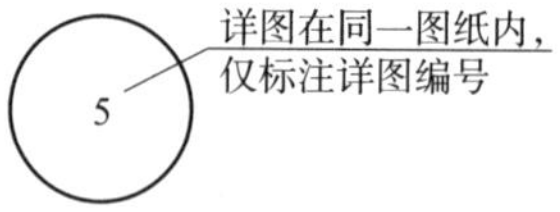

图 6-1-11　详图与被索引图在同一张图纸

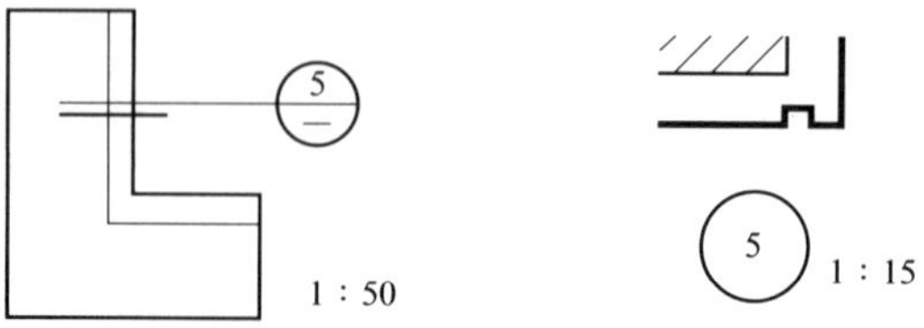

图 6-1-12　详图在同一个图号

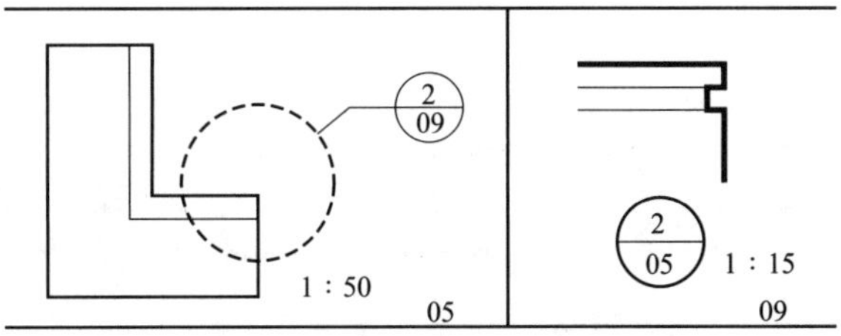

图 6-1-13　详图不在同一个图号

知识测评

（1）建筑详图的特点是什么？
（2）建筑详图的要求是什么？

第二节　建筑外墙身详图

内容引导

扫描二维码，观看配套微课和教学动画，并回答以下问题。
（1）什么是外墙详图？
（2）外墙详图的作用是什么？

建筑外墙身详图

知识精讲

1. 外墙墙身详图的作用

工程中，外墙身详图实际上是建筑剖面图中，从室外地坪以上到屋顶檐部的外墙身局部放大图，是建筑细部的施工图。

外墙详图配合建筑平面图可以为砌墙、室内外装修、立门窗口、放预制构件或配件等提供具体做法，并为编制工程预算和准备材料提供依据。

2. 外墙墙身详图的识读

以图 6-2-1 所示 1—1 剖面图 F 轴线外墙部分的外墙详图为例，讲解外墙墙身详图的识读。外墙详图和平面图中的剖切位置或立面图上的详图索引标志、朝向、轴线编号完全一致，并用放大比例画图。示例中外墙身详图比例为 1∶20。

外墙身详图中，将建筑平面图、立面图和剖面图中的某些建筑构配件（如门、窗、楼梯、阳台、各种装饰等）或某些建筑剖面节点（如檐口、窗台、明沟或散水以及楼地面层、屋顶层等）的详细构造（包括样式、层次、做法、用料、详细尺寸等）用较大比例清楚地表达出来形成图样,如图 6-2-2 所示。

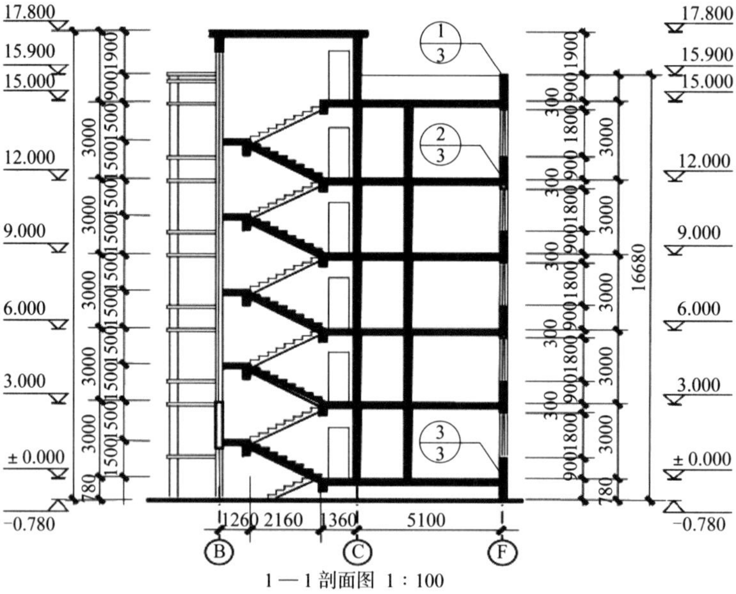

图 6-2-1　建筑 1—1 剖面图

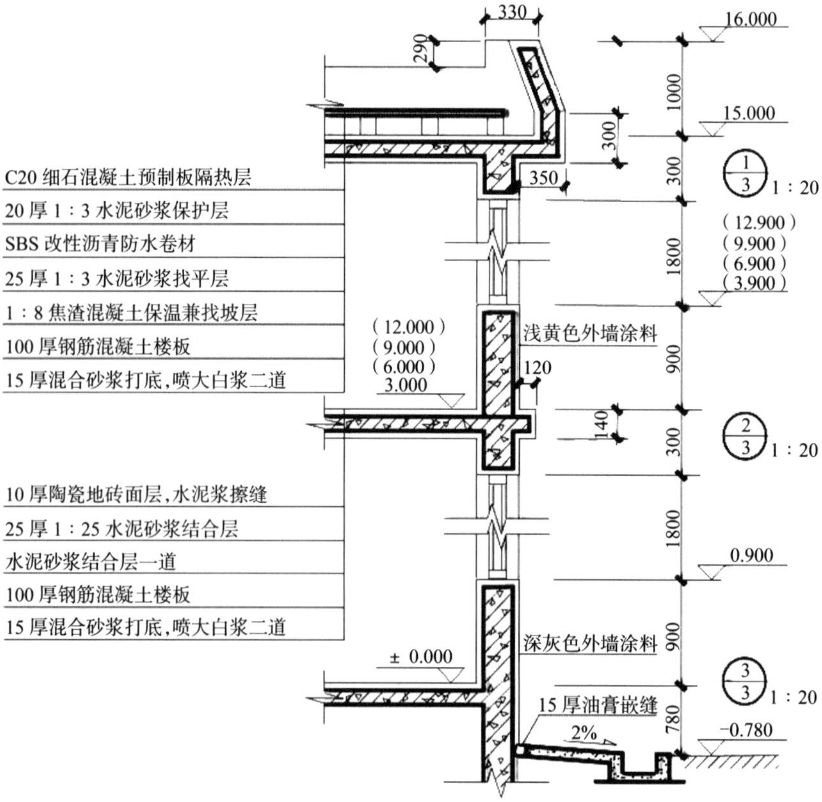

图 6-2-2　外墙身详图

从图示内容可以了解到以下几点。

1)楼层节点做法

该节点表示了圈梁、过梁(本例中圈梁与过梁合二为一)的位置,楼板搭在横墙上,楼板采用五层构造,面层采用瓷砖贴面,天棚面采用混合砂浆粉面刷白面层,其他各构造层次的厚度、材料及做法,详图中的文字说明均详细标出。

2)檐口节点做法

图中檐口采用女儿墙形式,高度为 1 000 mm。屋面做法为焦渣混凝土保温屋面,1∶8 焦渣混凝土兼起找坡作用,防水层采用苯乙烯-丁二烯-苯乙烯嵌段共聚物(Styrenic Block Copolymers,SBS)改性沥青卷材防水,上做水泥砂浆保护层,再置 C20 石混凝土预制板做隔热层。

3)再看所标注的尺寸

图中,注明了室外地面、底层室内地面、窗台、窗顶、楼面、顶棚、檐口底面及顶面的标高、在楼层节点处的标高,其中 6.000、9.000 与 12.000 用括号括起来,表示在此相应的楼层高度上,该节点图仍然适用。此外,图中还注明了各部位的标高、高度方向的尺寸和墙身细部尺寸,详图中还画出了相应材料图例。

3. 识图注意事项

(1)外墙详图比较明确、清楚地表现出每项工程中绝大部分的主体与装修做法,但看图时除了读懂图面上表达的内容外,还应认真、仔细结合其他图样,如勒脚下的基础墙做法要与结构施工图的基础平面图和剖面图联系阅读,楼层与檐口、阳台、雨篷等也应和结构施工图的各层顶板结构平面图和剖面节点详图联系阅读,这样才能加深理解,并从中发现图样相互之间的联系和出现的问题,如图 6-2-3 所示。

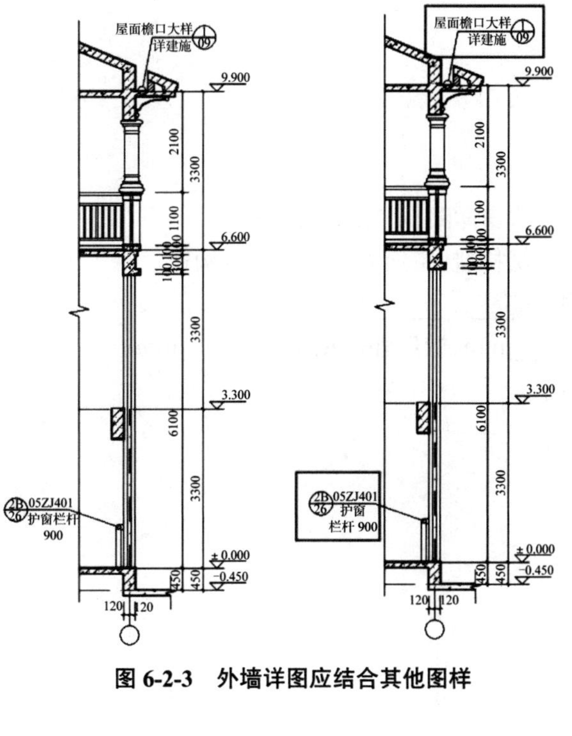

图 6-2-3　外墙详图应结合其他图样

（2）阅读外墙详图时，应反复校核图内尺寸与标高是否一致，并应与本专业其他图样或结构专业图样反复校核。很多由于设计人员疏忽或经验不足，使得本专业图样之间或与其他专业图样在尺寸与标高，甚至在做法上产生不统一的现象，将给施工人员阅读图样带来很多困难，如图 6-2-4 所示。

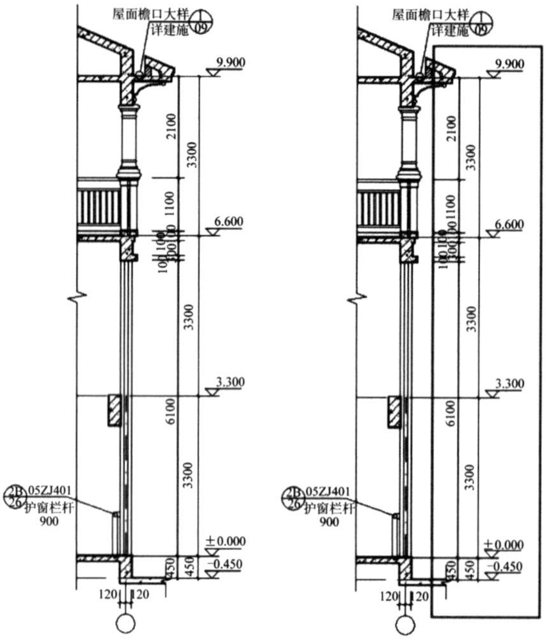

图 6-2-4　核对尺寸标注与标高的一致性

知识测评

填空题

认真阅读图 6-2-2 外墙身详图，回答以下问题。

（1）楼面采用______层构造，屋面采用______层构造。

（2）室外排水采用______________形式排水。

（3）窗台高度________mm，檐口外挑宽度________mm。

（4）外墙装饰采用______________。

第三节　建筑楼梯详图

内容引导

扫描二维码，观看配套微课和教学动画，并回答以下问题。

（1）楼梯详图的作用是什么？

（2）楼梯详图的内容包括什么？

建筑楼梯详图

知识精讲

楼梯是房屋建筑垂直交通的必要设施，由楼梯段（简称梯段）、休息平台、栏杆（或栏板）与扶手等组成。梯段有连接两个不同标高平台的倾斜构件，上面做有踏步。休息平台有休息、缓冲和转换梯段的作用，栏杆（或栏板）与扶手则能保证楼梯交通的安全。

现代建筑中多采用现浇或预制的钢筋混凝土楼梯，由于楼梯的构造比较复杂，因此需要单独画出楼梯详图来反映楼梯的布置类型、结构形式以及踏步、栏杆（或栏板）、扶手、防滑条等细部构造、尺寸和装修做法。楼梯详图是楼梯放样、施工的依据。

比较复杂的楼梯要分别绘制建筑、结构两种专业图样，装修比较简单的楼梯，合并画一种楼梯详图即可。

1. 楼梯详图的绘制内容

楼梯建筑详图一般由楼梯平面图、楼梯剖面图和楼梯踏步、栏杆（或栏板）、扶手接点等详图组成。如有楼梯剖面详图，在楼梯首层平面图上要有相应的剖切符号，表示剖面的剖切位置和剖视方向。

2. 楼梯平面图

楼梯平面图是用一个假想的水平剖切面在距离地面 1 m 以上的位置做剖切，向下所做的正投影图，为了把楼梯的构配件和尺寸详细表达清楚，一般用较大的比例绘制，通常用 1∶50 比例绘制，如图 6-3-1 所示。

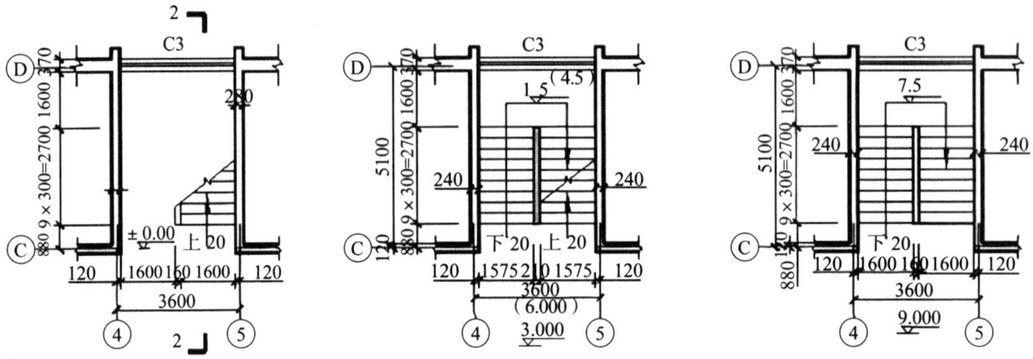

底层平面图 1 : 50　　标准层平面图 1 : 50　　顶层平面图 1 : 50

图 6-3-1　楼梯平面图

3. 楼梯剖面图

楼梯剖面图是用一个假想的铅垂剖切面通过各层同一位置梯段和门窗洞口，保留带有未剖切梯段的部分，向未剖切到的梯段方向作正投影所得到的投影图，通常用 1 : 50 比例绘制，如图 6-3-2 所示。

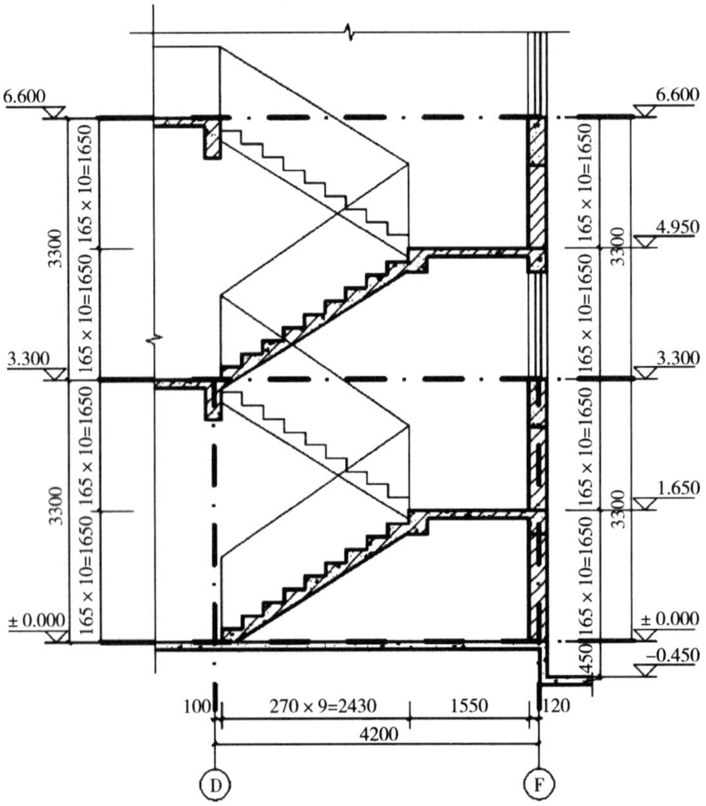

图 6-3-2　楼梯剖面图

4. 楼梯节点详图

楼梯节点详图主要包括楼梯踏步、扶手、栏杆（或栏板）等楼梯节点部位的详图，通常用1∶20、1∶10等大比例绘制。如果采用标准图集，只需直接引用标准图集编号即可，如图6-3-3所示。

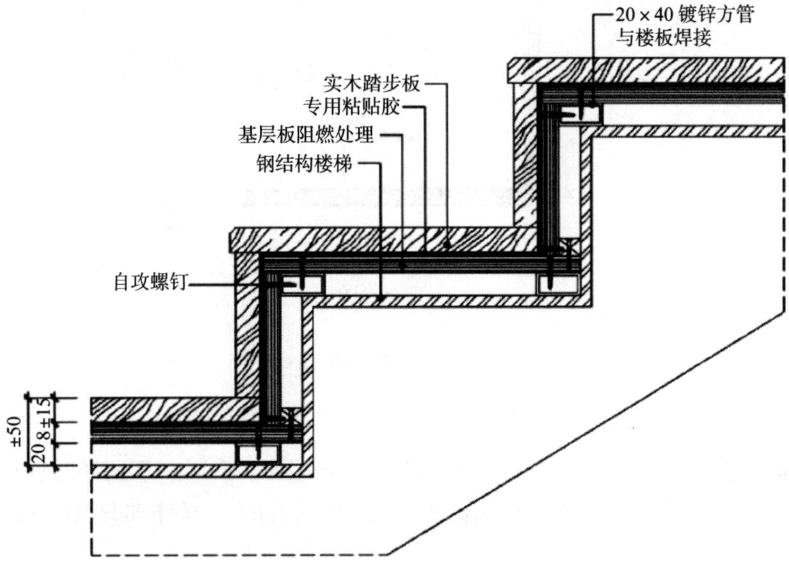

图6-3-3　踏步节点图

5. 绘制楼梯平面（详）图

如同建筑平面图一样，楼梯平面图需要对底层楼梯、中间层楼梯、顶层楼梯等各层楼梯平面进行绘制。由于图示中各层楼梯平面是用假想的水平剖切平面沿该层距地面1.2 m位置剖切，因此，此处梯段用45°斜向折断线表示，并在每段楼梯标识箭头指向和注写“上”或“下”文字。

在底层楼梯平面图中，反映向上梯段的一部分和底层零标高地面与门厅地面连接的梯段，并标注剖切符号，如图6-3-4所示。

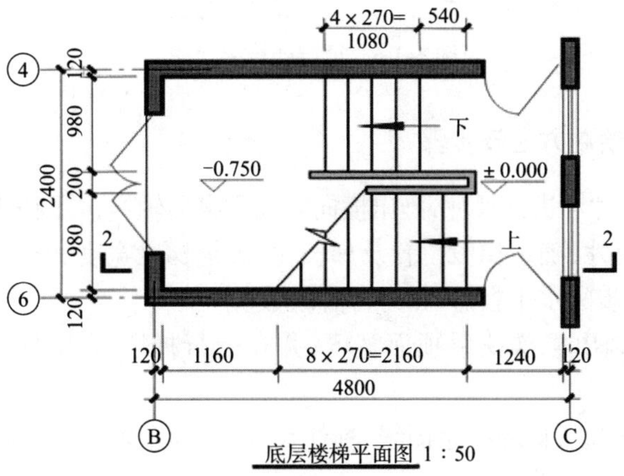

图6-3-4　底层楼梯平面图

当中间各层楼梯的形式、位置、尺寸和构造完全相同时，通常只画一个平面，即标准层楼梯平面图。向上和向下的梯段投影在剖切位置重合，以 45° 折断线为分界，如图 6-3-5 所示。

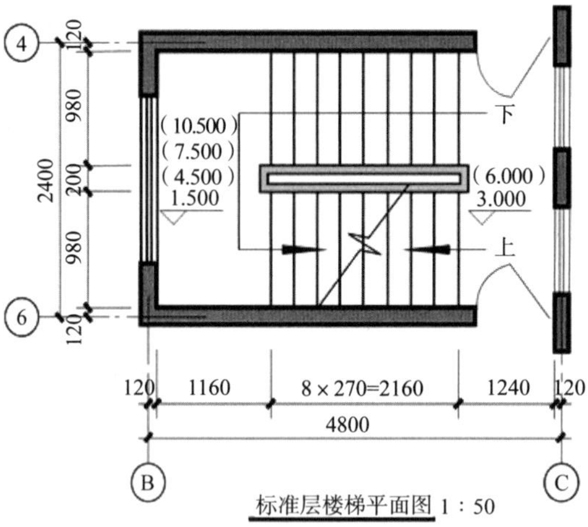

图 6-3-5　标准层楼梯平面图

在顶层楼梯平面图中，由于没有剖切的梯段，完全显示从顶层向下的梯段和中间平台，指向箭头仅标识向下，并注意在悬挑平台边沿画上楼梯扶手的转折延伸部分，如图 6-3-6 所示。

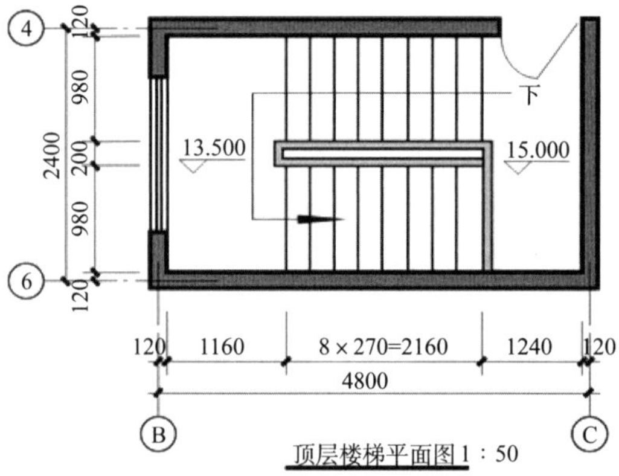

图 6-3-6　顶层楼梯平面图

6. 楼梯平面图的绘制方法及步骤

第一，根据开间尺寸和进深尺寸，画出横向轴线和纵向轴线，并画出墙体、门窗洞口位置。

第二，根据定位尺寸，确定梯段位置及梯长，并确定梯段宽度和梯井宽，再将梯段长度等分为 n-1，画出梯段踏步的水平投影（n 为台阶级数）。

第三，绕楼梯井画出楼梯扶手顶面宽度，并在上行梯段画出 45° 折断线，然后画出门窗线。

第四，修整、加深图线，擦除多余图线，标注尺寸、标高及轴线符号等，注写图名及比例。

楼梯平面图如图 6-3-7 所示。

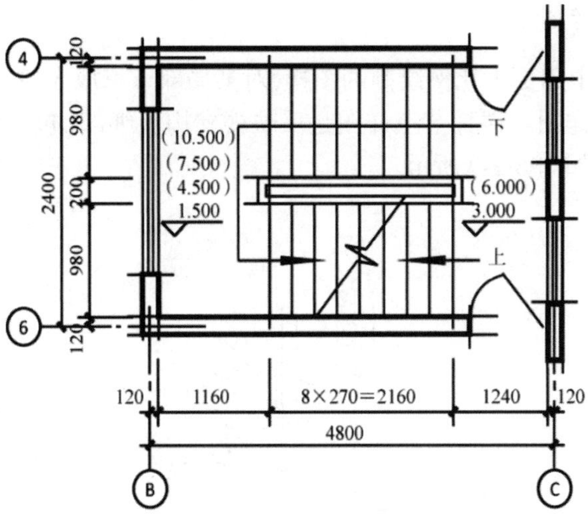

图 6-3-7 楼梯平面图

7. 绘制楼梯剖面图

楼梯剖面图应能完整、清晰地表达出各梯段、平台、栏杆等构造及相互关系。多层建筑，如中间各层的楼梯构造相同，楼梯剖面图可只画出底层、一个标准层和顶层，中间用折断线分开，并将各层的标高注写在楼面相应的位置。被剖切的楼板、梁及墙体应根据相应的材料按图例画出。

楼梯扶手和栏杆按 900 mm 高度绘出，注意前后关系。详图符号按制图标准规定，根据需要反映部位和表达方式进行标示。各梯段的尺寸标注应标出每级踏步高度和步数以及梯段的总高度，如图 6-3-8 所示。

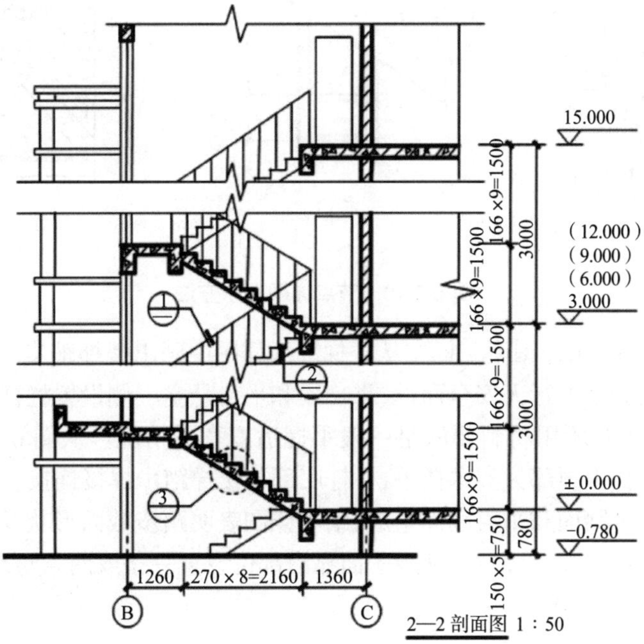

图 6-3-8 楼梯剖面图绘制

8. 绘制楼梯节点详图

节点详图是详图中用更大比例绘制的图样，对某局部节点放大或剖切放大，反映建筑及建筑装饰构造细部的详图。楼梯节点详图是反映楼梯构造细部（包括楼梯踏步、栏杆、扶手等部位）的详细图样，如图 6-3-9 所示。

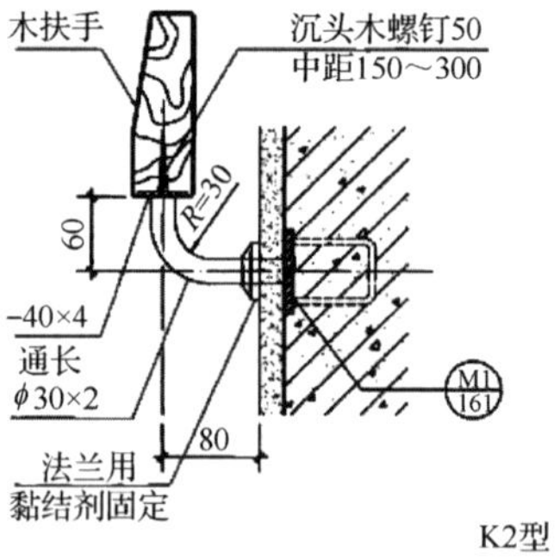

图 6-3-9　扶手节点详图

楼梯节点详图的图示方法（图 6-3-10）有以下两种。

（1）局部原形放大：将被索引图形的关键部位进行放大比例绘制，使图形各装饰层面交接的关系更明确，细部尺寸更明确，工艺做法更清楚。

（2）局部剖切放大：反映内部构造，对关键部位进行剖切放大比例绘制。

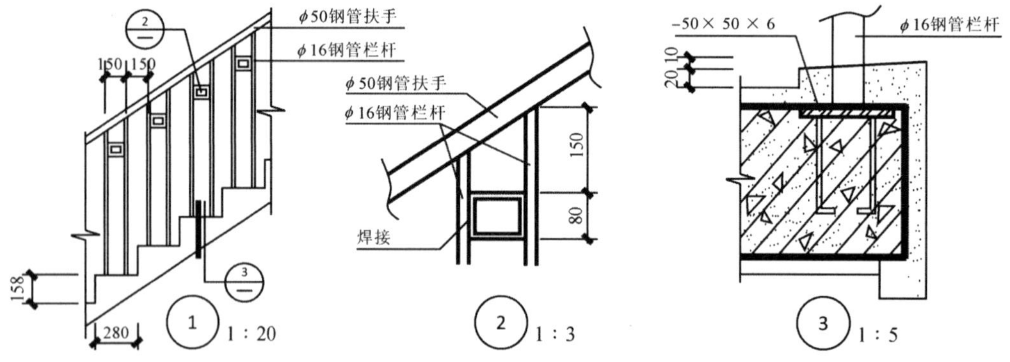

图 6-3-10　节点详图图示方法

如图 6-3-11 所示，用详图索引标志从楼梯剖面详图中画出楼梯踏步、栏杆节点详图。

栏杆与扶手是为上下行人安全而设，靠梯段和平台悬空一侧设置栏杆或栏板，上面做扶手，扶手形式与大小及所用材料要满足一般手握适度弯曲情况。从图 6-3-11 中的①、②号详图可以看到楼梯扶手顶部为实木扶手，栏杆底部与楼梯踏步焊接连接。

楼梯踏步由水平踏面和垂直踢面组成，踏步详图表明踏步截面形状及大小、材料与面层做法。踏面边沿磨损较大，易滑跌，踏步平面靠沿部位设置一条或两条防滑条。

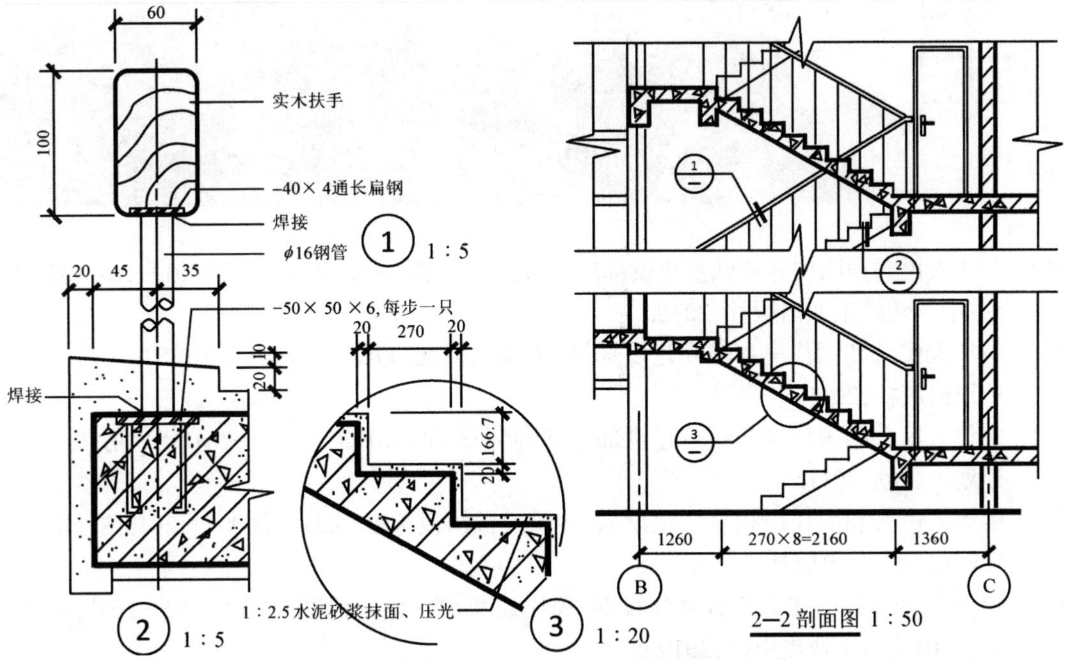

图 6-3-11　绘制楼梯踏步、栏杆节点详图

楼梯详图若分别画有建筑、结构专业图纸，注意核对好楼梯梁、板交接处的尺寸与标高，结构与建筑装修关系是否互相吻合。若有矛盾，要以结构尺寸为主，然后再确定装修建筑尺寸。

知识测评

简答题

如何绘制楼梯节点详图？

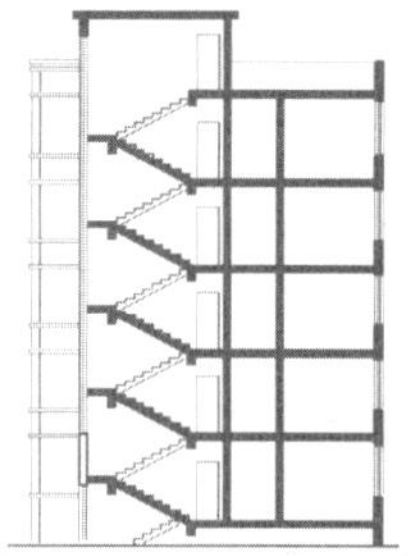

参考文献

[1] 中华人民共和国住房和城乡建设部. 房屋建筑制图统一标准：GB/T 50001—2017[S]. 北京：中国建筑工业出版社，2018.

[2] 中华人民共和国住房和城乡建设部. 建筑制图标准：GB/T 50104—2010[S]. 北京：中国计划出版社，2011.

[3] 中华人民共和国住房和城乡建设部. 总图制图标准：GB/T 50103—2010[S]. 北京：中国计划出版社，2011.

[4] 中华人民共和国住房和城乡建设部. 建筑模数协调标准：GB/T 50002—2013[S]. 北京：中国建筑工业出版社，2014.

[5] 中华人民共和国住房和城乡建设部. 民用建筑设计统一标准：GB 50352—2019[S]. 北京：中国建筑工业出版社，2019.

[6] 中华人民共和国公安部. 建筑设计防火规范（2018 年版）：GB 50016—2014[S]. 北京：中国计划出版社，2018

[7] 李瑞，李小霞. 建筑识图与构造[M].2 版. 北京：中国建筑工业出版社，2022.

[8] 印宝权，郑秋凤. 建筑构造与识图实训[M].2 版. 武汉：华中科技大学出版社，2018.

[9] 李颖，林巧琴. 建筑识图与构造[M]. 北京：清华大学出版社，2019.

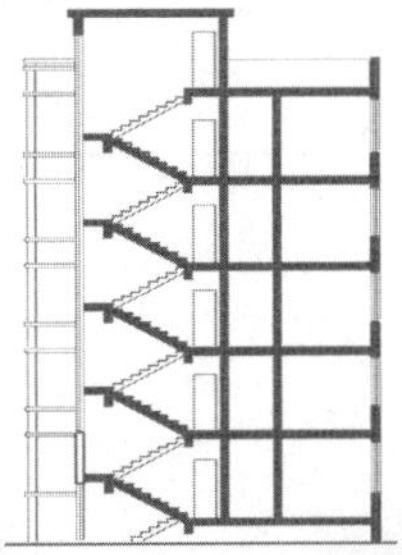

Chapter 1

Basic Principles of Reading Architectural Construction Drawings

Ideological and Political Elements

Marxist philosophy posits that laws refer to the inherent, essential, and inevitable connections within and between things. These laws are universal and objective, existing independently of human will—they cannot be created or abolished by human intervention. Whether in nature, human society, or the realm of thought, all things develop according to their intrinsic laws, and these laws permeate the entire process of development. Integrating course content, starting from the principles of projection imaging, this section scientifically interprets the characteristics of orthographic projection and the unfolding and laws of three-view drawings. It aims to guide students in observing and analyzing phenomena with a scientific mindset, encouraging them to recognize the inherent laws of things. Students should remember to follow these laws in practical applications, leveraging them to their advantage. Moreover, they should use their understanding of these laws to observe, grasp, and lead the times, aligning their personal growth with the laws of societal development and sharing the destiny of their nation and people .

Section 1 Basic Knowledge of Projection

I .Projection Methods and Their Classifications

Content Guidance

Scan the QR code to watch the accompanying micro-lectures and teaching animations, and answer the following questions.

(1) What is projection?

(2) What examples of central projection exist in daily life?

(3) What examples similar to parallel projection exist in daily life?

Projection Methods and Their Classification

Key Knowledge Points

1.Projection

In projection theory, the light source emitting rays is called the projection center; the rays are referred to as projectors; the plane where the shadow falls is termed the projection plane; the inner and outer contour lines of the shadow that reflect the shape of the object are called projections .

Projection method refers to representing the shape and size of an object through projections, where visible contour lines are drawn as solid lines and invisible ones as dashed lines . It is a technique for converting three-dimensional space into a two-dimensional graphic .

2.Classification of Projection Method

Projection methods can be classified into central projection and parallel projection based on the different types of projection lines.

1) Central Projection

Central projection is the natural light projection .

As shown in Figure 1-1-1, the projection formed by projection lines emanating from a single point onto an object is called central projection. In central projection, the projection lines converge at a single point *S*, and the size of the projection is related to the distance of the object from the projection plane. With the distance between the projection center point *S* and the projection plane remaining constant, the closer the object is to point *S*, the larger the projection becomes, and vice versa. Natural light projection belongs to central projection.

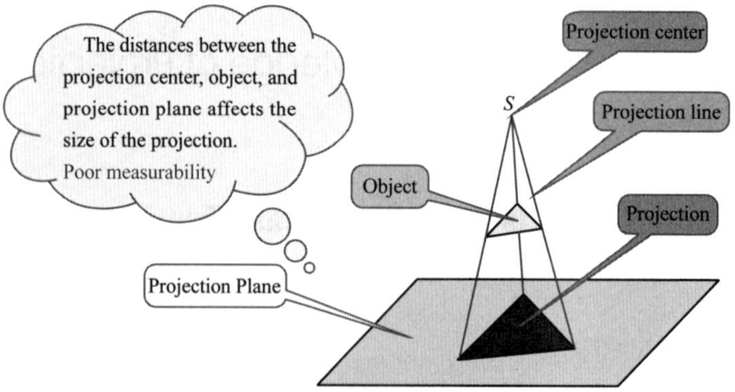

Figure 1-1-1　Central Projection Method

2) Parallel Projection Method

Parallel projection is the projection used in engineering drawings.

A projection formed by parallel projectors casting onto an object is called a parallel projection . The size of the projection is independent of the distance between the object and the projection plane, as shown in Figure 1-1-2. Depending on the angle between the projectors and the projection plane, parallel projections are further divided into orthographic projection and oblique projection. When the parallel projectors are perpendicular to the projection plane, the resulting projection is called an orthographic projection; when the parallel projectors are inclined to the projection plane, the resulting projection is called an oblique projection .

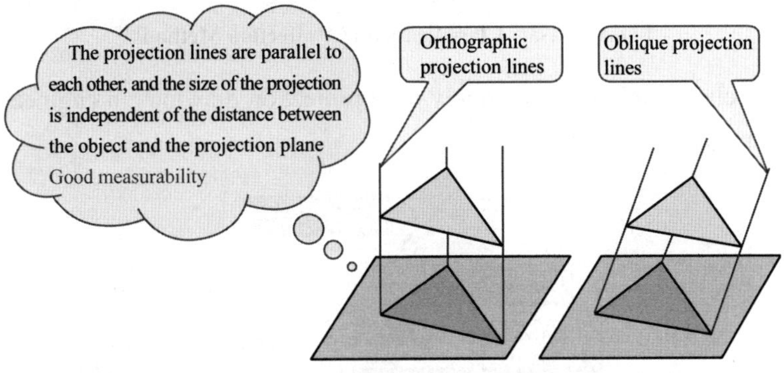

Figure 1-1-2 Parallel Projection Method

3.Application of Projection Methods

In engineering, different projection methods have distinct applications, as illustrated in Figure 1-1-3.

1) The Central Projection Method is Used for Drawing Perspective Views

Perspective views are natural and highly realistic, closely resembling photographs taken by a camera. However, the shapes and sizes of various parts of an object cannot be directly reflected or measured in such drawings. Perspective views are commonly used in architectural design, decoration design schemes, and renderings.

2) Oblique Projection is Used to Draw Oblique Axonometric Drawings

Oblique axonometric drawings possess a strong sense of three-dimensionality and are simpler to draw compared to perspective drawings. However, they alter the true shape of objects on the drawing surface and are generally used as auxiliary drawings in architectural engineering.

3) Orthographic Projection is Used to Draw Orthographic Views

Orthographic views accurately represent the true shapes and sizes of objects from various sides, offering measurability. They are straightforward to draw and meet the requirements of engineering technology.

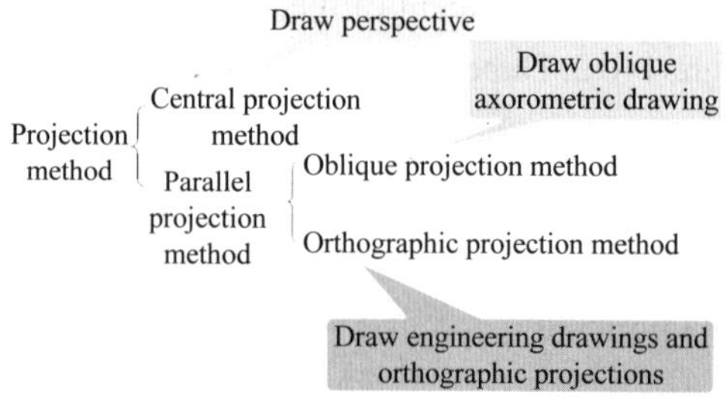

Figure 1-1-3 Classification of Projection Methods

The detailed classification of commonly used projection drawings in engineering can be referred to the following Figure 1-1-4.

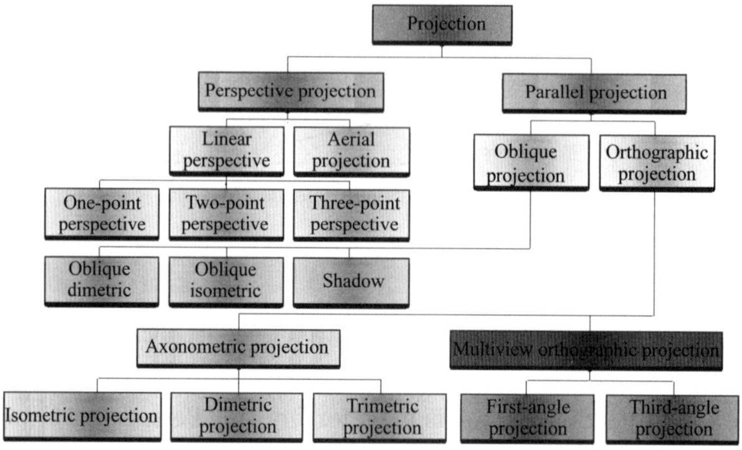

Figure 1-1-4 Detailed Classification of Commonly Used Projections in Engineering

Knowledge Assessment

1.Fill-in-the-blank Questions

(1)Projections can be classified into____and____based on different types of projection lines.

(2)Depending on the angle between the projection line and the projection plane, parallel projections are further divided into______and______.

2.Multiple-choice Questions

(1) In engineering, ( ) is used to draw perspective views .

A. Central projection method   B. Oblique projection method

C. Orthographic projection method

(2) In engineering, ( ) is used to draw oblique axonometric views .

A. Central projection method   B. Oblique projection method

C. Orthographic projection method

(3) In engineering, (　　) is used for drafting engineering drawings and isometric projections .

A.Central projection method　　B. Oblique projection method

C. Orthographic projection method

3.Short-answer Questions

(1) Why does the parallel projection method have better measurability?

(2) Why does central projection have poorer metric properties?

Ⅱ.Characteristics of Orthographic Projection

Content Guide

Scan the QR code to watch the accompanying micro-lessons and instructional animations, and answer the following questions.

(1) What principle is generally used to draw engineering drawings?

(2) What are the characteristics of orthographic projection?

Characteristics of Orthographic Projection

Key Knowledge Points

1.Basic Characteristics of Orthographic Projection

Under orthographic projection conditions, when a surface of an object is parallel to the projection plane, its orthographic projection can reflect its actual shape, and adding dimensions allows for the determination of its size. Therefore, general engineering drawings are typically created using the principles of orthographic projection. Drawings produced by the orthographic projection method are called orthographic projection drawings. In orthographic projection drawings, it is customary to depict visible internal and external contour lines as thick solid lines, while invisible contours of holes, cavities, and slots are represented as thin dashed lines .

1) Characteristics of Orthographic Projection for Lines and Planes

i.True Shape Property

When a straight line and a plane are parallel to the projection plane,their projections respectively reflect the true length and true shape. In orthographic projection, the property of reflecting true length or true shape is called the true shape property. As shown in Figure 1-1-5, plane *P* on the object parallel to the projection plane has its projection *p* reflecting the true shape; the straight line *AB* parallel to the projection plane has its projection *ab* reflecting the true length.

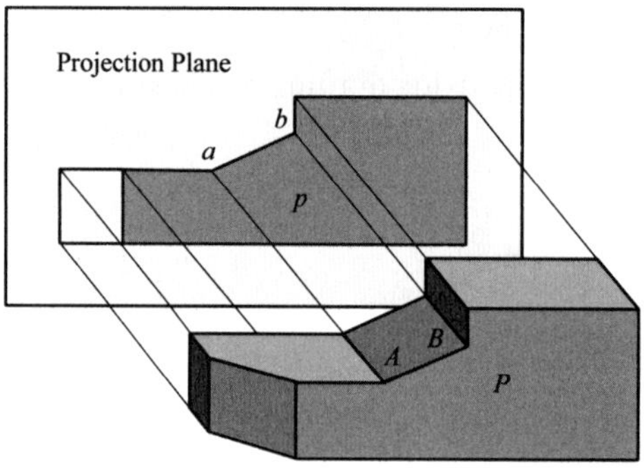

Figure 1-1-5 Orthographic Projection Properties of Lines and Planes— True Shape Property

ii.Similarity

When both a straight line and a plane are inclined to the projection plane, the projection of the line is shorter than its actual length; the projection of the plane is smaller in area than the original actual figure, yet it still reflects the similar shape of the original figure. In orthographic projection, this characteristic is referred to as similarity. As shown in Figure 1-1-6, the projection *r* of plane *R*, which is inclined to the projection plane on the object, is reduced in size, exhibiting similarity; the projection *ef* of the straight line *EF*, which is inclined to the projection plane, is shorter than its actual length.

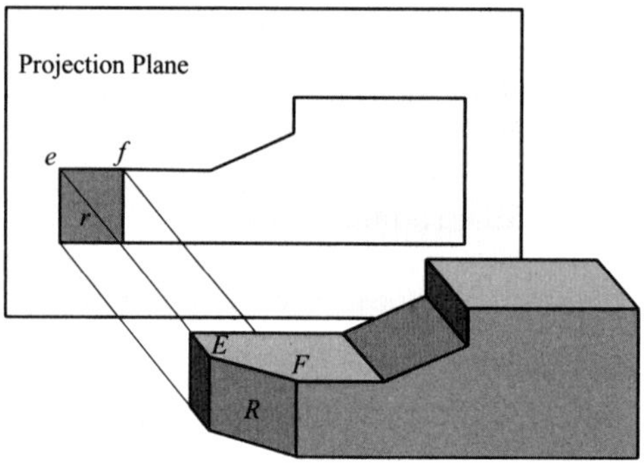

Figure 1-1-6 Orthographic Projection Characteristics of Lines and Planes—Similarity

iii.Accumulation Property

When a straight line or plane in space is perpendicular to the projection plane, the projection of the line becomes a point, and the projection of the plane becomes a straight line. This orthographic projection characteristic, which exhibits contraction and accumulation properties, is referred to as the accumulation property. As shown in Figure 1-1-7, for plane *Q* on the object that is perpendicular to the projection plane, its projection *q* accumulates into a straight line, while for line *CD* perpendicular to the projection plane, its projection *cd* accumulates into a point.

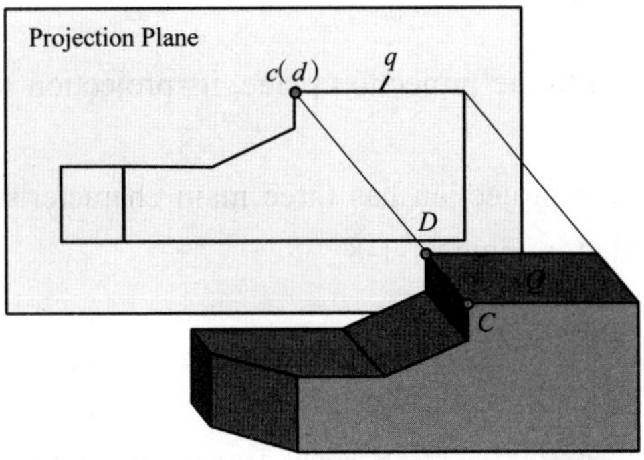

Figure 1-1-7 Orthographic Projection Characteristics of Lines and Planes—Accumulation Property

iv.Parallelism

The projection of parallel line segments in space remains parallel.

v.Ratio Invariance

The length ratio of parallel line segments in space remains unchanged in projection .

vi.Dependency

The dependency of geometric elements remains unchanged in projection . For example, the projection of a point on a line must belong to the projection of the line, and the projection of points and lines on a plane must belong to the projection of the plane .

2)Characteristics of Orthographic Projection for Points, Lines, and Planes

i.Projection of a Point

The projection of a point remains a point.

ii.Projection of a Line Segment

When a line segment is parallel to the projection plane, its projection reflects the true length. The length of the segment can be measured from the length of its orthographic projection .

When a straight line segment is perpendicular to the projection plane, its projection accumulates to a single point.

When a straight line segment is inclined to the projection plane, its projection is shorter than the actual length.

Two mutually parallel straight lines maintain their parallelism in the orthographic projection on the same projection plane.

If a point lies on a straight line segment, then the projection of the point must lie on the projection of the line segment. The ratio in which the point divides the line segment is equal to the ratio in which the projection of the point divides the projection of the line segment.

iii. Projection of Planes

When a plane is parallel to the projection plane, its projection reflects the true shape, and the shape and size of the plane figure can be determined and measured from the length of its orthographic projection.

When a plane is perpendicular to the projection plane, its projection accumulates into a straight line .

When a plane is inclined to the projection plane, its projection resembles the true shape of the plane .

In summary, orthographic projection has three main characteristics: true shape, similarity, and accumulation, as illustrated in Figure 1-1-8.

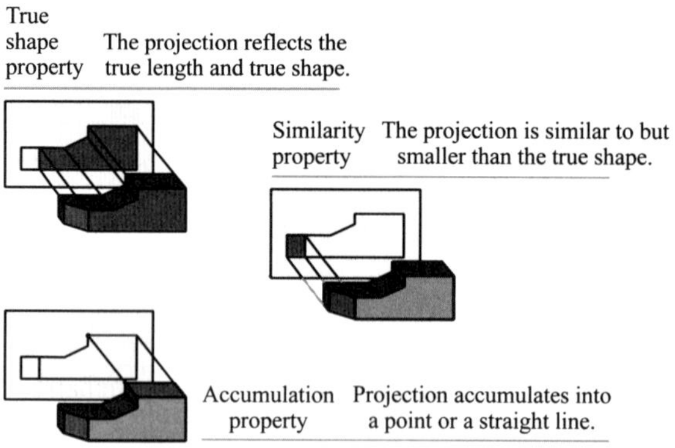

Figure 1-1-8 The Three Main Characteristics of Orthographic Projection

Knowledge Assessment

1.Fill-in-the-blank questions

(1) The main characteristics of orthographic projection include_____,_____, and_____.

(2) General engineering drawings are typically created using_____. Drawings produced by _____ are referred to as orthographic projection drawings.

(3) In orthographic projection drawings, it is customary to represent visible internal and external contour lines with _______ lines, while invisible contours of holes, cavities, and slots are depicted with ________ lines.

2.Multiple-choice questions

(1) The ( ) characteristic of orthographic projection refers to the projection reflecting true length and true shape.

A. True-shape property B. Similarity property

C. Accumulation property

(2) The ( ) property of orthographic projection refers to the projection being similar to but smaller than the actual shape.

A.True-shape property B. Similarity property

C. Accumulation property

(3) The ( ) property of orthographic projection refers to the projection accumulating into

a point or a straight line .

A. True-shape property B. Similarity property

C. Accumulation property

Section 2 Three-plane Orthographic Projection Drawing

Ⅰ.Concept and Characteristics of Three-plane Projection

Content Guide

Scan the QR code to access the accompanying micro-lectures and instructional animations, then answer the following questions.

(1) In which directions do solid shapes have dimensions?

(2) How many projection views are required to clearly represent a solid shape?

Concept and Characteristics of Three-view Projection

Key Knowledge Points

1.Three-Plane Orthographic Projection System

Due to its simplicity in representation, accurate reflection of an object's shape and size, and ease of measurement, orthographic projection has become the primary form of drawing used in the field of architectural engineering.

From the concept of orthographic projection, it is known that once the projection direction and projection plane are determined, an object can obtain a unique projection on that plane. However, this orthographic projection does not fully represent the object's complete appearance . As shown in Figure 1-2-1, several different shapes can produce the same rectangular projection on the projection plane, meaning a single projection cannot uniquely determine the object's form.

This is because the shape of an object is determined by three dimensions —length, width, and height—while a single projection only reflects two of these dimensions. Therefore, to accurately and comprehensively represent the shape and size of an object, two or more projections are generally required.

To achieve this, we establish three mutually perpendicular planes as projection surfaces, as shown in Figure 1-2-2. The projections of four different objects on these three projection surfaces reveal distinct differences. Clearly, with three projections, the shape of an object can be fully and correctly represented, even for objects with varying forms .

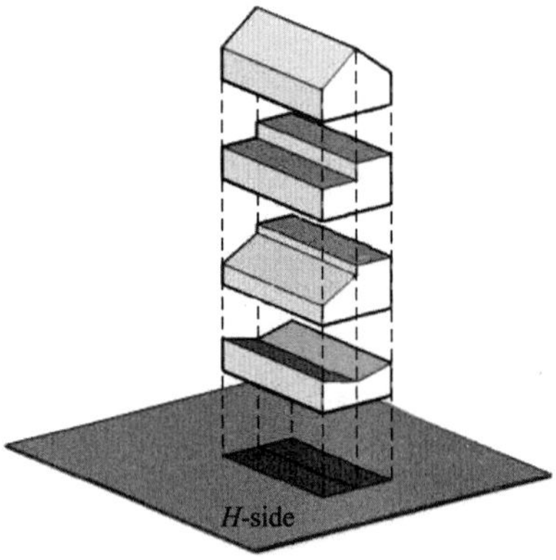

Figure 1-2-1 Single Projection Cannot Uniquely Determine the Shape of an Object

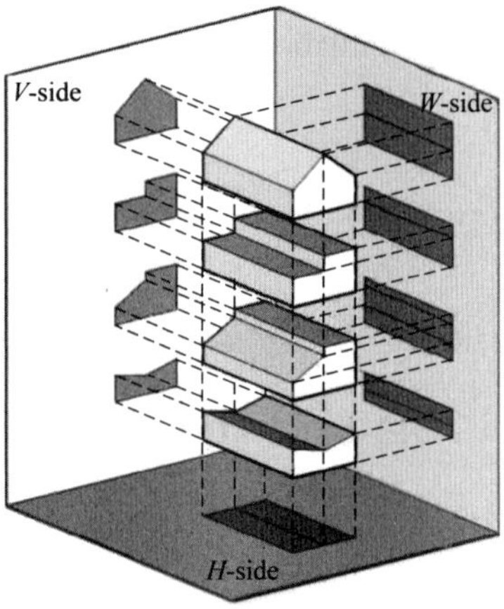

Figure 1-2-2 Using Three Projections to Comprehensively Display the Shape of an Object

The projection plane in the horizontal position is called the horizontal projection plane, abbreviated as the horizontal plane, denoted by *H*. The projection plane in the frontal position is called the frontal projection plane, abbreviated as the frontal plane, denoted by *V*. The projection plane in the lateral position is called the lateral projection plane, abbreviated as the lateral plane, denoted by *W*. These three projection planes intersectperpendicularly to each other, forming three intersection lines called projection axes: *OX*, *OY*, and *OZ*. The point where the three axes meet, *O*, is called the projection origin. The spatial projection system formed by these three projection planes is referred to as the three-plane orthogonal projection system, as shown in Figure 1-2-3.

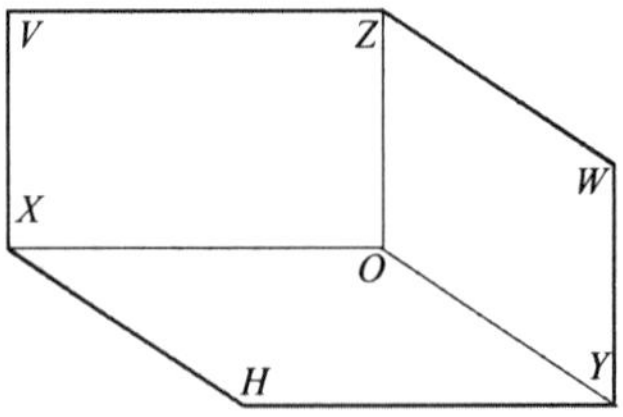

Figure 1-2-3 Three-plane Projection System

2.Characteristics of Three-plane Projection

Different relative positions between the object and the projection plane result in distinct characteristics .

When the object is parallel to the projection plane, it exhibits true shape representation, as shown in Figure 1-2-4. When perpendicular to the projection plane, it displays accumulation characteristics, illustrated in Figure 1-2-5. When inclined to the projection plane, it demonstrates similarity, depicted in Figure 1-2-6.

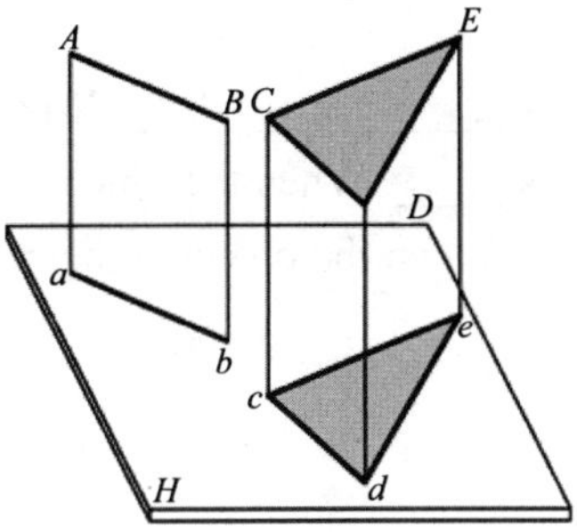

Figure 1-2-4 Projection Showing True Shape Representation

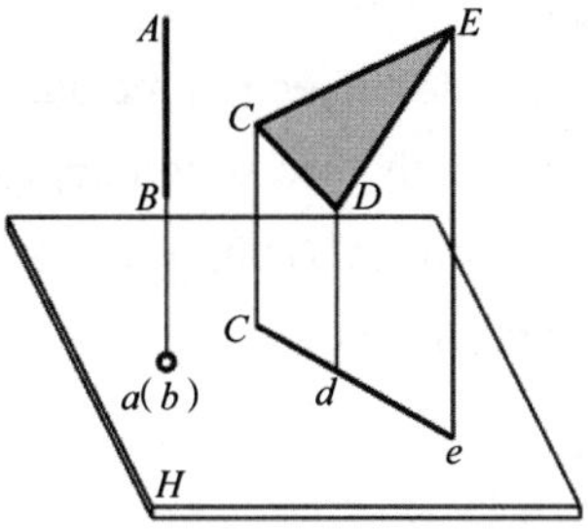

Figure 1-2-5 Projection Displaying Accumulation Characteristics

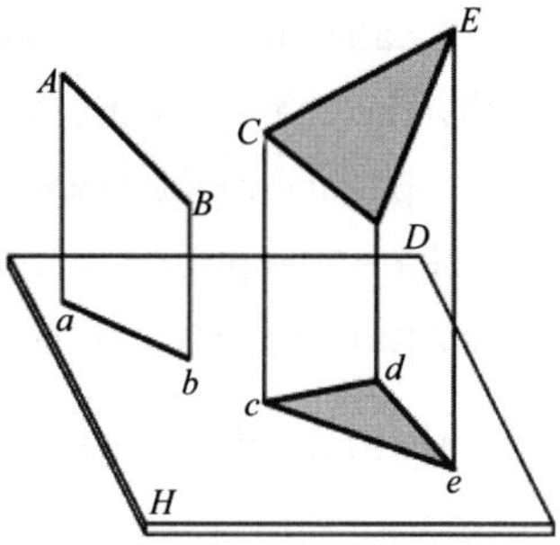

Figure 1-2-6 Projection Demonstrating Similarity

The spatial form of an object comprises three orientations: front, side, and top.

An object has dimensions in three directions: length, width, and height.

The projections of the object in each view reflect two of these dimensions: the *H*-plane reflects length and width, the *V*-plane reflects length and height, and the *W*-plane reflects width and height. By synthesizing the three orthographic projections, the shape and size of the object in space can be determined. Figure 1-2-7 shows the unfolded three-view projection of the object.

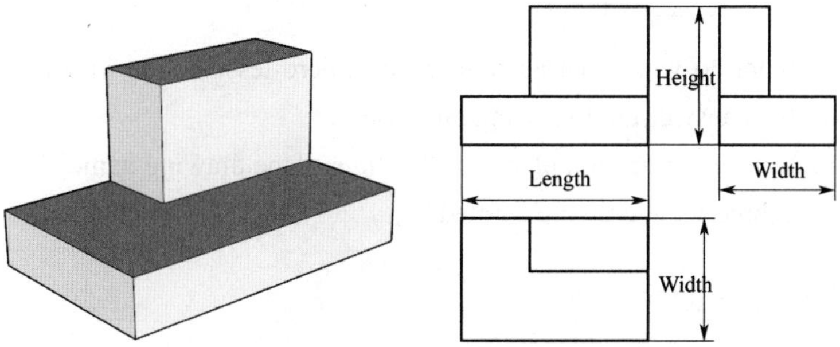

Figure 1-2-7 Unfolded Three-Plane Projection of the Object

Knowledge Assessment

1.Fill-in-the-blank Questions

(1) In the three-plane orthogonal projection system, the horizontally positioned projection plane is called the_____plane, abbreviated as the_____plane, denoted by_____. The vertically positioned projection plane is called the______plane, abbreviated as the ______________ plane, denoted by______. The laterally positioned projection plane is called the ____plane, abbreviated as the ______ plane, denoted by_________.

(2) These three projection planes intersect perpendicularly to each other, the spatial projection system formed by these three projection planes system formed by these three projection planes is called the ______ system.

(3) The characteristics of three-plane projection include______,______,________. When the object is parallel to the projection plane, the projection appears as _____. When the object is perpendicular to the projection plane, the projection appears as_____. When the object is inclined to the projection plane, the projection appears as______.

2.Multiple-choice Questions

(1) In the three-plane projection system, the *H*-plane reflects (　　) and (　　).

A. Length, Width　　B. Length, Height　　C. Width, Height

(2) In the three-plane projection system, the *V*-plane reflects (　　) and (　　).

A. Length, Width　　B. Length, Height　　C. Width, Height

(3) In the three-plane projection system, the *W* plane reflects (　　) and (　　).

A. Length Width　　B. Length Height　　C. Width Height

Ⅱ.The Unfolding and Principles of Three-plane Projection Drawings

Content Guide

Scan the QR code to watch the accompanying micro-lessons and instructional animations, then answer the following questions.

(1) How are the three projection planes of the three-plane drawing named?

(2) How is the three-view drawing formed?

The Unfolding and Principles of Three-plane Projection Drawings

Key Knowledge Points

1.Formation of Three-plane Projection Drawings

In the established three-plane orthographic projection system, an object is placed. According to the concept of orthographic projection, only when a plane is parallel to the projection plane does its projection reflect the true shape. Therefore, we position the object's base parallel to the *H*-plane and its front parallel to the *V*-plane. Using three sets of parallel projection lines in different directions to project orthogonally onto the three projection planes, we obtain the orthographic projections of the object on each plane, collectively referred to as the three-plane orthographic projection drawings.

Since these three projection drawings align with our line of sight, they are commonly simplified as the three-view drawings in drafting. The projection on the *H*-plane is called the horizontal projection or top view; the projection on the *V*-plane is termed the frontal projection or front view; and the projection on the W-plane is known as the side projection or side view, as illustrated in Figure 1-2-8.

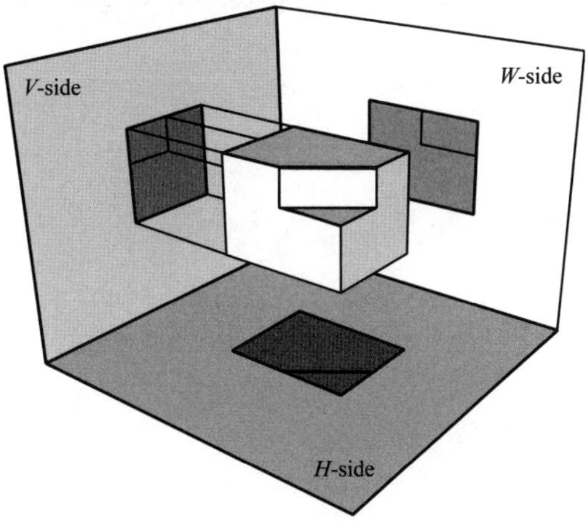

Figure 1-2-8 Three-view Drawing of an Object

2.Development of Three-plane Projection

In engineering drawing, it is necessary to represent spatial forms on a two-dimensional plane, i.e., on paper. Therefore, we must depict the projections from three orthogonal projection planes onto a single plane, which is known as the development of three-view projection. During the development process, one principle must be adhered to: the *V*-plane remains stationary at all times. First, the *H*-plane is rotated 90° downward around the *OX*-axis (Figure 1-2-9), followed by the *W*-plane being rotated 90° to the right around the *OZ*-axis, ultimately positioning all three projection views on a single plane. At this point, the *OY*-axis splits into two axes, OY_W and OY_H, which align with the *OX*-axis and *OZ*-axis respectively, as illustrated in Figure 1-2-10.

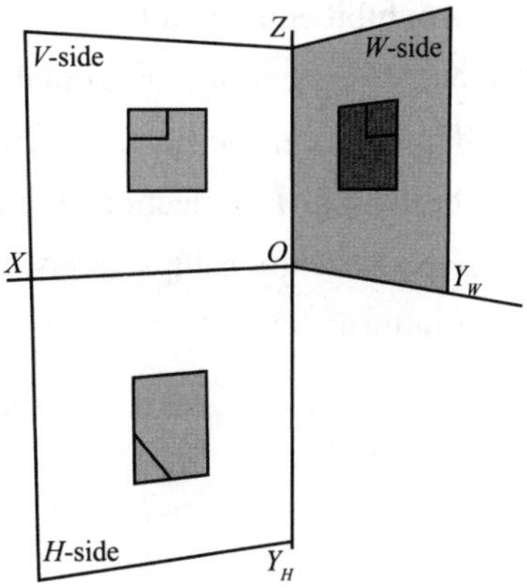

Figure 1-2-9 Development of Three-plane Projection 1

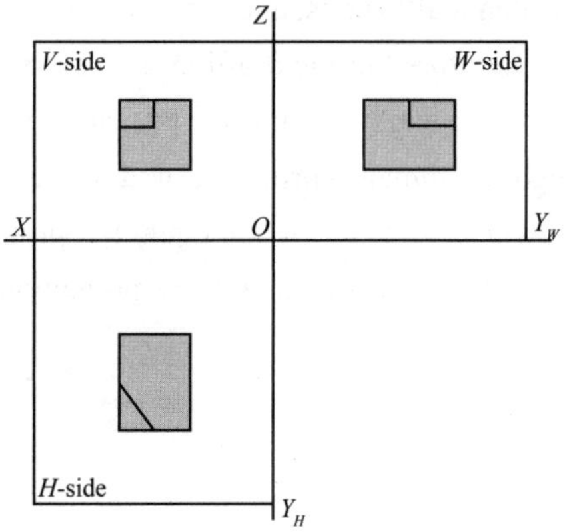

Figure 1-2-10 Development of Three-plane Projection 2

The positions of the three-plane projection system are fixed, and the size of the projection planes is irrelevant to the projection drawings. In actual drawing, only the three-plane projections of the object need to be depicted, without the necessity to draw the border lines of the three projection planes or to label the projection planes, axes, and origin with text, as shown in Figure 1-2-11.

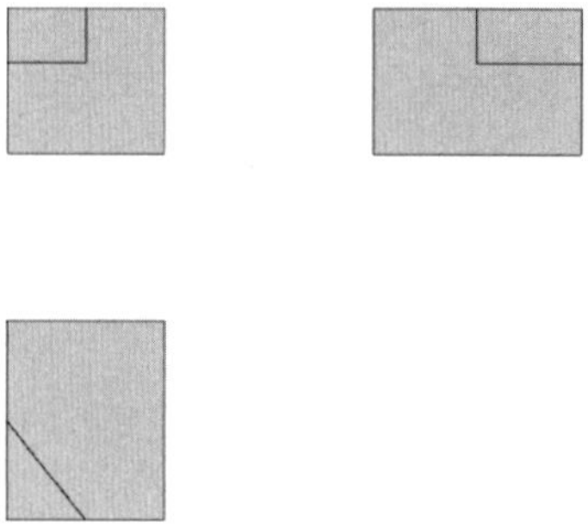

Figure 1-2-11 Actual Drawing of Three-plane Projections

3.Principles of Three-plane Projection Drawings

In the unfolded three-view orthographic projection, it can be observed that a spatial object possesses shapes in the front, side, and top directions, with dimensions in length, width, and height.

In the three-view projection system, the distance between two endpoints on an object parallel to the *OX* axis is referred to as length; the distance between two endpoints parallel to the *OY* axis is called width; and the distance between two endpoints parallel to the *OZ* axis is termed height.

Analyzing the three-view projection drawings reveals certain relationships between each pair of views: the front and side projections share the same height; the horizontal and front projections have identical lengths; and the side and horizontal projections exhibit equal widths.

Therefore, during drafting, it is essential to align the *V* and *H* projections horizontally, adhering to the "length alignment" principle; to align the *V* and *W* projections vertically, following the "height alignment" principle; and to ensure the widths of the *H* and *W* projections are equal, in accordance with the "width equality" principle. These "three equal relationships" constitute the fundamental rules of three-plane projection, as illustrated in Figure 1-2-12.

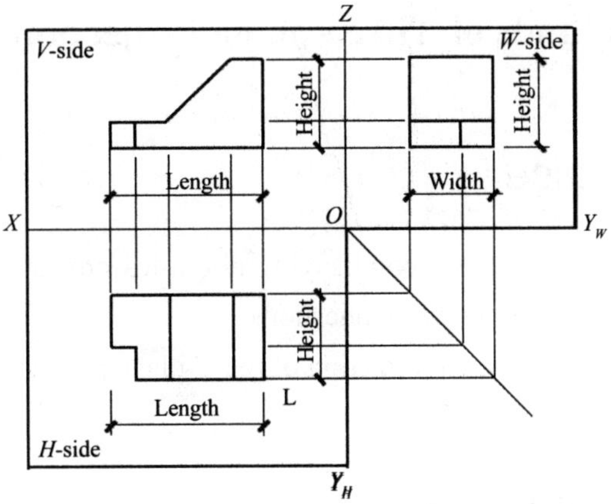

Figure 1-2-12 The "Three Equal Relationships" in Three-plane Projection

Knowledge Assessment

1.Fill-in-the-blank Questions

(1) A spatial object has dimensions in three directions: ______,______, and ______.

(2) In the three-plane projection system, the distance between two endpoints on an object parallel to the *OX* axis is called _____; the distance between two endpoints on an object parallel to the *OY* axis is called _____; the distance between two endpoints on an object parallel to the *OZ* axis is called ________.

(3) The "Three-Equal Relationship" is the fundamental rule of three- plane projection drawings. The "Three-Equal Relationship" refers to ______,_______,______.

2.Multiple-choice Questions

(1)The relationship between every two views in a three-view projection is: the front view and the side view share the same ( ).

A. Length B. Width C. Height

(2)The relationship between every two views in a three-view projection is: the top view and the front view share the same ( ).

A. Length B. Width C. Height

(3)The relationship between every two views in the three-view projection is that the side projection and the horizontal projection share the same ( ).

A. Length B. Width C. Height

Ⅲ.Drawing Methods of Three-plane Projection

Content Guidance

Scan the QR code to watch the accompanying micro-lessons and instructional animations, and answer the following questions.

Why should we first determine the direction of the *V*-plane projection when drawing a three-view projection diagram?

Drawing Methods of Three-plane Projection

Key Knowledge Points

1.Drawing Method of Three-plane Projection

Given the axonometric drawing of a form, how can one draw the three-plane projection of the form based on the axonometric drawing?

As shown in Figure 1-2-13, what we see is an isometric drawing of a composite body. According to the characteristics of the isometric drawing, it can be inferred that the dimensions of the composite body are in a 1 : 1 ratio with the isometric drawing. Before drawing the three-view projection, we first determine the projection directions for the three-view projection. The *V*-plane is determined according to the direction indicated by the arrow in Figure 1-2-14. Once the *V*-plane is determined, the *H*-plane and *W*-plane can also be determined, as shown in Figure 1-2-15.

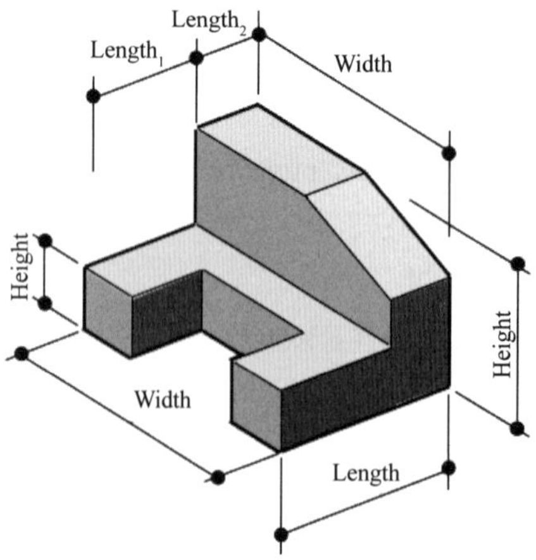

Figure 1-2-13 Isometric Drawing of the Composite Body

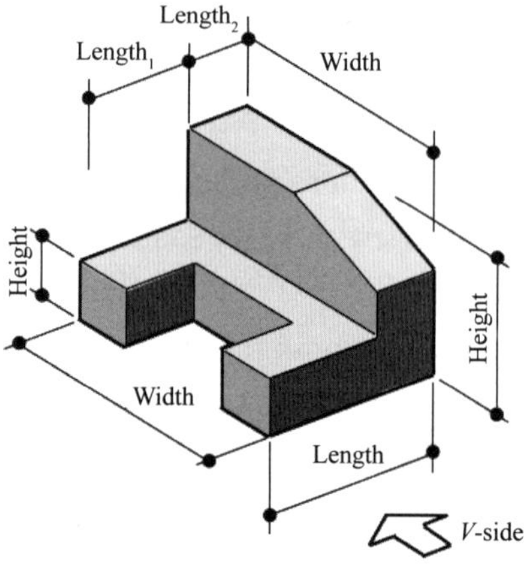

Figure 1-2-14 Determining the *V*-plane of the Composite Body

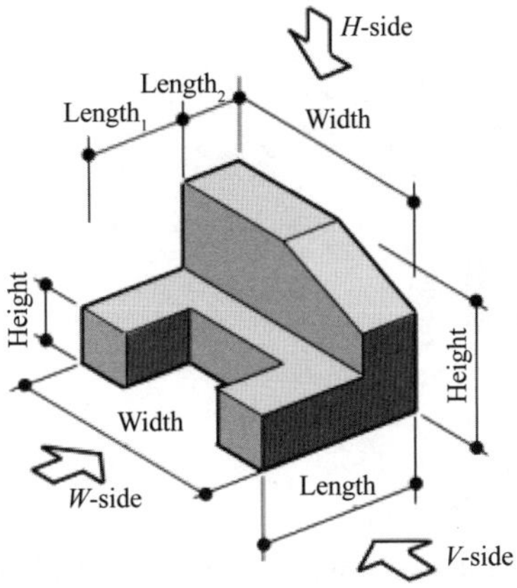

Figure 1-2-15 Determining the *H*-plane and *W*-plane of the composite body

2.Drawing Steps

1)Drawing the *V*–plane Projection

First, draw the *V*-plane projection of the composite body, measure the dimensions of the line segments to be drawn, as shown in Figure 1-2-16. Then, proceed with the drawing based on the measured dimensions, as illustrated in Figure 1-2-17.

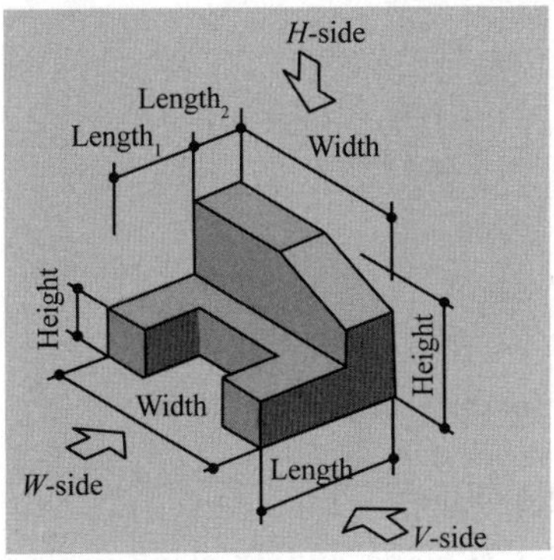

Figure 1-2-16 Measuring the Dimensions of a Line Segment

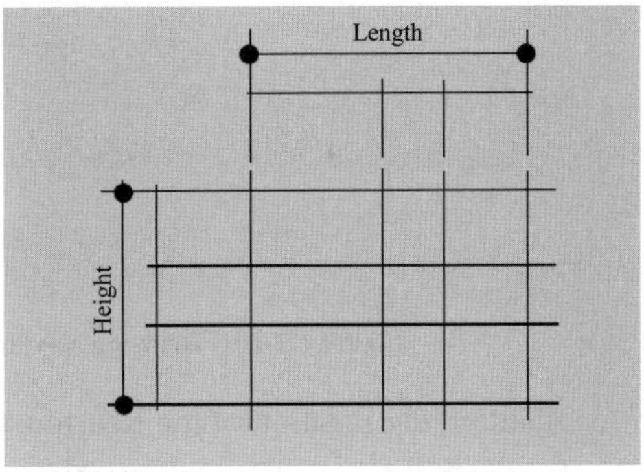

Figure 1-2-17 Drawing Based on Dimensions

Observing the assembly reveals that this line is obscured when projected onto the *V*-Plane (Figure 1-2-18). Therefore, when drawing the *V*-Plane projection, it should be represented as a dashed line (Figure 1-2-19).

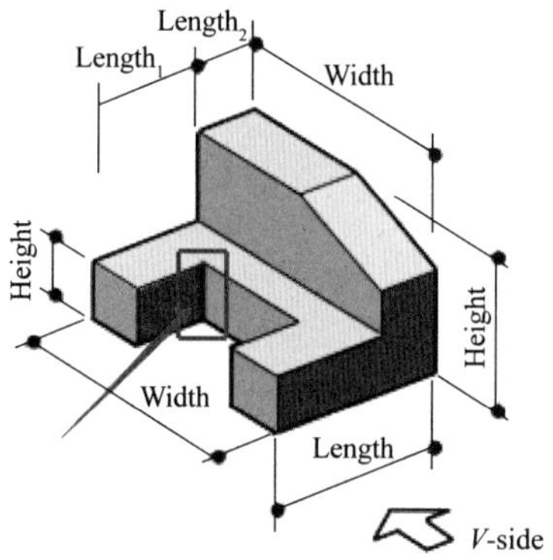

Figure 1-2-18 Obscured Line in the Assembly

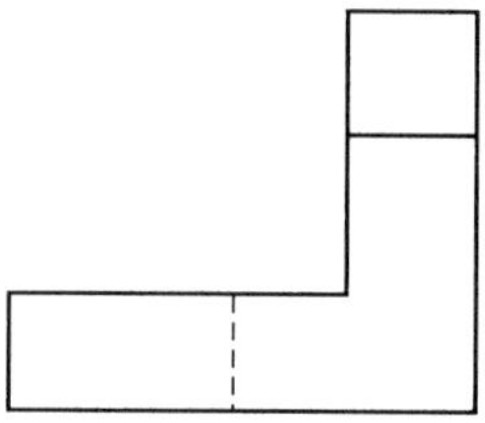

Figure 1-2-19 Obscured Line should be Drawn as a Dashed Line

2)Drawing Auxiliary Lines

After completing the *V*-plane projection, auxiliary lines are drawn from the *V*-plane projection based on the "alignment of length" and "leveling of height" characteristics in the three-plane projection system, as shown in Figure 1-2-20.

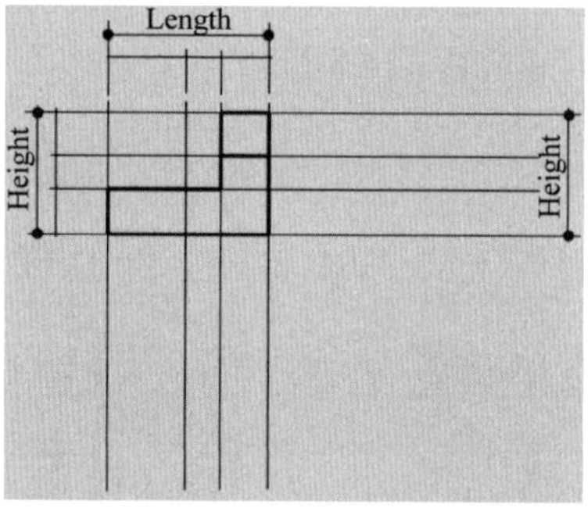

Figure 1-2-20 Drawing Auxiliary Lines from the *V*-plane Projection

3)Setting the Position of the Rearmost Part of the Object

To utilize the "equal width" principle between the *H*-plane and *W*-plane projections for drawing the other two projection views, first determine the rearmost position of the object and draw the corresponding projection line, as illustrated in Figure 1-2-21. Locate the intersection point of the rearmost lines in the preset *H*-plane and *W*-plane projections, and draw a 45° oblique line starting from this intersection point, as shown in Figure 1-2-22.

4)Drawing the *W*–plane projection

First, measure the required length of the line segment, as shown in Figure 1-2-23; in the projection diagram, use the set rearmost position as the reference to draw the W-plane projection, as shown in Figure 1-2-24; then draw the auxiliary lines that conform to the "equal width" principle between the W-plane projection and the H-plane projection, as shown in Figure 1-2-25.

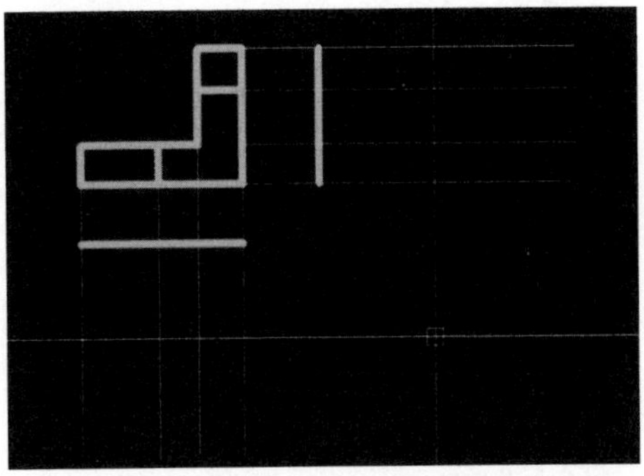

Figure 1-2-21 Drawing Corresponding Projection Lines

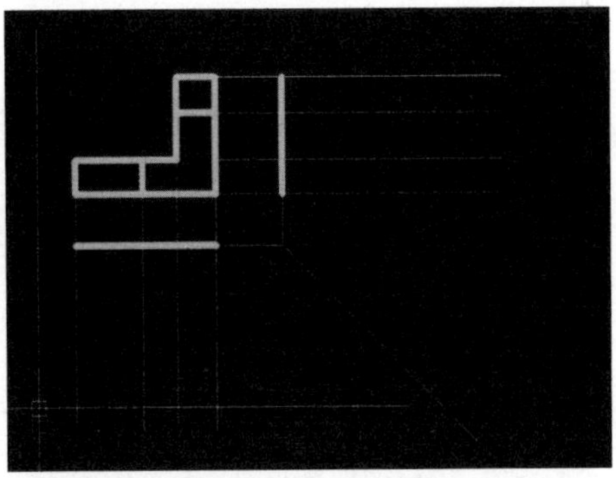

Figure 1-2-22 Drawing a 45° Oblique Line

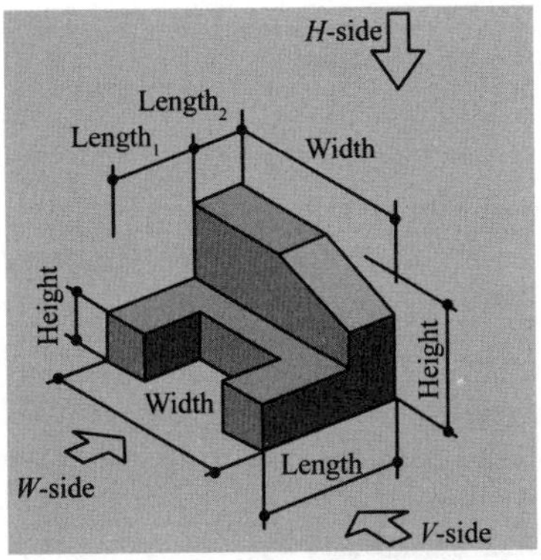

Figure 1-2-23 Measuring the Length of the Line Segment

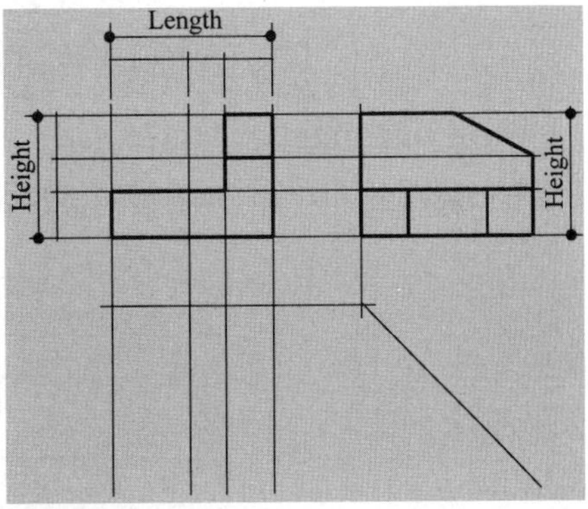

Figure 1-2-24 Drawing the *W*-plane Projection

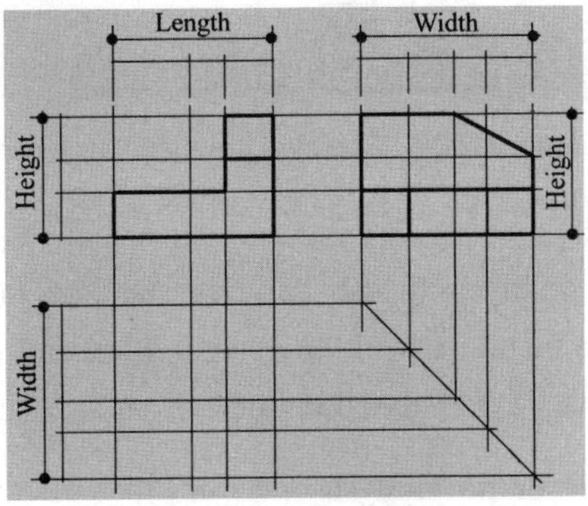

Figure 1-2-25 Auxiliary Lines for *W*-plane and *H*-plane Projections

5)Drawing the *H*–plane Projection

Previously, auxiliary lines of sufficient length and width have been drawn based on the principles of "vertical alignment of length" and "equal width", so there is no need to measure the dimensions of corresponding segments on the *H*-plane again. According to the shape of the combined solid, proceed to draw the *H*-plane projection, ensuring that the positions of the lines conform to the shape of the combined solid, as shown in Figure 1-2-26.

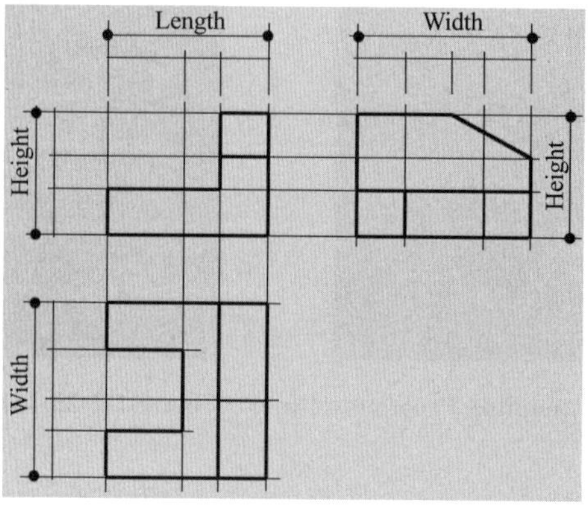

Figure 1-2-26 Drawing the *H*-plane Projection

6)Clear the Auxiliary Lines

After clearing the auxiliary lines, the result is shown in Figure 1-2-27.

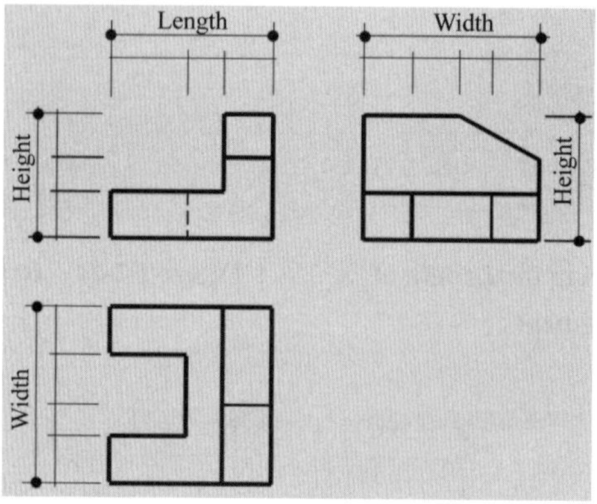

Figure 1-2-27 Clearing the Auxiliary Lines

7)Check the Line Width

The line width should comply with the "Unified standard for building drawings" (GB/T 50001-2017). Outlines should be drawn with thick solid lines, and when a 1 mm thick solid line is used, dashed lines may employ a 0.25 mm thin line.

3.Three-View Projection Shape Analysis

From the completed three-view projection drawings of the shape, the uppermost, lowermost, leftmost, and rightmost extremities of the shape can be identified in the *V*-plane projection, as shown in Figure 1-2-28. In the *W*-plane projection, the uppermost, lowermost, rearmost, and frontmost extremities of the shape can be found, as illustrated in Figure 1-2-29. The *H*-plane projection reveals the rearmost, frontmost, leftmost, and rightmost extremities of the shape, depicted in Figure 1-2-30.

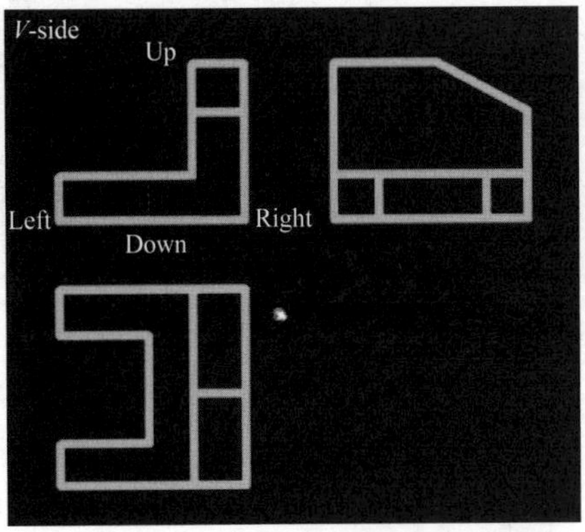

Figure 1-2-28 *V*-Plane Projection Analysis

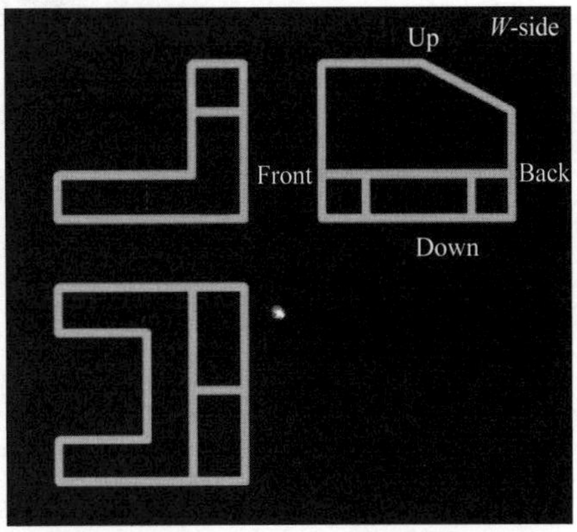

Figure 1-2-29 *W*- Plane Projection Analysis

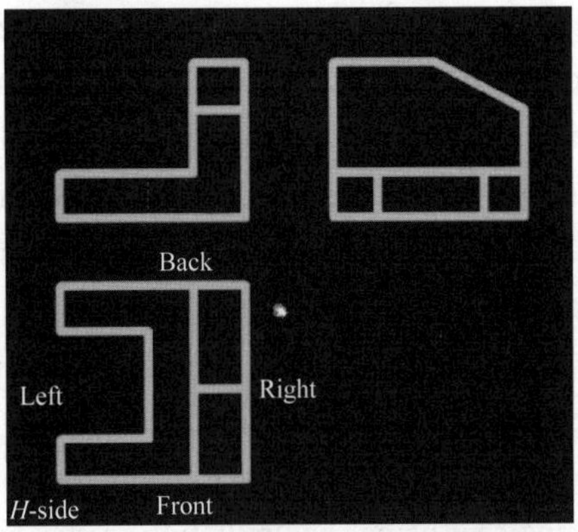

Figure 1-2-30 *H*-plane projection analysis

Task implementation

Hands-on practice: Given the isometric drawing of a form, use Computer Aided Design (CAD) software to draw the three-view projection .

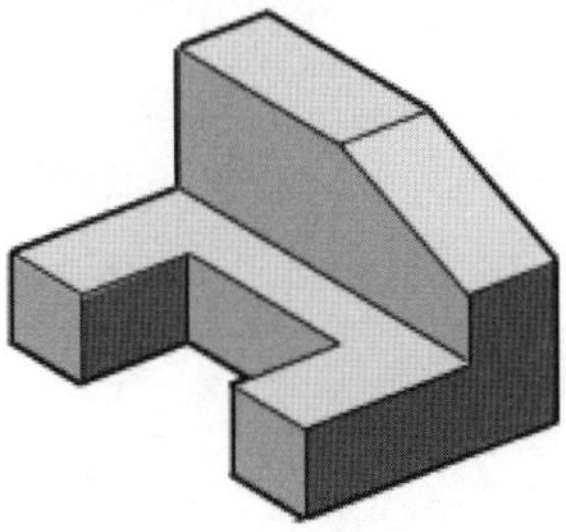

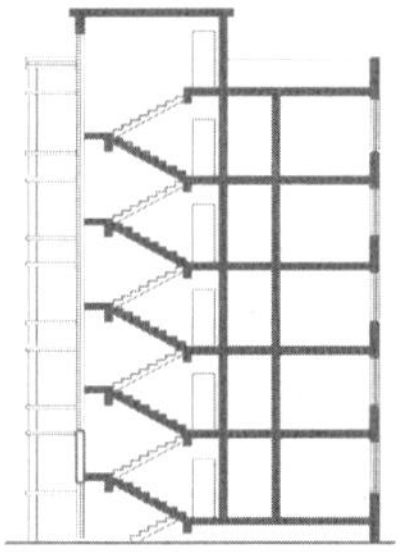

Chapter 2

Content and Drawing Regulations of Architectural Construction Drawings

Ideological and Political Elements

In 2017, the 19th National Congress of the Communist Party of China clearly stated that the principal contradiction in Chinese society in the new era has transformed into the contradiction between the people's ever-growing needs for a better life and unbalanced and inadequate development. The 20th National Congress further emphasized this point. The transformation of the principal social contradiction serves as the fundamental basis for formulating our policies, guidelines, and strategies. Constructing higher-quality and more aesthetically pleasing public building infrastructure and affordable housing is an essential part of meeting the people's needs for a better life. Architectural construction drawings serve as the basis and standard for construction, playing a key role in ensuring project quality. They are vital to the fundamental interests of the nation and its people, and even more so to fulfilling the state's commitment to meeting the people's aspirations for a better life. In line with the course content, on one hand, we need to explain to students the background, main content, and practical significance of the transformation of China's principal contradiction in the new era. On the other hand, starting from the core socialist values, we should interpret the connotations of engineering ethics to students, guiding them to correctly understand China's actual national conditions, grasp the fundamental requirements of the core socialist values, and on this basis, help them establish a mindset of consciously adhering to engineering ethics, strictly following construction drawing requirements and national construction quality standards in engineering projects, respecting life and rules, to ensure project quality.

Section 1 Content and Characteristics of Architectural Construction Drawings

Content Guidance

Scan the QR code to watch the accompanying micro-lecture and answer the following questions.

(1) What should a complete set of architectural construction drawings include?

(2) What are the characteristics of architectural construction drawings?

Content and Characteristics of Architectural Construction Drawings

Key Knowledge Points

Constructing a building involves two fundamental processes: design and construction. During the design phase, the imagined structure is represented graphically, and these graphics are collectively referred to as architectural construction drawings. These drawings serve to reflect the functional layout, external and internal appearance of the building, as well as the design intent. Drawings specifically created to guide the construction process are called building construction drawings, or simply construction drawings.

1.Content of Architectural Construction Drawings

According to the “Unified standard for building drawings” (GB/T 50001-2017), engineering drawings should be arranged in order of professional disciplines, typically including the drawing list, general design description, site plan, architectural construction drawings, structural construction drawings, equipment construction drawings, and architectural decoration construction drawings, among others.

1) Drawing List

The drawing list includes the classification, numbering, and sequencing of drawings, as shown in Table 2-1-1.

Table 2-1-1 Drawing Directory

Drawing Number	Drawing Title and Content	Map Sheet	Drawing Number	Drawing Title and Content	Map Sheet
Architectural Drawing 01	Cover Sheet (Design Specifications, etc.)	A2	Structural Drawing 01	Foundation Plan, Foundation Details	A2
Architectural Drawing 02	Site Plan	A2	Structural Drawing 02	Floor and Roof Structural Plan	A2

Continued

Drawing Number	Drawing Title and Content	Map Sheet	Drawing Number	Drawing Title and Content	Map Sheet
Architectural Drawing 03	Basement Floor Plan, Standard Floor Plan	A2	Structural Drawing 03	Detailed drawings of beam, slab, and column structures	A2
Architectural Drawing 04	Roof plan	A2	Plumbing Drawing 01	Plumbing and Drainage Layout Plan	A2
Architectural Drawing 05	Elevation Drawing from Axis ① - ⑦ and ⑦ - ①	A2	Plumbing Drawing 02	Plumbing System Diagram	A2
Architectural Drawing 06	Sectional Views 1-1 and 2-2	A2	Electrical Drawing 01	Equipment Material Diagram	A2
Architectural Drawing 07	Stairwell Detail Drawing	A2	Electrical Drawing 02	Lighting Layout Plan	A2
Architectural Drawing 08	Kitchen and Bathroom Details	A2	Electrical Drawing 03	Lighting Distribution System Diagram	A2
Architectural Drawing 09	Wall Section Detail, Balcony Detail	A2	Communication Drawing 01	CCTV and Telephone Wiring Diagram	A2

2) General Design Description

The general design description includes: the design basis for the construction drawings, the design scale and floor area of the project, the relationship between the relative elevation of the project and the absolute elevation of the site plan, material specifications for construction, interior and exterior decoration instructions, descriptions of new technologies, new materials, or special requirements, and a door and window schedule.

3) Site Plan

The site plan is an overall layout drawing of a new building within the site boundary, representing a horizontal orthographic projection of the new construction area. It illustrates the building's plan shape, location, dimensions, elevation, number of stories, orientation, and its relationship with surrounding existing structures, roads, rivers, and terrain. This plan serves as the basis for positioning the new building, construction staking, earthwork operations, and site arrangement, as shown in Figure 2-1-1.

4) Architectural Construction Drawings

Architectural construction drawings (abbreviated as "architectural"), primarily illustrate the overall layout, external form, internal arrangement, detailed construction, and interior/exterior decoration of a building. These include a cover sheet, site plan, floor plans, elevations, sections, and detail drawings, as depicted in Figures 2-1-2 and 2-1-3.

5) Structural Construction Drawings

Structural construction drawings (abbreviated as "structural") primarily illustrate the layout, shape dimensions, materials used, and construction methods of the load-bearing components of a building. They include the cover page, foundation plan, foundation details, structural floor plan, reinforced concrete component details, and node construction details, as shown in Figure 2-1-4.

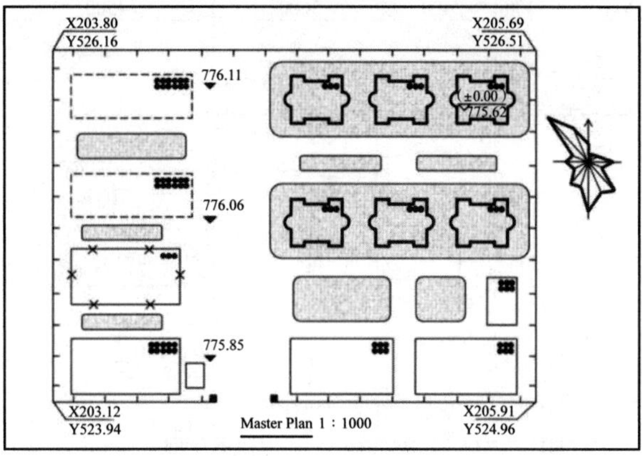

Figure 2-1-1 Site Plan

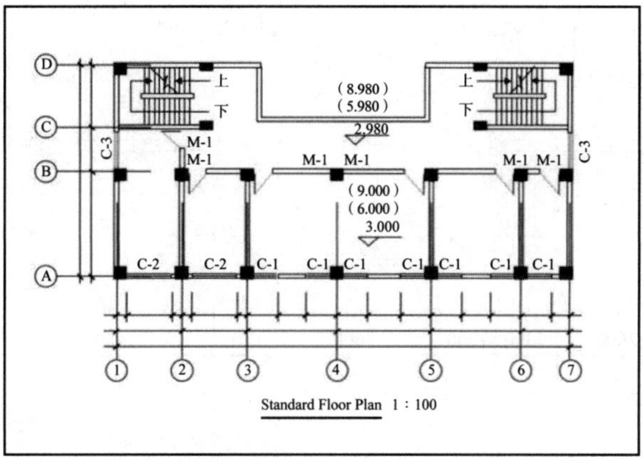

Figure 2-1-2 Floor Plan

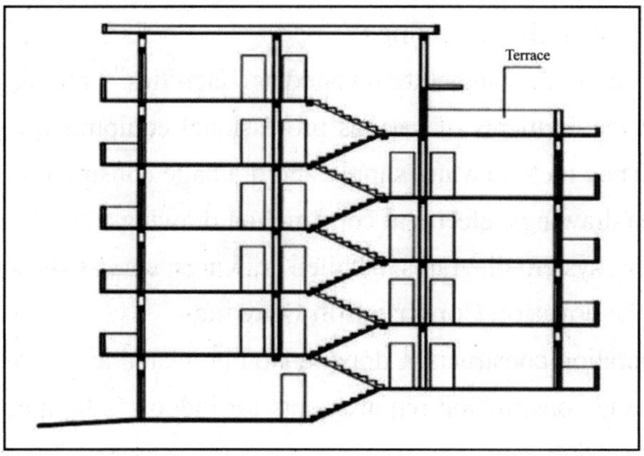

Figure 2-1-3 Sectional View

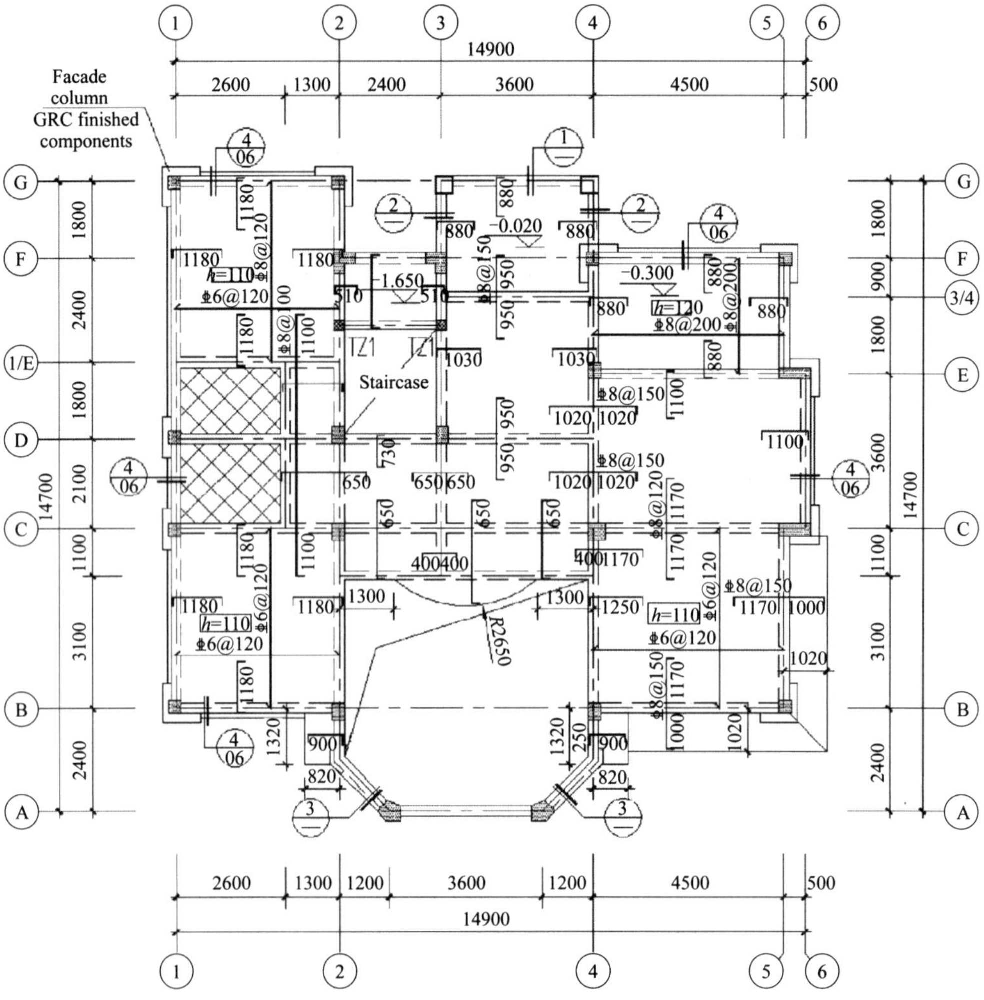

Figure 2-1-4 Structural Construction Drawing

6) Equipment Construction Drawings

Equipment construction drawings (abbreviated as "facilities") are diagrams that indicate the layout and installation requirements of various professional equipment, pipelines, and wiring in construction projects. They include water supply and drainage construction drawings, heating and ventilation construction drawings, electrical construction drawings, etc. Generally, they consist of a cover page, floor plans, system diagrams, detailed drawings, etc., as shown in Figure 2-1-5.

7) Architectural Decoration Construction Drawings

Architectural decoration construction drawings (abbreviated as "decoration"), are drawings that reflect the design and construction requirements for indoor and outdoor decoration of buildings, as shown in Figure 2-1-6.

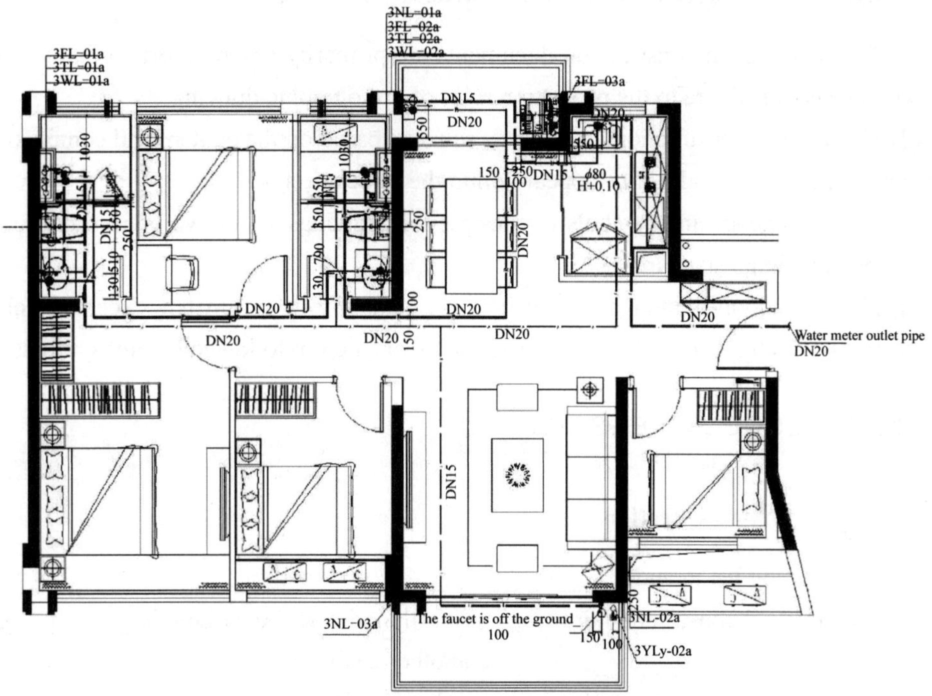

Figure 2-1-5 Equipment Construction Drawings

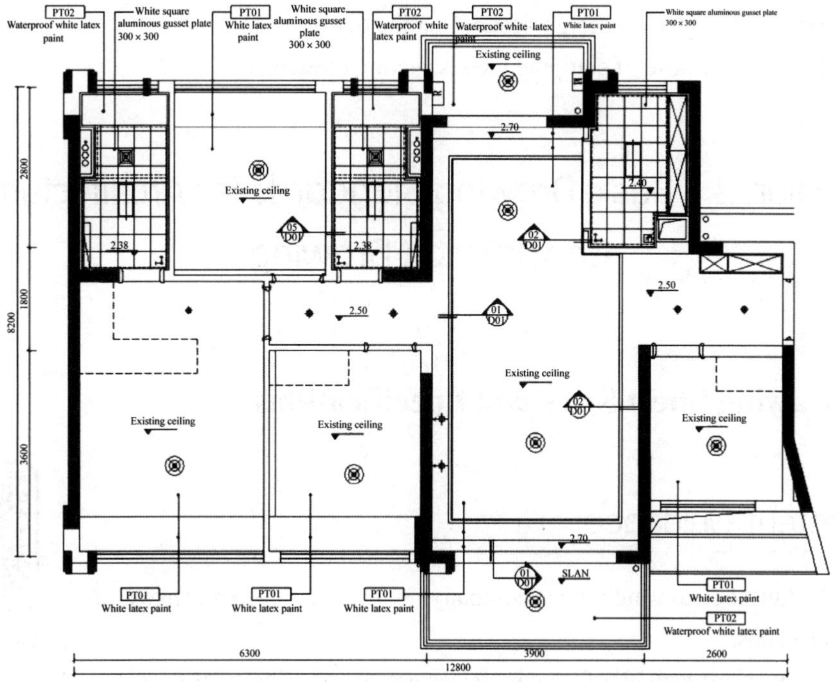

Figure 2-1-6 Architectural Decoration and Renovation Construction Drawings

2.Characteristics of Architectural Construction Drawings

(1) The drawings in construction documents are primarily based on orthographic projection methods and should adhere to the projection rules of orthographic drawing.

(2) The scale of construction drawings is selected based on the content and complexity of the drawings, and different scales may appear within the same sheet.

(3) Various legends and symbols in construction drawings are drawn in accordance with the stipulations of national standards.

(4) In construction drawings, dimensions are generally in millimeters except for elevations and site plans, which are in meters. Dimension numbers are not followed by unit symbols.

Knowledge Assessment

1.Fill-in-the-blank Questions

(1) The drawing list includes,__________ ,__________ and__________.

(2) Architectural construction drawings primarily indicate the building's__________,__________,__________,__________,__________ and other details.

(3) Equipment construction drawings mainly include__________ ,__________ ,__________ and others.

2.Short-answer Questions

(1) What does the general design description include?

(2) What is the purpose of equipment construction drawings?

Section 2 Basic Drawing Standards for Architectural Construction Drawings

Ⅰ.Drawing Sheet Sizes and Specifications

Content Guidance

Drawing Sheet Sizes and Specifications

Scan the QR code to watch the accompanying micro-course and answer the following questions.

How many specifications of drawing sizes are there? What is the relationship between them?

Key Knowledge Points

1.Drawing Sheet Size

The full name of the drawing sheet size refers to the dimensions of the drawing sheet itself. To facilitate the binding, management, and preservation of drawings, the sizes of drawings should be uniform and standardized. The sizes of architectural engineering drawing sheets and their corresponding frame dimensions are listed in Table 2-2-1.

Table 2-2-1 Architectural Engineering Drawing Sheet Dimensions **Unit: mm**

Format Code	A0	A1	A2	A3	A4
$b \times l$	841 × 1,189	594 × 841	420 × 594	297 × 420	210 × 297
c	10			5	
a	25				

The standard drawing formats include A0, A1, A2, A3, and A4.

In Table 2-2-1, "b" represents the short side dimension, "l" represents the long side dimension, and "a" and "c" denote the width between the frame line and the format line, measured in millimeters. The area of an A0 format sheet is 1 square meter. When several sheets of different formats are placed together, the following pattern emerges: folding an A0 sheet in half results in an A1 format, and folding an A1 sheet in half yields an A2 format. This progression continues, where the short side of the previous format becomes the long side of the next format, as illustrated in Figure 2-2-1.

Figure 2-2-1 Various Drawing Formats (Unit: mm)

Drawing formats are divided into two types: horizontal and vertical. A drawing with the shorter side as the vertical edge is referred to as horizontal, as shown in Figure 2-2-2.

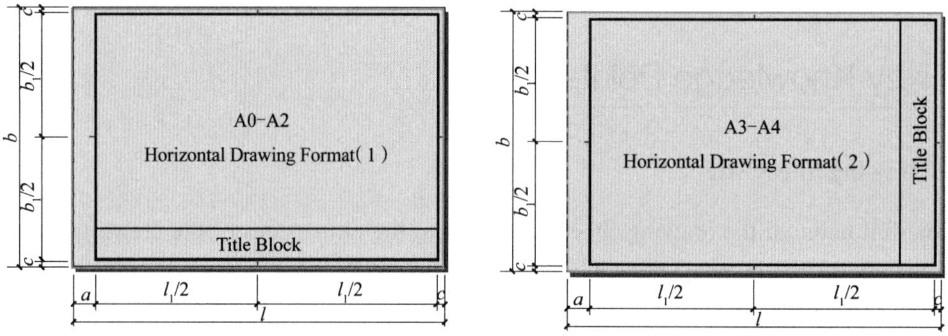

Figure 2-2-2　Horizontal Drawing Format

When the short edge is used as the horizontal side, it is referred to as the vertical format, as shown in Figure 2-2-3.

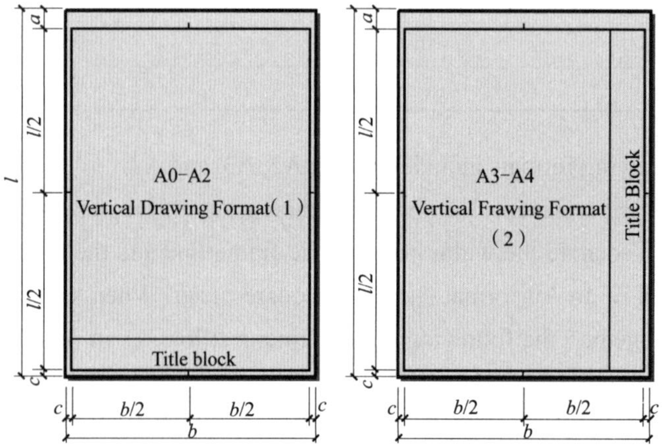

Figure 2-2-3　Vertical Drawing Format

For drawings requiring microfilming, one side shall include an accurate metric scale, and all four sides shall have centering marks. The total length of the metric scale shall be 100 mm, divided into 10 mm segments. Centering marks shall be placed at the midpoint of each side of the drawing, with a line width of 0.35 mm, extending into the inner border and protruding 5 mm outside the border. For the line segment of the center mark, it should be centered within the range of the long side dimension l_1 and the short side dimension b_1 of the drawing frame.

Drawings for the same project shall be neat and uniform. When selecting drawing sizes, one standard size should be primarily used, avoiding the mixed use of different sizes. Generally, no more than two sizes should be employed, except for directories and tables which may use A4 size without restriction. For ease of portability, construction drawings often adopt the A2 size.

2.Specifications and Zoning of the Title Block

The title block of a drawing, also referred to as the title strip, should be arranged vertically with a width of 40-70 mm or horizontally with a width of 30-50 mm, as illustrated in Figure 2-2-4.

Figure 2-2-4 Specifications of the Title Block

Generally, the contents of the title block are arranged vertically from top to bottom and horizontally from left to right, including sections for the design unit's name, the registered engineer's signature and seal, the project manager's signature and seal, revision records, the project name, drawing number, signature area, and approval column, as shown in Figure 2-2-5.

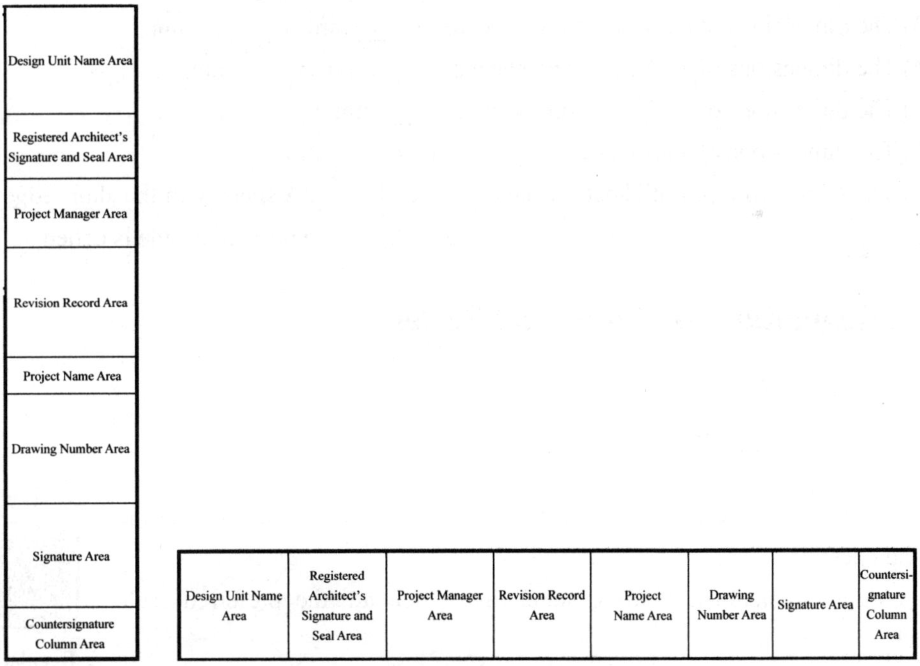

Figure 2-2-5 Zoning of the Title Block

The drawing format of the signature block is as shown in Figure 2-2-6. The block should include the discipline represented by the signatory, full name, signature, and date (year, month, day). If one signature block is insufficient, an additional one may be added, with both blocks placed side by side. Drawings that do not require signatures may omit this block. When using electronic signatures and authentication in computer-aided drawing files, compliance with the "Electronic Signature Law of the People's Republic of China" is required.

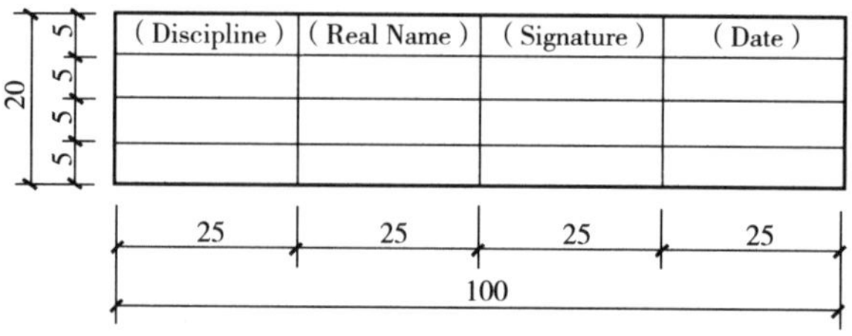

Figure 2-2-6 Drawing Format of the Signature Block

Knowledge Assessment

Fill-in-the-blank Questions

(1) The standard drawing sheet size codes include____,____,____,____,____.

(2) The dimensions of an A0 drawing sheet are____ mm × ____ mm.

(3) The dimensions of an A1 drawing sheet are ____mm × ____ mm.

(4) The dimensions of an A2 drawing sheet are____ mm × ____ mm.

(5) The dimensions of an A3 drawing sheet are____mm × ____ mm.

(6) The dimensions of an A4 sheet are____ mm × ____ mm.

(7) There are two types of sheet formats: ____ and ____. A sheet with the short edge as the vertical side is called ______. A sheet with the short edge as the horizontal side is called ______.

Ⅱ. Regulations on Fonts and Scales

Content Guide

Scan the QR code to watch the accompanying micro-lecture and answer the following questions.

According to national drafting standards, which are the preferred scale choices?

Regulations on Fonts and Scales

Key Knowledge Points

1.Scale

Scale refers to the ratio of the linear dimensions of a graphic to its corresponding real-world elements. For example, if the structural dimension of a building is 50 m and its length on an engineering drawing is 0.1 m, then the scale of the drawing is $\frac{\text{the length of line segments in the drawing}}{\text{the real-world length of line segments}} = \frac{1}{500}$, denoted as 1 : 500. The size of a scale refers to the magnitude of its ratio.

Full scale refers to a ratio of 1 : 1. Enlargement scale refers to ratios greater than 1, such as 2 : 1, 4 : 1, 5 : 1; reduction scale refers to ratios less than 1, such as 1 : 2, 1 : 5, 1 : 10.

The scale should be noted on the right side of the drawing title, with the baseline of the text aligned horizontally; the height of the scale text should be one or two sizes smaller than that of the drawing title. A thick solid line should be drawn beneath the drawing title, with its length corresponding to the length of the text, as shown in Figure 2-2-7.

Floor Plan 1 : 100   (6) 1 : 20

Figure 2-2-7 Scale Indication

The selection of scales should comply with the "Unified standard for building drawings" (GB/T 50001-2017), as listed in Table 2-2-2. Generally, a single scale should be used for one drawing. Depending on the requirements of professional drawings, two scales may be used for the same drawing. Under special circumstances, custom scales may also be adopted.

Table 2-2-2 Selection of Drawing Scales

Type	Preferred Series			Permissible Series		
Original scale	1:1			—		
Enlargement scale	5 : 1 5×10^n : 1	2 : 1 2×10^n : 1	1×10^n : 1	4 : 1 4×10^n : 1	2.5 : 1 2.5×10^n : 1	
Scale down	1 : 2 1 : 2×10^n	1 : 5 1 : 5×10^n	1 : 10 1 : 1×10^n	1 : 1.5 1 : 1.5×10^n 1 : 4 1 : 4×10^n	1 : 2.5 1 : 2.5×10^n 1 : 6 1 : 6×10^n	1 : 3 1 : 3×10^n

Figure 2-2-8 illustrates the differences in the graphical representation of the same object at different scales. It can be observed that the dimensions labeled on the drawing correspond to the actual size of the object and are independent of the scale.

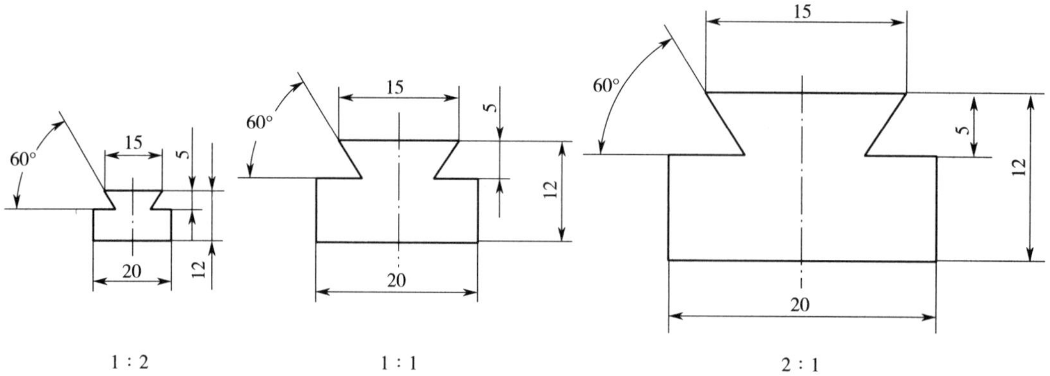

Figure 2-2-8 The Same Object Drawn at Different Scales

2.Font

All text, numbers, or symbols written on the drawing should be clear in stroke, upright in font, and neatly arranged; punctuation marks should be distinct and accurate.

The character height should be selected from the following options: 3.5 mm, 5 mm, 7 mm, 10 mm, 14 mm, or 20 mm.

To ensure clarity of text lines, the line spacing should be greater than the character spacing. Typically, the character spacing is about 1/4 of the character height, and the line spacing is about 1/2 of the character height. If larger characters are required, their height should increase in a ratio of $\sqrt{2}$. Only one type of font is allowed on the same drawing, as shown in Figure 2-2-9.

工	业	民	用	建	筑	厂	房	屋	平	立	剖	面	详	图
结	构	施	说	明	比	例	尺	寸	长	宽	高	厚	砖	瓦
木	石	土	砂	浆	水	泥	钢	筋	混	凝	截	校	核	梯
门	窗	基	础	地	层	楼	板	梁	柱	墙	厕	浴	标	号
制	审	定	日	期	一	二	三	四	五	六	七	八	九	十

Figure 2-2-9 Example of Drawing Text

The Chinese characters in drawings and descriptions should preferably be in long imitation Song typeface, and the officially promulgated simplified characters should be used, as shown in Figure 2-2-10.

10 号字 字体工整 笔画清楚 间隔均匀 排列整齐

7 号字 横平竖直 注意起落 结构均匀 填满方格

5 号字 技术制图 机械电子 汽车船舶 土木建筑

3.5 号字 螺纹齿轮 航空工业 施工排水 供暖通风 矿山港口

Figure 2-2-10 Examples of Text in Drawings and Descriptions

The writing and arrangement of Latin letters, Arabic numerals, and Roman numerals shall comply with the provisions in Table 2-2-3.

Table 2-2-3 Writing Specifications for Carious Numerals and Letters

Writing Format	Regular Font	Narrow Font
Capital letter height	h	h
Lowercase letter-height (no ascenders or descenders)	$\frac{7}{10}h$	$\frac{10}{14}h$
Ascenders or descenders of lowercase letters	$\frac{3}{10}h$	$\frac{4}{14}h$
Stroke width	$\frac{1}{10}h$	$\frac{1}{14}h$
Letter spacing	$\frac{2}{10}h$	$\frac{2}{14}h$
Minimum spacing between uplink and downlink baselines	$\frac{15}{10}h$	$\frac{21}{14}h$
Word spacing	$\frac{6}{10}h$	$\frac{6}{14}h$

When Latin letters, Arabic numerals, or Roman numerals need to be written in italics, the inclination of the italic should be a 75 counterclockwise rotation from the baseline, with their height and width equal to the corresponding upright type. When written alongside Chinese characters, they should be in upright form, and their height should be one or two sizes smaller than that of the Chinese characters, but the minimum height should not be less than 2.5 mm, as shown in Figure 2-2-11.

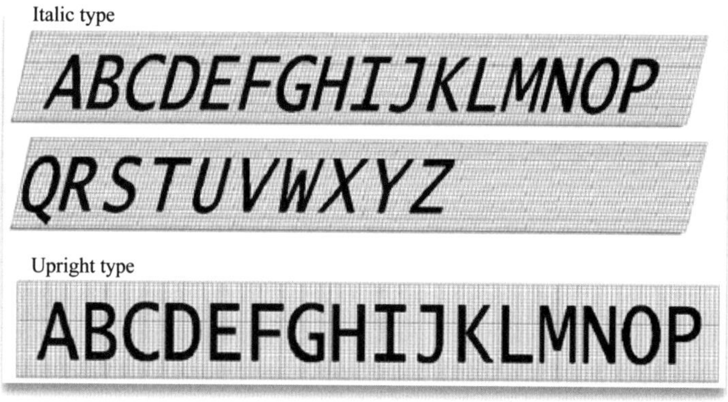

Figure 2-2-11 Various Italic Forms of Numerals and Letters

Numerical annotations for quantities shall be written in upright Arabic numerals (Figure 2-2-12). All units of measurement preceded by numerical values shall be annotated using the unit symbols promulgated by the state, and the unit symbols shall be written in upright letters.

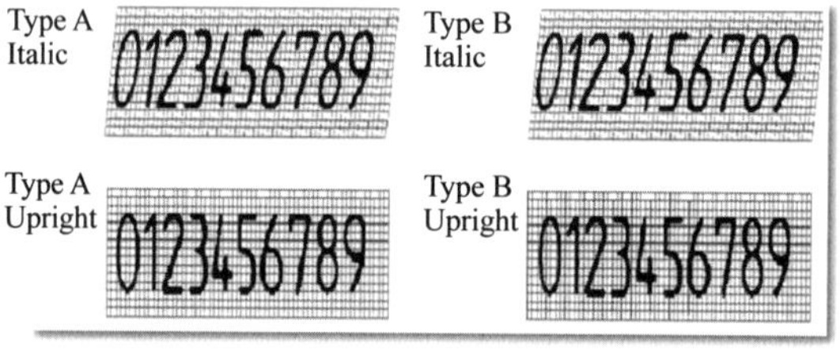

Figure 2-2-12 Numerical Annotation of Quantities

Knowledge Assessment

1.Fill-in-the-blank Questions

(1) A ratio is the comparison between ________ and ________.

(2) If the structural dimension of a building is 1 m and its length on the engineering drawing is 0.1 m, then the scale of the drawing is ________.

(3) The original scale refers to the ratio of ________. An enlarged scale refers to a ratio ________ 1, while a reduced scale refers to a ratio ________ 1.

(4) The scale should be noted on the ________ side of the drawing name, with the baseline of the text aligned horizontally; the height of the scale text should be ________ than that of the drawing name. A ________ line should be drawn under the drawing name, with its length determined by the length of the text.

(5) When Latin letters, Arabic numerals, and Roman numerals are written in upright font, their height should be one or two sizes smaller than that of Chinese characters, but the minimum height should not be less than ________.

2.Multiple-choice Questions

(1) The dimensions marked on the drawing represent the (　　) of the object and are (　　) to the scale.

A. Reduce size, irrelevant　　B. Enlarge size, relevant

C. Actual size, irrelevant　　D. Actual size, relevant

(2) The Chinese characters in drawings and descriptions should preferably be in (　　), and the officially promulgated (　　) should be adopted.

A. Song typeface, simplified characters

B. Kai typeface, simplified characters

C. Long Imitation Song font, simplified characters

D. Long Imitation Song font, traditional characters

(3) Among the following scales, (　　) is an enlargement scale.

A. 2 : 1　　B. 1 : 10　　C. 1 : 50　　D. 1 : 20

B.

(4) Among the following scales, (　　) is a reduction scale.

A. 1 : 1　　B. 1 : 100　　C. 2 : 1　　D. 5 : 1

Ⅲ. Specifications for Line Types

Content Guidance

Scan the QR code to watch the accompanying micro-lecture and answer the following questions.

How many sets of line width groups are specified in the national drafting standards? How many line widths are there in each set of line widths?

Specifications for Line Types

Key Knowledge Points

To represent different contents and distinguish primary from secondary elements, architectural drawings must employ various line types and thicknesses. Commonly used line types include solid lines, dashed lines, single-dot long dash lines, double-dot long dash lines, break lines, and wavy lines. The width of a line, denoted as b, typically takes the width of a thick solid line as the base width. A line width group consists of b, $0.7b$, $0.5b$, and $0.25b$. The usual values for b are 1.4, 1.0, 0.7, and 0.5, measured in millimeters. Detailed line width ratios and line width groups can be found in Table 2-2-4.

Table 2-2-4 Line Width Specifications in National Cartographic Standards (GB/T 50001–2017) Unit: mm

Line Width Ratio	Line Width Group			
b	1.4	1.0	0.7	0.5
0.7*b*	1.0	0.7	0.5	0.35
0.5*b*	0.7	0.5	0.35	0.25
0.25*b*	0.35	0.25	0.18	0.13

For each drawing, based on its complexity and scale, first select the basic line width b, then choose the corresponding line width group from the table.

Solid and dashed lines are categorized into four types based on width: thick, medium thick, medium, and thin; single long-dash dot lines and double long-dash dot lines are further divided into three types by width: thick, medium, and thin; break lines and wavy lines are generally thin. For detailed selection of line types, refer to Table 2-2-5.

Table 2-2-5 Selection of Line Types in National Cartographic Standards (GB/T 50001–2017)

Name		Line Type	Line Width	Purpose
Solid line	thick		*b*	Mainly visible contour lines
	medium thick		0.7*b*	Visible contour lines, change cloud line
	medium		0.5*b*	Visible contour lines, dimension line
	thin		0.2*b*	Legend fill line, furniture line
Dashed line	thick		*b*	Refer to relevant professional drawing standards
	medium thick		0.7*b*	Invisible contour lines
	medium		0.5*b*	Invisible contour lines, legend line
	thin		0.25*b*	Legend fill line, furniture line
Single long dashed line	thick		*b*	Refer to relevant professional drawing standards
	medium		0.5*b*	Refer to relevant professional drawing standards
	thin		0.25*b*	Center lines, symmetry lines, axis lines, etc.
Double long dashed line	thick		*b*	Refer to relevant professional drawing standards
	medium		0.5*b*	Refer to relevant professional drawing standards
	thin		0.25*b*	Imaginary contour line, original contour line before molding
Break line	thin		0.25*b*	Break line
Wavy line	thin		0.25*b*	Break line

1.Common Line Types in Architectural Interior Decoration Drawing

The drawing methods and line widths of lines in interior decoration drawings for building construction shall comply with the current national standard "Unified standard for building drawings" (GB/T 50001-2017). Below is an introduction to the commonly used line types in interior decoration drawings for building construction. For details, please refer to the "Drawing standard for interior decoration and renovation of building" (JGJ/T 244-2011).

1) Solid Line

Solid lines are categorized into thick solid lines, medium thick solid lines, medium solid lines, and thin solid lines.

ⅰ. Thick Solid Line

The main situations where thick solid lines are used include:

(1) The main contour lines of building structures and decorative finishes that are sectioned in plan and section views;

(2) The outer contour lines of interior elevation drawings for building decoration;

(3) The main contour lines of sectioned parts in detailed drawings and node diagrams of interior building decoration structures;

(4) Section symbols for plans, elevations, and sections.

ⅱ. Medium Thick Solid Line

The main situations where medium thick solid lines are used include:

(1) Secondary contour lines of building structures and decorative finishes that are cut in plan and section views;

(2) The outer contour lines in architectural interior decoration detail drawings.

ⅲ. Medium Solid Line

The main situations where medium solid lines are used include:

(1) General contour lines in interior decoration construction detail drawings of buildings;

(2) Graphic lines, furniture lines, dimension lines, extension lines, index symbols, leader lines, ground and wall elevation demarcation lines, etc., with widths less than $0.7b$.

ⅳ. Thin Solid Line

Thin solid lines are generally used as fill lines for graphics and legends.

2) Dashed line

Dashed lines are categorized into medium thick dashed lines, medium dashed lines, and thin dashed lines.

ⅰ. Medium Thick Dashed Line

The main scenarios for selecting medium thick dashed lines include:

(1) Representing the contour lines of obscured parts;

(2) Indicates the range of the indexed pattern;

(3) The outline of the proposed or expanded interior decoration and renovation parts of the building.

ⅱ. Medium Dashed Line

The main situations for selecting medium dashed lines are:

(1) Represents the projection contour line of the upper part in the plane;

(2) The envisioned placement of a building or component.

ⅲ. Thin Dashed Line

The thin dashed lines are used to represent the same content as the medium dashed lines, suitable for invisible contour lines less than 0.5*b*.

3) Chain Line

A 0.7*b* chain line is used for motion trajectory lines, while a 0.25*b* dotted line is used for center lines, symmetry lines, and positioning axes.

4) Break Line

Break lines are used for boundaries that do not need to be fully drawn.

5) Wavy Line

The main situations for using wavy lines are:

(1) Discontinuous boundaries that do not need to be fully drawn;

(2) Discontinuous boundaries of structural layers;

(3) Disconnection boundaries of curved components.

6) Dotted Line

Dotted lines serve as auxiliary lines required for drafting.

7)Spline Curves

Spline curves are used for broken boundaries that do not need to be fully drawn or for leader lines required in drafting.

8) Cloud Lines

The main situations for using cloud lines include:

(1) Circling out the indexed drawing area;

(2) Define the scope of materials to be labeled;

(3) Mark areas requiring emphasis, modification, or alteration.

Examples of line type applications in engineering drawing are illustrated in Figure 2-2-13.

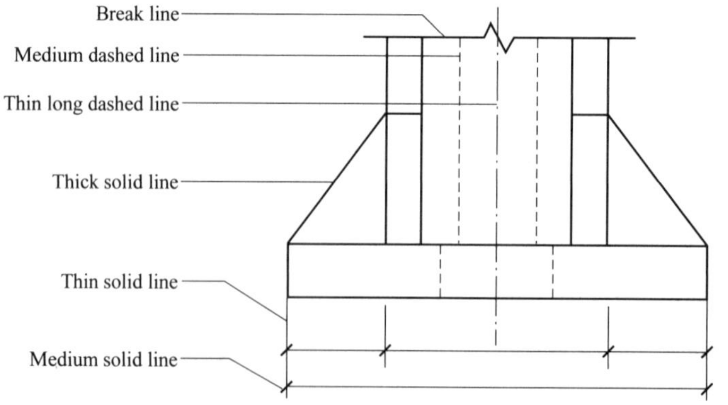

Figure 2-2-13 Examples of Line Type Applications in Engineering Drawing

2.Standard Representation of Lines

The gap between parallel lines should not be less than the width of the thickest line, and should not be less than 0.7 mm.

The lengths and intervals of dashed lines, single-dot chain lines, or double-dot chain lines should be equal, as shown in Figure 2-2-14.

Line Elements	Line Type	Length
Point	chain line, double dashed line	≤0.5*d*
Short interval	Dashed line, chain line	3*d*
Dash	Dashed line	12*d*
Long line	Chain line,double dashed line	24*d*

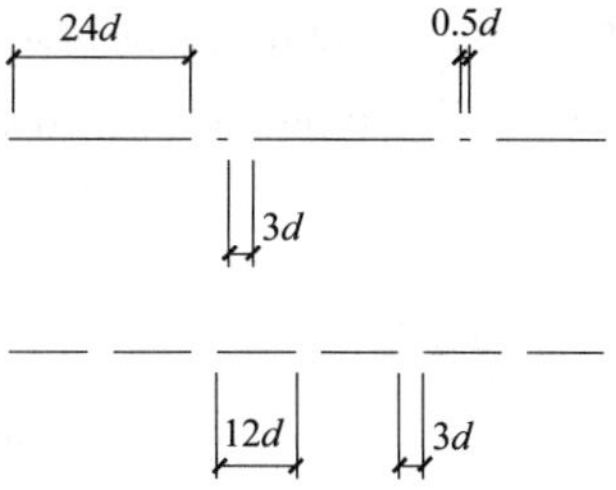

Note: *d* is the width of the thick line

Figure 2-2-14 Standard Drawing Methods for Lines

When it is difficult to draw a long dashed line with a single dot or a long dashed line with double dots in smaller graphics, solid lines may be used as a substitute.

The ends of a long dashed line with a single dot or a long dashed line with double dots should not be dots, as shown in Figure 2-2-15.

Figure 2-2-15 Drawing Methods for Long Dashed Lines with a Single Dot and Long Dashed Lines with Double Dots

When a dash-dot line meets another dash-dot line or other types of lines, the connection should be made at the solid segments, as shown in Figure 2-2-16.

Figure 2-2-16 Connection Method of Dash-dot Lines

When dashed lines meet other dashed lines or other types of lines, or when they change direction, the connection should be made at the solid segments, as shown in Figure 2-2-17.

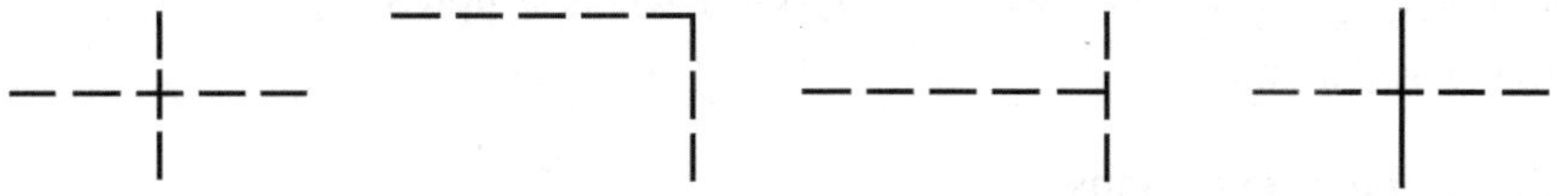

Figure 2-2-17 The Drawing Method for the Intersection and Turning of Dashed Line

When a dashed line serves as the extension of a solid line, it must not connect to the solid line, as shown in Figure 2-2-18.

Figure 2-2-18 The Drawing Method for Dashed Lines as Extensions of Solid Lines

Lines must not overlap or be confused with text, numbers, or symbols. When unavoidable, clarity of the text, etc., should be prioritized.

An example of line type drawing in engineering graphics is shown in Figure 2-2-19.

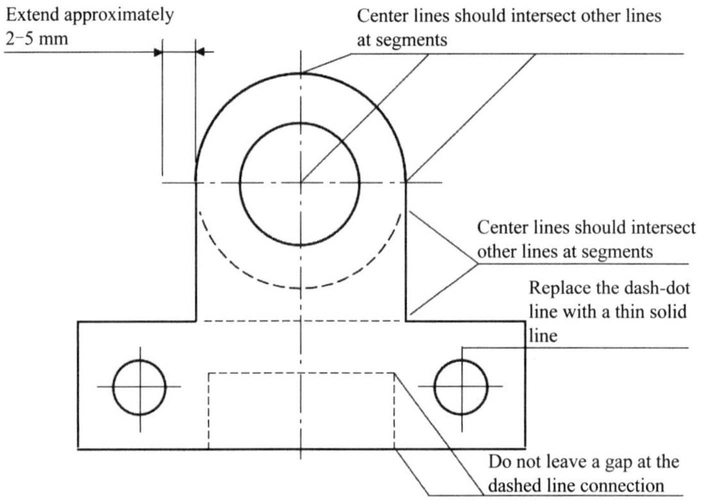

Figure 2-2-19 Example of Line Type Drawing in Engineering Graphics

Knowledge Assessment

1.Fill-in-the-blank Questions

(1) In engineering drawings, architectural drawings must use lines of different _____ and different _____. Commonly used ones include six categories: _____, _____, _____, _____, _____, and _____.

(2) There are _____ types of line widths, which are _____, _____, _____, and _____. If the width of the thick line is *b*, then the medium-thick line is _____ *b*, the medium line is _____ *b*, and the thin line is _____ *b*. The value of *b* typically has four options: _____, _____, _____, and _____, with the unit in mm.

2.Multiple choice Questions

(1) In engineering drawings, the main contour lines of building structures and decorative fin-

ishes that are sectioned in plan and section views are represented by (　　).

A. Thick solid line　　B. Medium-thick solid line

C. Medium solid line　　D. Thin solid line

(2) In engineering drawings, the outer contour lines of interior decoration elevation drawings for buildings are represented by (　　).

A. Thick solid line　　B. Medium-thick solid line

C. Medium solid line　　D. Thin solid line

(3) In engineering drawings, the hatching lines for graphics and legends are represented by (　　).

A. Thick solid line　　B. Medium-thick solid line

C. Medium solid line　　D. Thin solid line

(4) In engineering drawings, the contour lines of obscured parts are represented by (　　).

A. Medium-thick dashed line　　B. Medium dashed line

C. Thin dashed line　　D. Thick solid line

(5) In engineering drawings, the positioning axis is represented by (　　).

A. Solid line　　B. Dashed line

C. Thin single-dot long dash line　　D. Thick single-dot long dash line

Ⅳ. Dimensioning of Planar Graphics

Content Guide

Scan the QR code to watch the accompanying micro-lecture and answer the following questions.

Why is it necessary to adopt standardize graphic dimensions in engineering drawings?

Dimensioning of Planar Graphics

Key Knowledge Points

The graphics on a drawing can only represent the shape of an object, whereas the specific positions and sizes of its various parts must be indicated by dimensions on the drawing to serve as the basis for construction. Dimensioning requires completeness, accuracy, clarity, and neatness.

1.Fundamental Elements of Dimensions

The dimensions on the drawing consist of extension lines, dimension lines, dimension terminators, and dimension numbers, as shown in Figure 2-2-20.

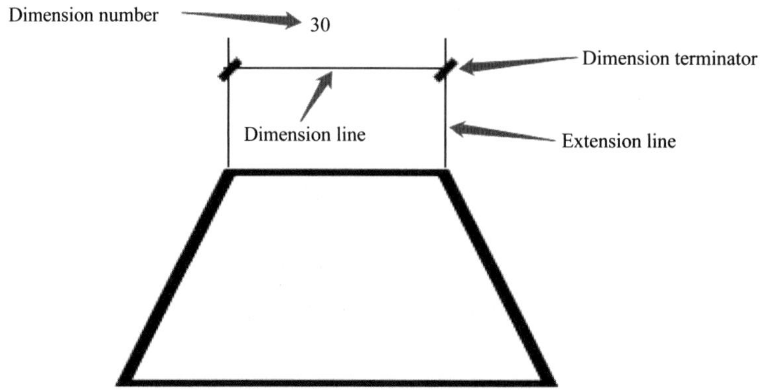

Figure 2-2-20 Dimensioning Requirements for Drawings

2.General Rules for Dimensioning

(1) The dimensions indicated on the drawing reflect the true size of the object and are independent of the scale used during drafting or the accuracy of the drawing.

(2) Unit of measurement stipulates that elevations and site plans shall be in meters, as shown in Figure 2-2-21; all other drawings shall be in millimeters.

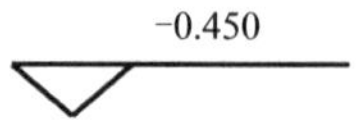

Elevation dimension unit: m

Figure 2-2-21 Elevation Dimension Annotation

(3) Dimension lines and extension lines shall be drawn with thin solid lines, with the dimension line parallel to the contour being dimensioned and perpendicular to the extension lines, and shall not extend beyond the extension lines.

(4) Dimension termination symbols are generally drawn with medium-thick oblique short lines, inclined at a 45 clockwise angle to the dimension line, with a recommended length of 2–3 mm.

(5) Dimension lines should be perpendicular to the contour lines being dimensioned. One end should be no less than 2 mm away from the drawing outline, while the other end should extend 2–3 mm beyond the dimension line, as shown in Figure 2-2-22.

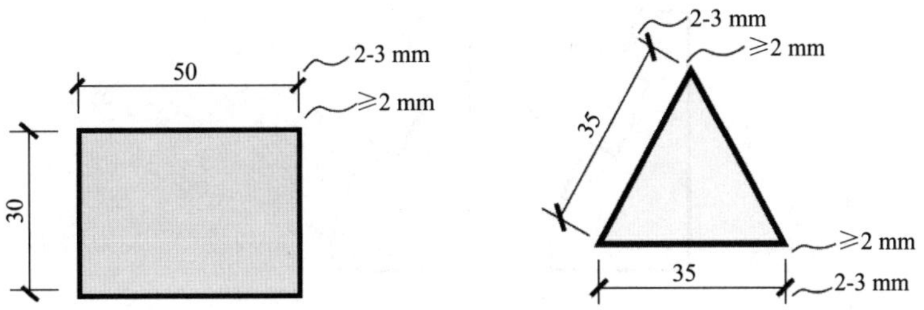

Figure 2-2-22 Dimension Line Construction

(6) Dimension numbers should be placed near the middle of the upper part of the dimension line according to their orientation, as illustrated in Figure 2-2-23.

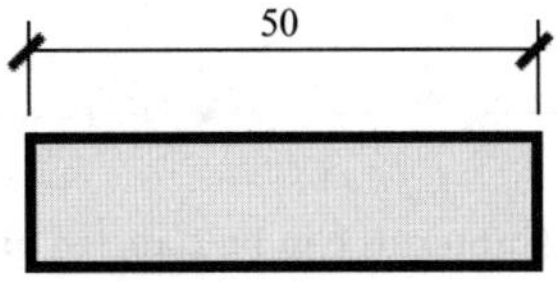

Figure 2-2-23 Dimension Number Annotation

(7) Dimension numbers must not be crossed by any drawing lines. When unavoidable, the line must be broken, as shown in Figure 2-2-24.

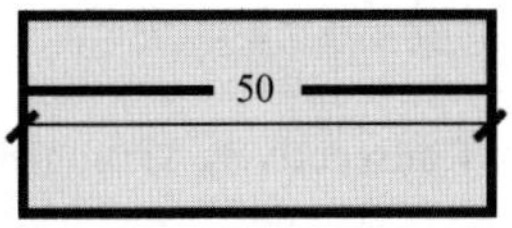

Figure 2-2-24 Dimension Number and Drawing Line Practice

(8) Dimension numbers should be written in the direction shown in Figure 2-2-25, and it is advisable to avoid dimensioning within the 30 range.

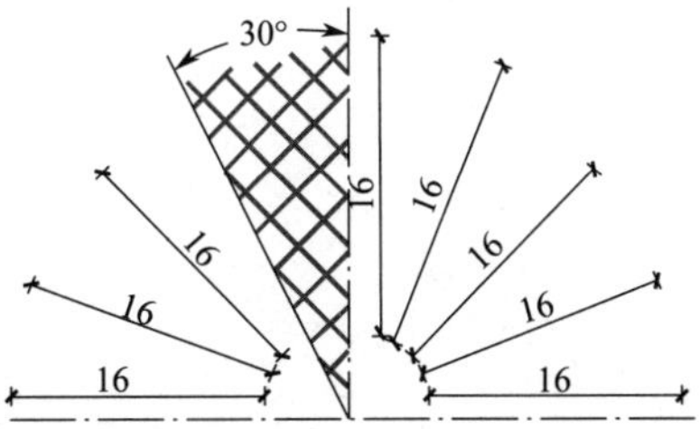

Figure 2-2-25 Orientation of Dimension Number Annotation

(9) When unavoidable, the dimension can be annotated in this manner, as shown in Figure 2-2-26.

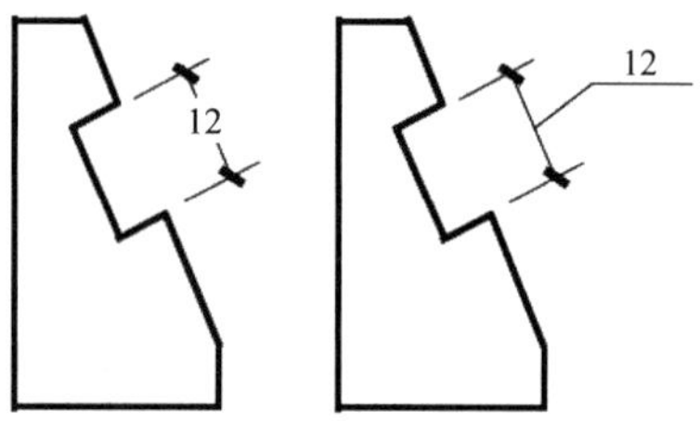

Figure 2-2-26 Special Annotation Method for Dimension Numbers

(10) If there is insufficient space for dimension number annotation, the outermost dimension numbers can be annotated outside the dimension lines, and adjacent inner dimension numbers can be staggered, as illustrated in Figure 2-2-27.

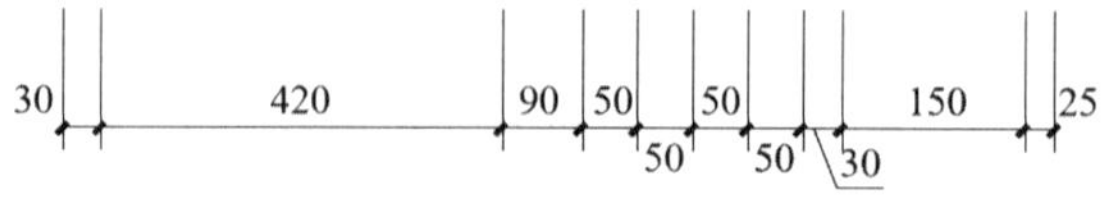

Figure 2-2-27 Dimension Numerals can be Labeled outside the Dimension Lines

(11) For consecutively arranged equal-length dimensions, they can be labeled in the format "Equal-length dimension × number = total length", as shown in Figure 2-2-28.

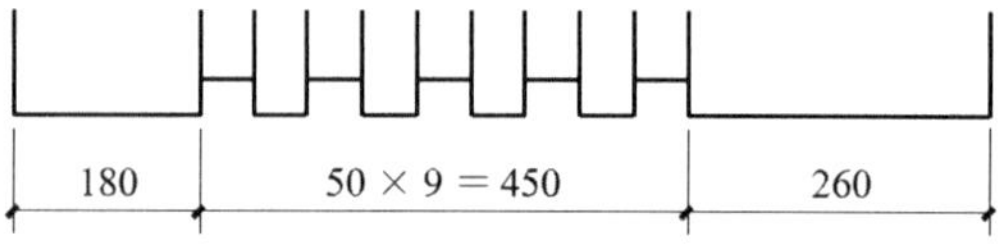

Figure 2-2-28 Labeling of Consecutively Arranged Equal-length Dimensions

3.Dimensioning of Diameters

(1) Complete circles or arcs greater than half the circumference are typically dimensioned with diameter measurements, where the diameter symbol "ϕ" precedes the numerical value, as illustrated in Figure 2-2-29.

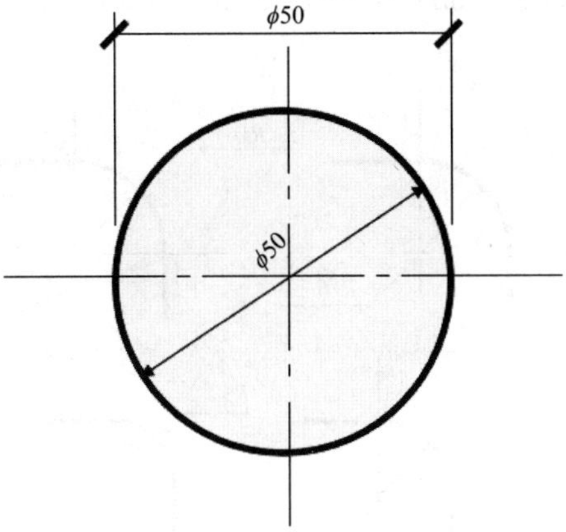

Figure 2-2-29 Dimensioning of Diameter Measurements

(2) Dimension lines within a circle should pass through the center, with arrowheads at both ends pointing towards the arc, as shown in Figure 2-2-30.

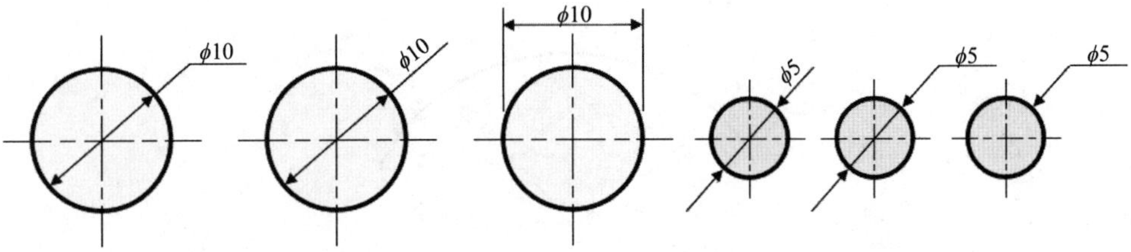

Figure 2-2-30 Dimension Lines within a Circle

4.Radius Dimensioning

(1) Arcs that are less than or equal to half the circumference are typically dimensioned with radius measurements

(2) The dimension line for the radius should start from the center of the circle, with an arrow pointing towards the arc at the other end. The radius value should be preceded by the radius symbol "*R*", as shown in Figure 2-2-31.

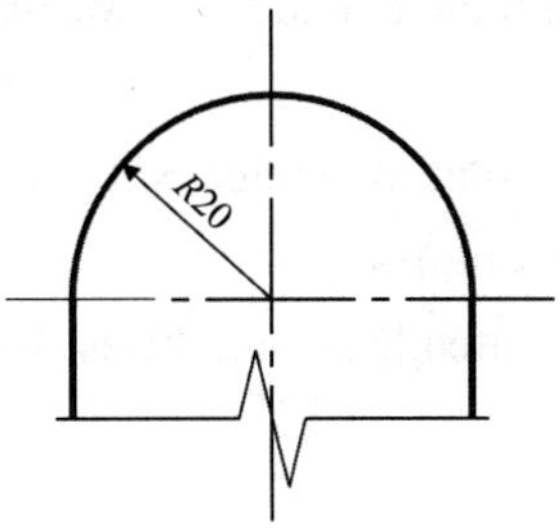

Figure 2-2-31 Radius Dimensioning

(3) The radius of a smaller arc can be dimensioned as shown in Figure 2-2-32.

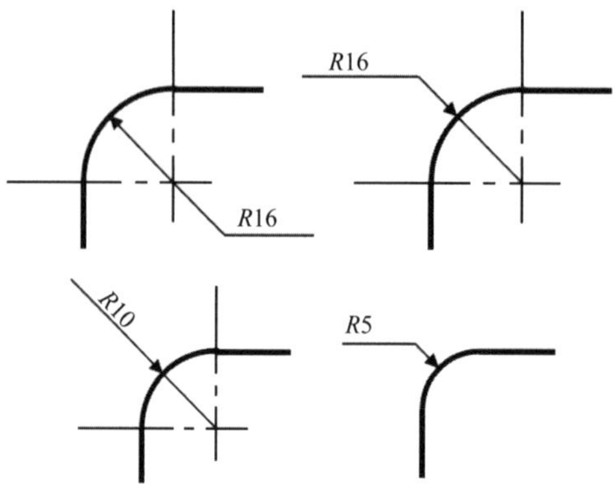

Figure 2-2-32 Dimensioning the Radius of a Smaller Arc

(4) The radius of a larger arc can be dimensioned as shown in Figure 2-2-33.

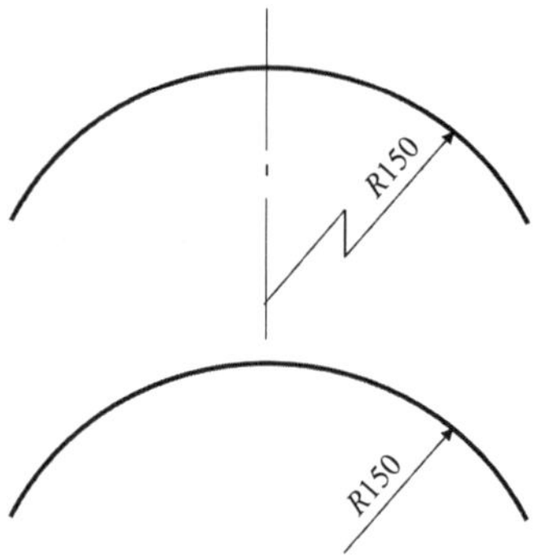

Figure 2-2-33 Dimensioning the Radius of a Larger Arc

5.Dimensioning of Angles and Arc Lengths

1) Angle

(1) The dimension line for an angle should be represented by an arc. The center of this arc should be the vertex of the angle, with the two sides of the angle serving as the dimension boundaries.

(2) The start and end symbols should be indicated by arrows. If there is insufficient space to draw arrows, dots may be used as substitutes.

(3) Angle numerals should be written horizontally, as shown in Figure 2-2-34.

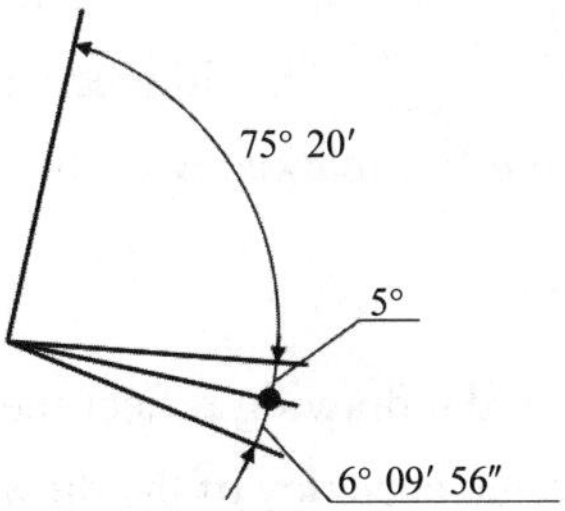

Figure 2-2-34 Annotation of Angle Numerals

2) Arc Length

(1) When indicating the arc length of a circular arc, the dimension line should be represented by a concentric arc line, and the dimension boundaries should be perpendicular to the chord of the arc, with arrowheads used as the start and end symbols.

(2) An arc symbol "⌒" should be added above the arc length numeral, as shown in Figure 2-2-35.

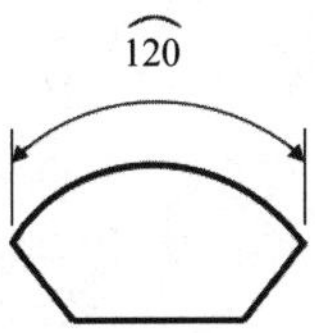

Figure 2-2-35 Arc Length Dimensioning

Knowledge Assessment

1.Fill-in-the-blanks Questions

(1) Dimensions on drawings consist of________,________ ,________ , and ______.

(2) The unit of measurement is specified as ______ for elevation and site plans, while other drawings use ______ as the unit.

(3) Dimension extension lines are generally drawn with ______ lines, and their inclination direction should form an ______ angle with the dimension line, with a recommended length of______.

(4) For continuously arranged equal-length dimensions, they can be labeled in the form of "______________".

(5) A complete circle or an arc greater than 1/2 of the circumference is usually labeled with a diameter dimension, and the diameter symbol "______" should precede the diameter number.

(6) An arc less than or equal to 1/2 of the circumference is usually labeled with ______. The

radius dimension line should start from the center at one end and have an arrow pointing to the arc at the other end. The radius symbol "______" should precede the radius number.

(7)The arc length numeral should be marked with the arc symbol "______" above it.

2.Multiple-choice Questions

(1) The dimensions indicated on the drawing reflect the (   ) of the object, and are (   ) to the scale used during drafting and the accuracy of the drawing.

A. actual size, unrelated B. ratio size, related

C. actual size, related D. ratio size, unrelated

(2) Dimension lines and extension lines are drawn with (   ), and the dimension line should be parallel to the contour line being dimensioned, perpendicular to the extension lines, and must not exceed the extension lines.

A. thick solid line B. medium solid line

C. thin solid line D. dashed line

(3) The extension line is perpendicular to the contour line being dimensioned, with one end spaced (   ) away from the drawing outline and the other end preferably extending beyond the dimension line by (   ).

A. no less than 2 mm, 3-5 mm B. no more than 2 mm, 3-5 mm

C. no less than 2 mm, 2-3 mm D. no more than 2 mm, 2-3 mm

Section 3 Drawing Specifications for Architectural Construction Drawings

Ⅰ.Grid Lines

Content Guide

Scan the QR code to watch the accompanying micro-lecture and answer the following questions.

(1) What type of line is used to draw grid lines?

(2) What is the function of positioning axes?

Grid Lines

Key Knowledge Points

The drawing of construction drawings for building engineering should follow the relevant regulations of the "Unified standard for building drawing" (GB/T 50001–2017) and the "Standard for architectural drawing" (GB/T 50104–2010), among other national standards. These mainly include: positioning axes, index symbols, detailed drawing symbols and lead lines, elevation, and other symbols. The positioning axis is what we use to locate building components.

The main load-bearing components of the building, such as walls, columns, and beams, are all determined by reference axes to establish their baseline positions. The reference axes should be drawn with fine single-point long lines and numbered for use in design or construction layout, as shown in Figure 2-3-1.

1.Order of the Numbering of Positioning Axes

According to the drawing standards, the numbering of positioning axes in the floor plan should be marked below and to the left. Horizontal numbering should be written in Arabic numerals from left to right, while vertical numbers should be written in uppercase Latin letters from bottom to top. The numbers should be inscribed within a circle at the end of the axis line, which should be drawn with a thin solid line with a diameter of 8-10 mm. The line type should be a thin dashed line, as shown in Figure 2-3-2.

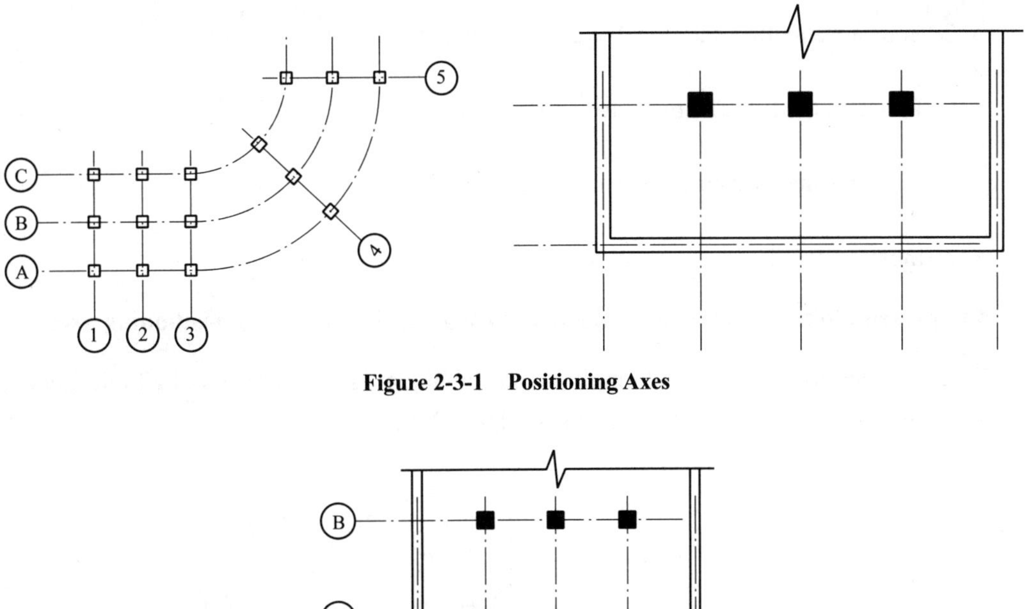

Figure 2-3-1 Positioning Axes

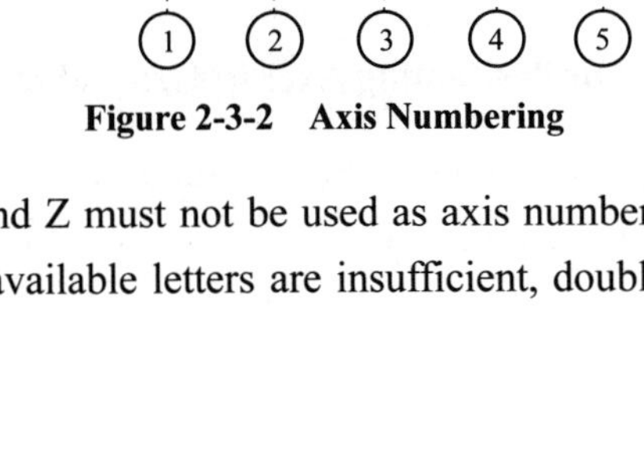

Figure 2-3-2 Axis Numbering

The Latin letters I, O, and Z must not be used as axis numbers to avoid confusion with the numerals 1, 0, and 2. If the available letters are insufficient, double letters or single letters with numerical subscripts may be added, such as AA, BA, or A1, B1, etc.

2.Labeling Position

For symmetrical drawings, labels are generally placed at the bottom and left side of the drawing; for asymmetrical drawings, the bottom and left side are prioritized, but the top and right side should also be labeled.

3.Numbering of Additional Positioning Axes

The numbering of additional positioning axes is a special representation method used between two axes when encountering minor local changes. The number of additional positioning axes should be expressed in fractional form and written according to the following regulations.

(1) For additional axes between two main axes, the denominator shall indicate the number of the preceding main axis, and the numerator shall indicate the number of the additional axis. The numbering shall be written sequentially in Arabic numerals.

(2) For additional axes before Axis 1 or Axis A, the denominator shall be denoted as 01 or 0A, respectively.

1/2 Indicates the first additional axis after axis 2.

3/C Indicates the first additional axis after Axis 2.

1/01 Indicates the third additional axis after Axis C.

3/0A Indicates the third additional axis before axis A.

4.Representation method when a detail drawing applies to several positioning axes

When a detail drawing applies to multiple positioning axes, the numbers of all relevant axes should be indicated simultaneously, as shown in Figure 2-3-3.

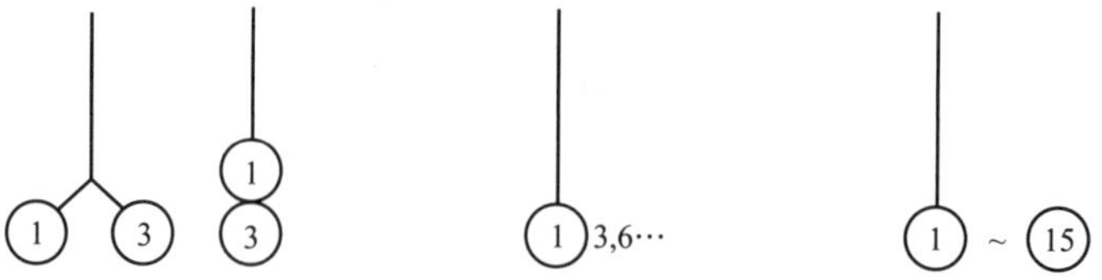

Figure 2-3-3 Representation Method of a Detail Drawing Applicable to Several Positioning Axes

5.Representation Method of Positioning Axes in General Detail Drawings

For general detail drawings, positioning axes should only be drawn as circles without annotating axis numbers, as shown in Figure 2-3-4.

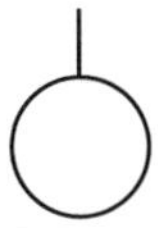

Figure 2-3-4　Representation Method of Positioning Axes in General Detail Drawings

Knowledge Assessment

1.Fill-in-the-blank Questions

(1) The drawing of construction drawings for building engineering should follow the relevant regulations of the "Unified standard for building drawing" (GB/T 50001-2017) and the "Standard for architectural drawing" (GB/T 50104-2010), which mainly include,_____,_____,_____,_____.

(2) The drawing standards stipulate that the numbering of positioning axes in floor plans should preferably be marked below and to the left. Horizontal numbering should use ________, written from left to right, while vertical numbering should use uppercase ________, written from bottom to top.

2.Multiple-choice Questions

(1) In architectural drawing, positioning axes are drawn using (　　).

A. double-dash dot line　　B. thin long dashed-dotted line

C. thin solid line

(2) In architectural drawings, the diameter of the axis circle is (　　).

A.8-10 mm　　B.12-14 mm　　C.14-16 mm

(3) The (　　) of Latin letters shall not be used as axis numbering.

A.I 、O 、Z　　B.I、L、O　　C.I 、O 、S.

Ⅱ.Index Symbols, Detail Symbols, and Leader Lines

Content Guide

Scan the QR code to watch the accompanying micro-lecture and answer the following questions.

(1) What is the function of index symbols?

(2) What are the characteristics of shared lead-out lines in multi-layer structures?

Index Symbols, Detail Symbols, and Leader Line

Key Knowledge Points

1.Index Symbol

If a certain part or component in the drawing requires reference to a detail drawing, an index symbol should be placed at the corresponding position in the drawing for easy reading.

(1) When an index symbol is used to reference a sectional detail drawing, a cutting position line should be drawn at the sectioned part, and the index symbol should be led out with a leader line. The side where the leader line is located should indicate the projection direction, as shown in Figure 2-3-5.

(2) When used to indicate a local enlargement of a drawing, the index symbol typically employs a dashed-line frame to outline the referenced area, with a leader line extending to the index symbol, as illustrated in Figure 2-3-6.

(3) The index symbol consists of a circle with a diameter of 8-10 mm and a horizontal diameter, both drawn with thin solid lines, as shown in Figure 2-3-7.

(4) If the detailed view referenced by the index symbol is on the same drawing sheet as the indexed detail, the upper semicircle of the index symbol should display the detail number in Arabic numerals, while the lower semicircle includes a horizontal thin solid line in the middle, as depicted in Figure 2-3-8.

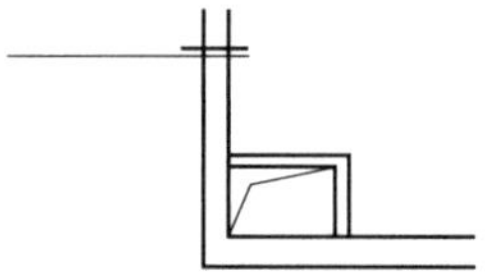

Figure 2-3-5 Indexing in Sectional Detail Drawings

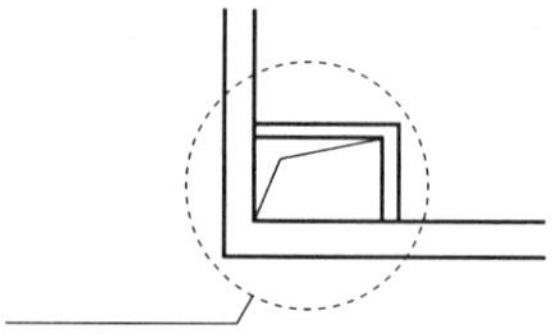

Figure 2-3-6 Indexing for Local Enlargement

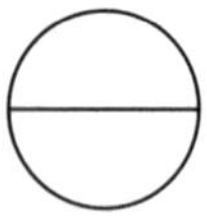

Figure 2-3-7 Requirements for Drawing Index Symbols

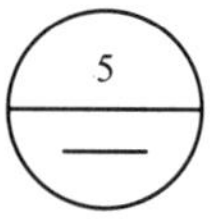

Figure 2-3-8 Indexing Details on the Same Sheet as the Referenced Detail

(5) If the indexed detail drawing is not on the same sheet as the referenced detail, the detail drawing number shall be indicated in Arabic numerals in the upper semicircle of the index symbol, and the sheet number containing the detail drawing shall be indicated in Arabic numerals in the lower semicircle, as shown in Figure 2-3-9.

(6) If the indexed detail drawing is from a standard drawing set, the standard drawing set number shall be annotated on the extension line of the horizontal diameter of the index symbol, as shown in Figure 2-3-10.

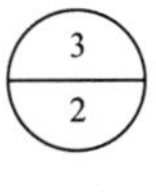

Figure 2-3-9 Index Symbol Annotation Method 1

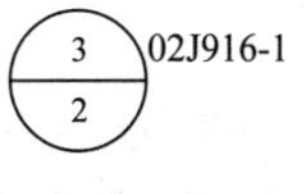

Figure 2-3-10 Index Symbol Annotation Method 2

2.Detail Symbol

The location and number of a detail should be indicated by a detail symbol. The detail symbol shall be drawn as a bold circle with a diameter of 14 mm, and the detail number shall be written in the center of the circle. If the detail and the referenced drawing are on the same sheet, the detail number shall be indicated in Arabic numerals within the circle, as shown in Figure 2-3-11.

If the detail and the referenced drawing are not on the same sheet, a thin horizontal diameter shall be drawn inside the detail symbol. The detail number shall be written in the upper semicircle, and the sheet number of the referenced drawing shall be written in the lower semicircle, as shown in Figure 2-3-12.

Figure 2-3-11 Detail Symbol Annotation Method 1

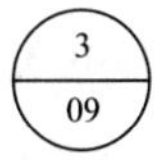

Figure 2-3-12 Detail Symbol Annotation Method 2

3.Leader Line

The leader line is used to indicate textual descriptions, symbol numbering, dimension annotations, etc., for certain parts of a drawing, as shown in Figure 2-3-13. Its drawing specifications are as follows.

(1) The leader line should be drawn with a thin solid line.

(2) It should be drawn as a horizontal straight line.

(3) Use lines drawn at 30° , 45° , 60° , or 90° to the horizontal direction, or simultaneously extend several identical parts with leader lines. The leader lines for multiple identical parts extended simultaneously should be parallel to each other or can be drawn as radial lines converging at a single point.

(4) The explanatory text for the leader lines should be noted above or at the end of the horizontal line. The leader line for indexing detailed drawings should be connected to the horizontal diameter line.

4.Shared Leader Lines for Multi-layer Structures

(1) The leader line should pass through all the layers being referenced.

(2) The sequence of textual annotations should proceed from top to bottom, corresponding to the hierarchical levels being described. Annotations should be placed above horizontal lines or at

the ends of horizontal lines, as illustrated in Figure 2-3-14.

(3) If the hierarchy is arranged horizontally, the top-to-bottom sequence of textual annotations should align with the left-to-right hierarchical order, as shown in Figure 2-3-15.

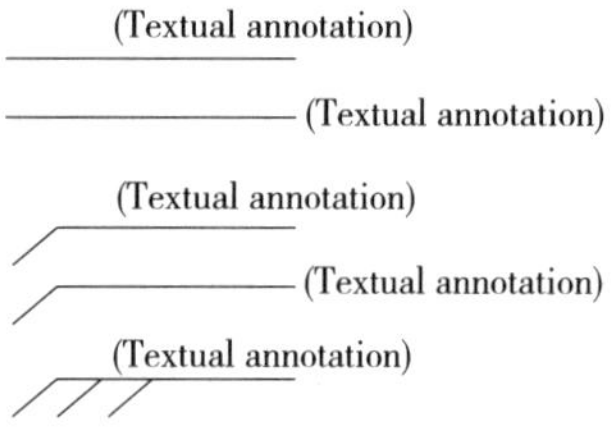

Figure 2-3-13 Leader Line

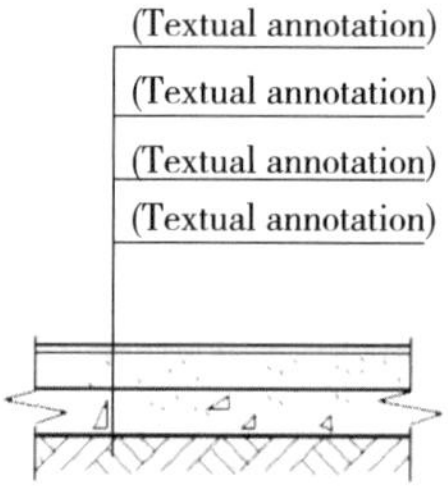

Figure 2-3-14 Textual Annotation Placement

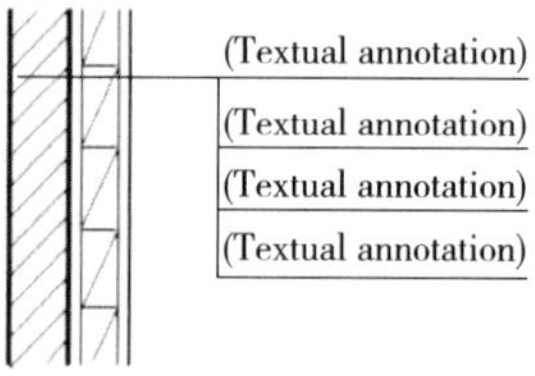

Figure 2-3-15 Sequence of Textual Annotations in Leader Lines

Knowledge Assessment

1.Fill-in-the-blank Questions

(1) When index symbols are used to indicate detailed section views, ______ should be drawn at the sectioned location and extended with a leader line. The side where the leader line is located should the ______.

(2) If the detail drawing and the indexed drawing are not on the same sheet, a thin solid line should be drawn as a horizontal diameter within the detail symbol. The upper semicircle should indicate ______, while the lower semicircle should indicate the indexed ______.

2.Multiple-choice Questions

(1) An index symbol consists of a circle with a diameter of (   ) and a horizontal diameter, both drawn with thin solid lines.

A.10-12 mm   B. 8-10 mm   C. 14 mm

(2) The detail symbol shall be drawn with a circle of (   ) in diameter using a thick solid line, and the detail number shall be written centrally inside the circle.

A.10 mm   B.12 mm   C.14 mm

(3) The leader line should be drawn with (   ).

A. thick solid line   B. Thin solid line   C. Medium solid line

Ⅲ. Elevation and Other Symbols

Content Guidance

Scan the QR code to watch the accompanying micro-lecture and answer the following questions.

(1) What shape should be used to represent elevation symbols? And what type of line should be used for drawing them?

(2) What is a connecting symbol?

Elevation and other Symbols

Key Knowledge Points

In construction engineering, the heights of various parts or positions of a building are primarily indicated by elevation marks.

1.Elevation Symbol

(1) The elevation symbol shall be represented by an isosceles right-angled triangle and drawn with thin solid lines as shown in Figure 2-3-16 (a). If the marking space is insufficient, it may also be drawn in the form shown in Figure 2-3-16 (b). The specific drawing method for elevations can follow the illustrations in Figure 2-3-16 (c) and Figure 2-3-16 (d).

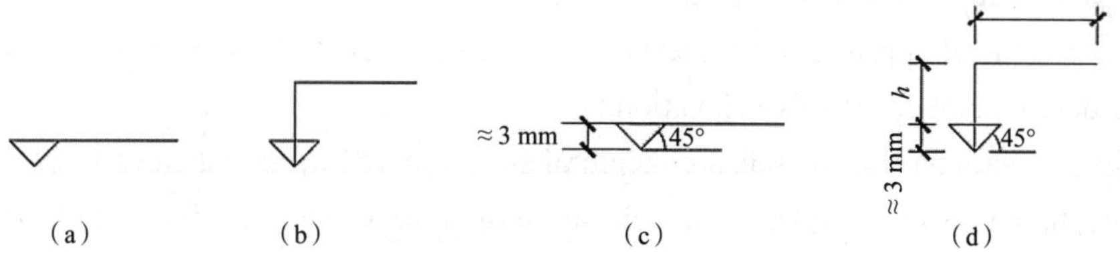

Figure 2-3-16 Elevation Symbol

(2) The elevation symbol for the outdoor ground level in the site plan should be represented by a solid black triangle, with the specific drawing method shown in Figure 2-3-17.

(3) The tip of the elevation symbol should point to the position of the marked height. Generally, the tip should face downward; however, if the elevation number cannot be written, the tip may face upward. The elevation number should be written on the upper or lower side of the elevation symbol, as illustrated in Figure 2-3-18.

Figure 2-3-17 Outdoor Ground Level Elevation Symbol

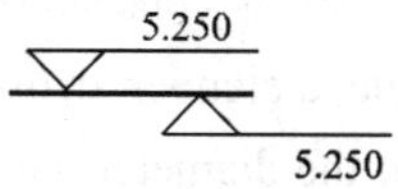

Figure 2-3-18 Tip Position of the Elevation Symbol

(4) Elevation figures shall be in meters, annotated to three decimal places. In site plans, they shall be annotated to two decimal places.

(5) The zero elevation shall be annotated as " ± 0.000" ; positive elevations shall not include a "+" ; negative elevations shall include a "-" , as shown in Figure 2-3-19.

Figure 2-3-19 Zero Elevation

(6) When multiple different elevations need to be indicated at the same location, the elevation figures may be annotated in the following form, as shown in Figure 2-3-20.

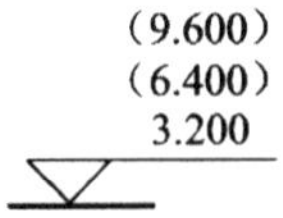

Figure 2-3-20 Different Elevations at the Same Location

2.Classification of Elevations

In architectural engineering construction drawings, elevations can be categorized into absolute elevation and relative elevation.

Absolute elevation: Refers to the elevation benchmark set with the average sea level near Qingdao's Yellow Sea as the zero point in China.

Relative elevation: The datum plane, i.e., the ± 0.000 level, is selected based on project requirements. In general construction projects, the main floor level of the ground floor is typically used as the datum plane for relative elevation.

Building elevations also include architectural elevation and structural elevation.

Architectural elevation: Refers to the elevation of components including the plastering layer, after the completion of decoration.

Structural elevation: Excludes the thickness of surface finishing layers on components, representing the elevation of the component's finished surface after structural construction.

3.Other Symbols

1) North Arrow

A north arrow is drawn next to the site plan and the first-floor architectural plan to indicate orientation.

The north arrow consists of a circle with a diameter of 24 mm, drawn with thin solid lines. Inside the circle, a slender arrow is symmetrically drawn through the center. The tail width of the arrow is 1/8 of the diameter, i.e., 3 mm. The head of the arrow should be labeled with "North" or "N" . The circle is drawn with thin solid lines, and the arrow is filled in black, as shown in Figure

2-3-21.

2) Wind Rose

The wind rose, fully known as the wind direction frequency rose diagram, is constructed by plotting the frequency of different wind directions throughout the year on a sixteen-point compass using a uniform scale. The points are then connected with solid lines to form a polygon resembling a rose, as illustrated in Figure 2-3-22.

3) Connection Symbol

Connection symbols are used to indicate the relationship between one part of a drawing and another. These symbols are represented by break lines to denote the connecting parts. When two parts are too far apart, uppercase Latin letters should be marked near the drawing side at both ends of the break lines to indicate connection numbers. The corresponding parts in the connected drawings should bear the same letter numbering, as shown in Figure 2-3-23.

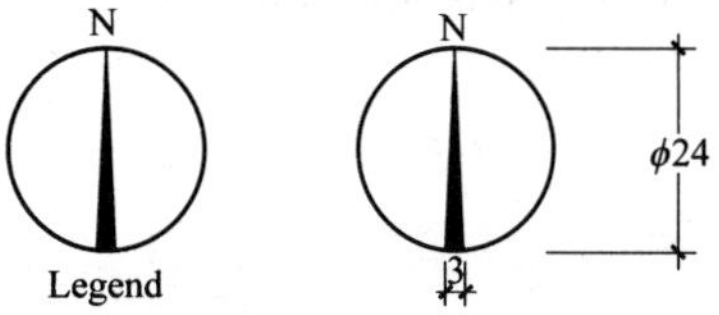

Figure 2-3-21 Compass

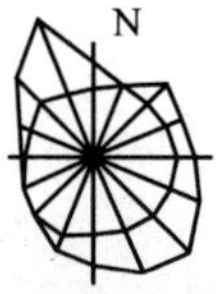

Figure 2-3-22 Wind Frequency Rose Diagram

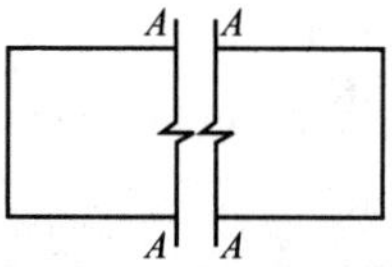

Figure 2-3-23 Connection Symbol

4) Symmetry Symbol

When the figure is symmetrical, only half of it needs to be drawn, with the symmetry symbol marked at the center of symmetry, omitting the other half. The symmetry symbol consists of a symmetry line and two pairs of parallel lines. The symmetry line is drawn with a thin long-dashed line. The parallel lines are drawn with thin solid lines, typically 6-10 mm in length, with each pair spaced 2-3 mm apart. The symmetry line perpendicularly bisects the two pairs of parallel lines, extending 2-3 mm beyond them, as shown in Figure 2-3-24.

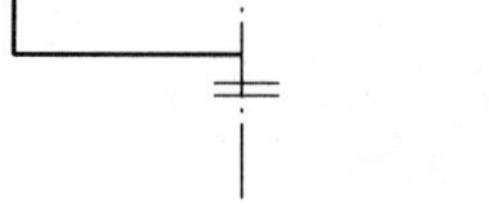

Figure 2-3-24 Symmetry Symbol

Knowledge Assessment

1.Fill-in-the-blank Questions

(1) The elevation symbol for the outdoor ground level on the site plan should be represented by ______.

(2) The elevation marks in architectural engineering construction drawings are divided into ______ and ______.

(3) The symmetry symbol consists of ______ and ______, with the symmetry line drawn using a ______ line.

2.Multiple-choice Questions

(1) The height of the isosceles right triangle used for the elevation symbol should be (　　).

A.2 mm　　B.3 mm　　C.4 mm

(2) Elevation numbers shall be in (　　) units.

A.mm　　B.cm　　C.m

(3) The diameter of the north arrow circle is (　　).

A.20 mm　　B.22 mm　　C.24 mm

3.Short-answer Questions

(1) What is architectural elevation?

(2) What is structural elevation?

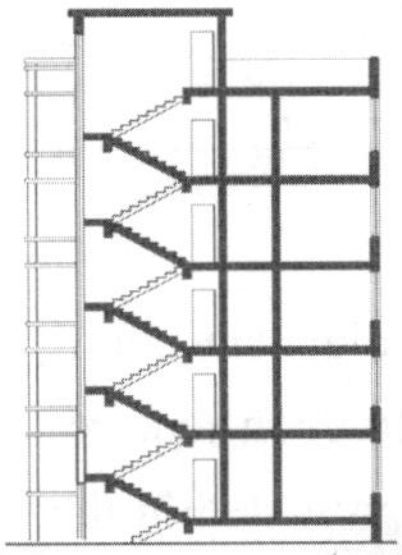

Chapter 3

Design Specifications of Architectural Construction Drawings

Ideological and Political Elements

The "Construction Law of the People's Republic of China" stipulates: "Construction enterprises shall be held accountable for the quality of construction projects. Construction enterprises must carry out work in strict compliance with engineering design drawings and technical standards, and shall refrain from cutting corners. Any modification to the engineering design shall be undertaken by the original design unit; construction enterprises shall not make arbitrary modifications to the engineering design." Within our respective professional fields, we must adhere to laws, regulations, and professional disciplines governing occupational activities.

Section 1 Interpretation of Architectural Design Specifications

Content Guide

Scan the QR code to watch the accompanying micro-lecture and answer the following questions.

(1)What are architectural design specifications?

(2)What are the main contents included in architectural design specifications?

Interpretation of Architectural Design Specifications

Key Knowledge Points

1.Architectural Design Description

The design description elaborates on the project overview and general design requirements in detail, either in text or tabular form. It primarily outlines the design basis and project profile, including construction site, floor area, layout form, number of stories, seismic fortification intensity, main structural type, and the relationship between relative elevations and absolute elevations on the site plan. Additionally, it covers descriptions of building materials, construction requirements, and relevant technical and economic indicators. Some contents are also presented in the form of configuration tables.

2.Content for Reading Architectural Design Descriptions

The design description should specifically detail the following contents.

(1) Basis documents, approvals, and relevant codes and standards for construction drawing design.

(2) Project overview. The content should generally include the building name, construction site, construction unit, building area, building footprint, construction grade, design service life, number of floors and building height, fire protection design classification and fire resistance rating, civil air defense engineering protection level, roof waterproofing grade, basement waterproofing grade, seismic fortification intensity, etc., as well as key technical and economic indicators reflecting the building scale, such as the type and number of residential units, the number of guest rooms and beds in hotels, the number of outpatient visits and hospital beds in medical facilities, the number of parking spaces in garages, etc.

(3) Design elevation. In building construction, codes stipulate the use of elevation to denote building height. Elevation is divided into relative elevation and absolute elevation. The elevation with the main ground floor level of the building as the zero point is called relative elevation; the elevation with the average sea level of Qingdao's Yellow Sea as the zero point is called absolute elevation. The architectural design description must clarify the relationship between relative elevation and absolute elevation.

(4) Material specifications and interior/exterior finishing instructions. Materials and construction methods for walls, wall damp-proof courses, basement waterproofing, roofs, exterior walls, plinths, aprons, steps, ramps, paints, coatings, etc., can be described in text or partially in text, with some directly annotated on drawings or referenced by index numbers. Interior finishes can be expressed in tabular form in addition to textual descriptions, with corresponding methods or codes filled in the table. Descriptions of new technologies, new materials, special architectural forms, and necessary construction details are provided in Table 3-1-1.

Table 3-1-1 Interior Decoration Specifications

Part	Name					
	Floor	Skirting board	Dado	Interior wall	Ceiling	Remarks
Entrance hall						
Corridor						
…						

(5) Door and window schedule, including design requirements for performance, materials, colors, glass, hardware, etc., as shown in Table 3-1-2.

Table 3-1-2 Door and Window Design Requirements

Category	Design Number	Opening Size (mm)		Number of Doors	Adoption of Standard Atlas and Numbering		Remarks
		Width	Height		Atlas Code	Number	
Door							
Window							

(6) Performance and fabrication requirements for curtain wall projects and special roofing projects, including floor plans, embedded parts installation drawings, as well as fireproofing, safety, and sound insulation structures.

(7) Elevator selection and performance description.

(8) Energy-saving design and construction methods for buildings.

(9) Description of sealing methods for reserved openings in walls and floor slabs when they need to be sealed.

(10) Other issues that need to be explained.

Knowledge Assessment

Fill-in-the-blank Questions

(1) The project overview should generally include the following:______, ______, ______, ______, ______, building engineering grade, design service life, number of building floors and building height, fire protection design classification and fire resistance rating, civil air defense engineering protection level, roof waterproofing grade, basement waterproofing grade, seismic fortification intensity, etc.

(2) Elevations are divided into relative elevation and absolute elevation. The elevation with the main ground floor level of the building as the zero point is called ______; the elevation with the average sea level of Qingdao, Yellow Sea as the zero point is called ______.

(3) For interior decoration, in addition to using ______, it is also possible to use ______, where corresponding practices or codes are filled in the table.

Section 2 Methods for Reading Architectural Design Descriptions

Key Knowledge Points

Taking Figure 3-2-1 as an example for reading, the following content can be interpreted from the diagram.

(1) The basis documents, approvals, and relevant codes for the construction drawing design of this project include: "Unified standard for design of civil building" (GB 50352–2019), "Standard for design of office building" (JGJ/T 67–2019), and current national design codes, regulations, and provisions (including local regulations and provisions).

(2) Project overview.

① Project name: Teaching Building. Construction site: High-tech Zone, Nanning City. Construction unit: Nanning Vocational and Technical College.

② Site area: 223.26 ㎡ . Total floor area: 730.68 ㎡ .

③ Number of building floors: 3 above ground. Building height: 11.27 m.

④ Construction project grade: Level 3. Design service life: 50 years. Fire resistance rating: Level 2. Structural type: Frame structure. Seismic fortification intensity: Degree VI. Structural design service life: 50 years.

⑤ Elevations in this project are measured in meters, and dimensions are measured in millimeters. The elevation of each floor refers to the finished floor level.

(3) The main indoor ground level of the first floor in this project is set as the zero elevation ± 0.000, which is the relative elevation. The elevation of each floor refers to the finished floor level.

(4) Walls.

① Below ± 0.000, standard bricks (MU10) are laid with M7.5 cement mortar, with a wall thickness of 240 mm; above ± 0.000, KP1 sintered porous bricks (MU10) are laid with M5 mixed mortar, with a wall thickness of 240 mm.

② The height of the parapet on the roof is 600 mm, and it should be equipped with reinforced concrete coping and structural columns. The size of the structural columns is 240 mm × 240 mm; the spacing between structural columns should be ⩽3 600 mm; the waterproofing details of the parapet refer to 05ZJ201.

The thickness of the parapet is 240 mm.

At the junction between the parapet and the frame beams/columns, additional measures such as wire mesh plastering should be implemented to prevent surface cracking.

(5) Roof waterproofing.

The roof waterproofing grade for this project is Level II, with a waterproof layer service life of 10 years and a single waterproof barrier. All waterproof layers should be applied up to the roof flashing height. Additional waterproofing membrane should be added at the internal and external corners of parapets, extending 300 mm in both vertical and horizontal directions. For pipes penetrating the slab or walls below the flashing, strict sealing with C20 fine aggregate concrete is required after installation, with waterproof sealant applied around the pipe roots to form a closed system with the waterproof layer.

(6) Roof and floor surfaces.

① Unless otherwise noted, the floor elevation of the exterior corridor in this design is 20 mm lower than the standard floor level, with the beam top elevation also reduced by 20 mm.

② The roof is designed as a non-accessible roof, featuring organized drainage and structural slope for water runoff.

(7) The materials and construction methods for doors, windows, and interior/exterior decoration works can be derived from points six and seven of the design specifications as well as the construction practice details.

General Explanation of Building Design

Ⅰ. Design Basis
1. Construction engineering design contract.
2. Land boundary line drawing.
3. Plan approval documents, relevant materials and design requirements provided by the owner.
4. Current national and local engineering construction codes, regulations, general rules, and provisions related to this building design, mainly including:
4.1 "Uniform standard for design of civil buildings"(GB 50352−2019);
4.2 "Standard for design of office buiding" (JGJ/T 67−2019);
4.3 Current national relevant building design codes, procedures and regulations (including local procedures and regulations).

Ⅱ. Project Overview
1. Projet name: Teaching Building. Construction location: High-tech Zone, Nanning City. Construction unit: Nanning College for Vocational Technology.
2. Floor area: 223.26 m^2. Total building area: 730.68 m^2.
3. Number of building levels and building height: Underground 0 level, above ground 3 levels. Total building height: 11.27 m.
4. Building engineering level: Level Ⅲ. Fire resistance rating: Leve Ⅱ.
Structural type: Frame structure Seismic fortification intensity: Level VI, with structural design service life of 50 years.
5. The first-floor indoor design elevation ±0.000 will be determined on-site.
6. The elevation of this project is measured in meters (m), and dimensions are measured in millimeters (mm).
The elevation of each floor shall be the building's finished surface elevation.

Ⅲ. Wall
1. (M7.5) cement mortar is used for laying (MU10) standard bricks below ±0.000, with a wall thickness of 240 (M5) mixed mortar is used for laying (MU10) KP1 sintered porous bricks above ±0.000 , with a wall thickness of 240.
2. The height of the roof parapet is 600 and should be capped with reinforced concrete and constructed with constructional columns, with constructional column dimensions of 240×240 and constructional column spacing ⩽3,600.
Refer to 98ZJ201 for the construction method of constructional column, where 4ϕ10 is changed to 4ϕ12
Refer to 05ZJ201 for the construction method of parapet flashing, with the parapet thickness of 240.
Measures such as installation of wire mesh and plastering should be added at the junction of parapet and frame beams and columns to prevent surface cracking.

Ⅳ. Roof Waterproofing:
The roof waterproofing grade of this project is Level II, with a waterproof layer durability lifespan of 10 years and a single waterproofing layer setup.
All waterproofing layers are coated and rolled to the flashing height of the roof, and additional coiled materials should be applied at the internal and external corners of the parapet.
300 mm should be extended in both vertical and horizontal directions, penetrating slab surface pipelines or pipelines below flashing on exterior walls.
After installation, it must be strictly sealed with C20 fine aggregate concrete, with waterproof adhesive embedding around the pipe root to connect with the waterproof layer.

Ⅴ. Roof and Floor
1. In this design, unless otherwise noted, the elevation of the exterior corridor floor is 20 mm lower than the floor level, and the beam top elevation is reduced by 20 mm.
2. Roof: It is treated as a non-accessible roof, with organized drainage and structural slope adopted.

Ⅵ. Door and Window Works
1. The elevation form and opening method of doors and windows are shown in the detail drawing of door and window; the quantity of doors and windows is shown in the door and window schedule. The color of the window frames will be decided by Party A;
Door and window glass shall be selected by the manufacturer based on the energy-saving design results. The thickness of the glass and the dimension of the frame material shall be determined by the manufacturer according to the specifications of door and window elevation. And the height are determined based on wind pressure calculations. All parts of glass must meet the "Regulations for the Management of Building Safety Glass". Select high-quality hardware for doors and windows, to be determined with approval from the designer and construction unit.
2. Wooden doors are painted with mixed oil paint, sealed with putty paste, sanded smooth, with the same color inside and outside; one coat of base oil and two coats of light chestnut mixed oil paint are applied. Refer to 05ZJ001/Page 87/Coating 1 for construction method.

Ⅶ. Interior and Exterior Decoration
1. The exterior walls of this project (including the inner side of the parapet) are finished with coating, decoration separation and color are noted in the elevation. Refer to 05ZJ001/Page 70/exterior wall 23 for the construction method of coating; to prevent rainwater seepage on exterior walls, the plastering of exterior wall must ensure full saturation of mortar on the exterior wall, and no mortar leakage should occur in vertical and horizontal joints. Between exterior infill walls and frame beams and columns, ϕ1@20 wire mesh or fiberglass mesh fabric plastering with a width of 200~300 should be applied.
2. The reinforced concrete column surfaces of the interior and exterior walls of this project should first be brushed with a coating of 801 glue neat cement slurry mixed with 3%~5% of waterby weight.
3. Specifications, colors, and texture of materials for interior and exterior decoration (excluding secondary decoration parts) must be jointlydetermined by the owner and architect through product samples and construction templates.
4. The external corners ofinterior walls, columns, and door openings should all have 1 : 2 cement mortar corner protection, with each side not less than 50 in widthand 2,000 in height or the same as the door opening height.

Ⅷ. Miscellaneous
1. All embedded iron parts in wall columns should be painted with two coats of red lead paint after rust removal (including exposed iron parts), and exposed iron parts should be surface-coated withtwo coats of silver-grayenamel paint.
All wood surfaces in contact with bricks (blocks) or concrete must undergo anti-corrosion treatment.
2. Construction and acceptance of this project must strictly complywith current nationalconstruction and acceptance standards for construction and installation project, as well as relevant building engineering regulations in the project location.
Matters not covered in this explanation shall be resolved through coordination and cooperationamong all parties during construction.

Engineering Construction

Ⅰ. Roof Works.
Roof 1: Plane Roof
1. 35 mm thick 490×490, C20 precast reinforced concrete slab (ϕ4 bars, bidirectional spacing 150), grouting with 1 : 2 cement mortar.
2. M5 cement mortar side is laid with brick alley bricks 90×135, bidirectional spacing 500.
3. The first floor uses a 1.2 thick SBC polyethylene polypropylene composite waterproof membrane adhered with a specialized adhesive cement gel.
4. 15 thick 1 : 3 cement mortar leveling.
5. Dry lay 150 thick aerated concrete blocks.
6. Reinforced concrete roof panels, surface clean and tidy.

Ⅱ. Floor Works
Ground 1: Ground with anti-slip floor tiles (for offices, classrooms, bathrooms, and stairwells)
1. Lay8-10 thick non-slip floor tiles, install flat, polish with white plain cement mortar, with a cement slurry bonding layer.
2. 20 mm thick 1 : 4 dry cement mortar leveling, scattered with plain cement on the surface.
3. Apply a plain cement slurry bonding layer.
4. 80 thick C15 concrete.
5. Compact the plain soil.
Ground 2: Cement mortar floor (used for the first-floor corridor) see details in 98ZJ001 (Ground 2/4)
Change the C10 concrete cushion to C15
Floor 1: Floor with non-slip tiles (for offices, classrooms, bathrooms, stairwells, and staircase ground)
1. Lay 8-10 thick non-slipfloor tiles, install flat, polish with white plain cement mortar, with a cement slurry bonding layer.
2. 25mm thick 1 : 4 dry cement mortar leveling, scattered with plain cement on the surface.
3. Apply a plain cement slurry bonding layer.
4. Reinforced concrete floor slab.
Floor 2: Cement mortar floor (for corridors on the second and third floors) see details in 98ZJ001 (Floor 2/14)

Ⅲ. Exterior Wall Works
Exterior wall 1: Coating and wall surface (position and color detailed in elevation)
1. Clean the walls thoroughly.
2. 12 mm thick 1 : 3 cement mortar with 3%~5% waterproofing agent for base brushing.
3. 8 mm thick 1 : 2.5 cement mortar with 3%~5% waterproofing agent covering the surface.
4. Coating surface layer.

Interior wall 1: Putty wall surface
1. Walls.
2. 15 mm thick 1 : 1 : 6 cement lime mortar priming.
3. 5 mm thick 1 : 0.5 : 3 cement lime mortar.
4. Full scraping putty with 2 thickness.

Ceiling 1: Mixed mortar ceiling
1. 7 mm thick 1 : 1 : 4 cement lime mortar leveling with 801 glue mixed with 3%~5% of water by weight.
2. 5 thick 1 : 2 cement mortar trowel finish.
3. Full scraping putty with 2 thickness.
Wainscot 1: (for both sides of the outer corridor, bathrooms and stairwells)
Facing tile wainscot at bathrooms is 1,500 mm high, while others are 900 mm high 98ZJ001
Wainscot 2: (for exterior wall surface)
Facing tile is 500 mm high 98ZJ001
Baseboard 1: (for offices and classrooms)
Latex paint baseboard is 120 mm high 98ZJ001
Step: 98ZJ901
Apron open ditch: 98ZJ901
Apron blind ditch: 98ZJ901 The cover plate is Type A
Inspection hole: 98ZJ901

Design Unit Name
Registered Architect's Signature and Seal
Project Manager
Revision Record
Project Name
Drawing Number
Signature
Countersignature Column
Note Column

Figure 3-2-1 General Architectural Design Description

Knowledge Assessment

Fill-in-the-blank Questions

(1) The construction project is classified as Grade ______; designed service life of ______ years; fire resistance rating of Grade ______; structural type is ______; seismic fortification intensity: 6 degrees; structural design service life of 50 years.

(2) The ______ elevation of this project is ± 0.000, which is the relative elevation. The elevation of each floor refers to the finished floor level.

(3) The roof waterproofing grade of this project is Grade ______, with a waterproof layer durability of ______ years, featuring a single waterproof barrier.

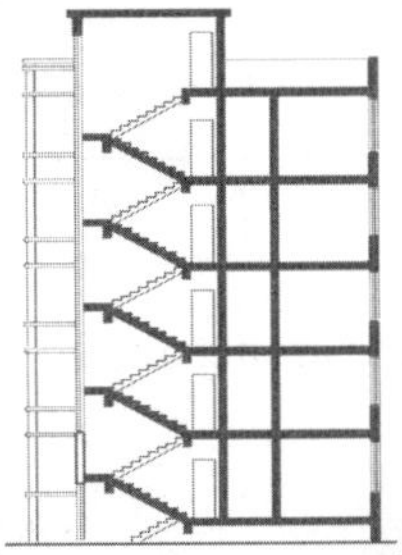

Chapter 4

Architectural Floor Plans

Ideological and Political Elements

The "Zhaoyu Tu" (Mausoleum Plan Map), discovered in October 1983 at an ancient tomb of the Zhongshan Kingdom in Pingshan County, Hebei Province, is a bronze plate map. The plate records a decree issued by the King of Zhongshan regarding the construction of a royal mausoleum complex, with inscriptions and illustrations "inlaid with gold and silver". As "the world's earliest surviving architectural design plan" discovered to date, the "Zhaoyu Tu" holds significant research value in archaeology, history, linguistics, sociology, and architecture. It also occupies an important place in the history of cartography, "predating the earliest known Roman Empire map by six centuries". The discovery of the "Zhaoyu Tu" has provided invaluable physical evidence for the study of China's architectural history.

Section 1 General Architectural Plan

Ⅰ.Legend, Elevation, and Related Symbols in General Plans

Content Guide

Scan the QR code to watch the accompanying micro-lecture and answer the following questions.

What are the main legends in a general plan?

Legend, Elevation, and Related Symbols in General Plans

Key Knowledge Points

1.Concept of Site Plan

A site plan is an overall layout drawing of a new building within the site boundary, representing a horizontal orthographic projection of the new construction area. It illustrates the shape, location, dimensions, elevation, number of floors, orientation of the new building, as well as its relationship with surrounding existing structures, roads, rivers, and terrain. It serves as the basis for positioning the new building, construction staking, earthwork operations, and on-site arrangement.

2.Legend of Site Plan

Due to the small scale of site plan drawings, many objects cannot be depicted in their original form and are instead represented using symbolic legends. Common legends for site plans are listed in Table 4-1-1.

Table 4-1-1　Legend, Elevation Marks, and Related Symbols for the Site Plan

Serial Number	Name	Legend	Remarks
1	Newly constructed building	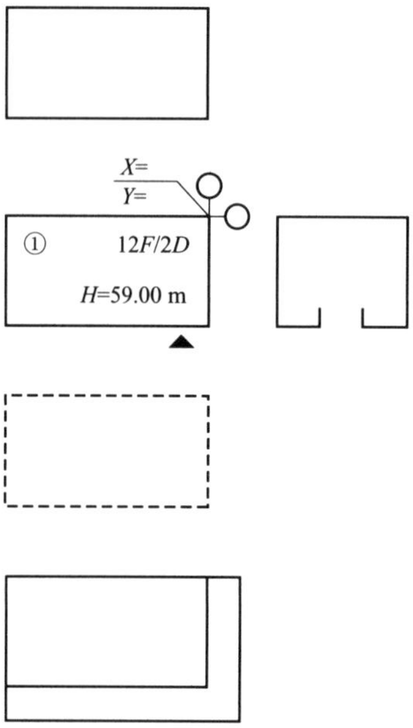	Newly constructed buildings are represented by thick solid lines indicating the ±0.00 elevation outline of exterior walls at the interface with the outdoor ground level. Buildings are generally positioned based on the coordinates of the intersection points of the exterior wall alignment axes at the ±0.00 elevation. The axes are depicted with thin solid lines and labeled with axis numbers. Label building numbers according to different design phases, indicating above-ground and underground floor counts, building height, and the location of building entrances (either representation method is acceptable, but a single method should be consistently used within the same drawing) Underground structures should be represented with thick dashed lines to outline their contours Above-ground building projections (above ±0.00) should be depicted with thin solid lines Elevated pedestrian bridges or connecting corridors should be indicated with thin dashed lines and their positions labeled
2	Existing buildings	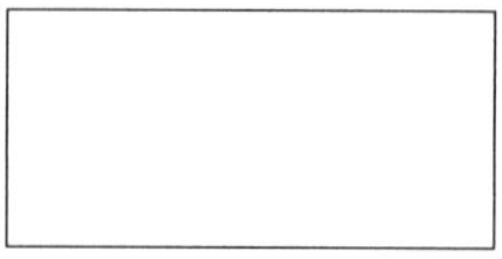	Represented with thin solid lines
3	Reserved land or buildings planned for expansion		Represented with medium-thick dashed lines
4	Demolished buildings	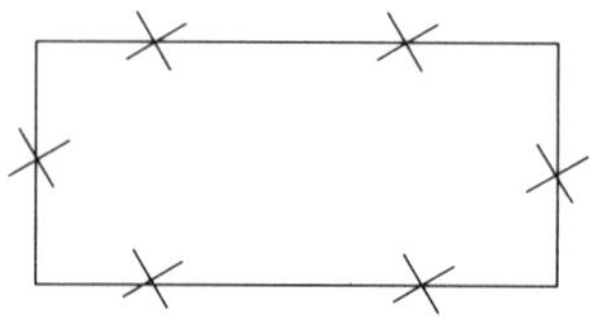	Represented with thin solid lines

Continued

Serial Number	Name	Legend	Remarks
5	Fence and gate	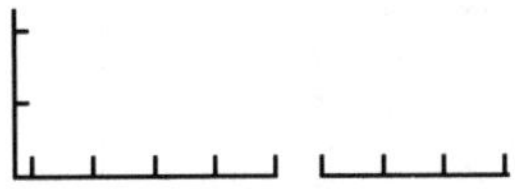	—
6	Indoor floor elevation	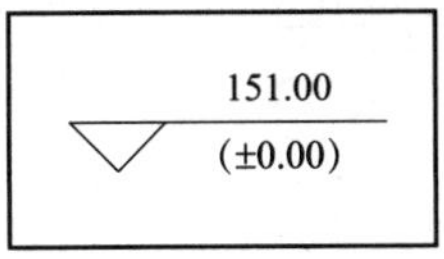	Numbers are written parallel to the building
7	Outdoor ground elevation		Contour lines can also be used for outdoor elevation
8	Newly constructed road	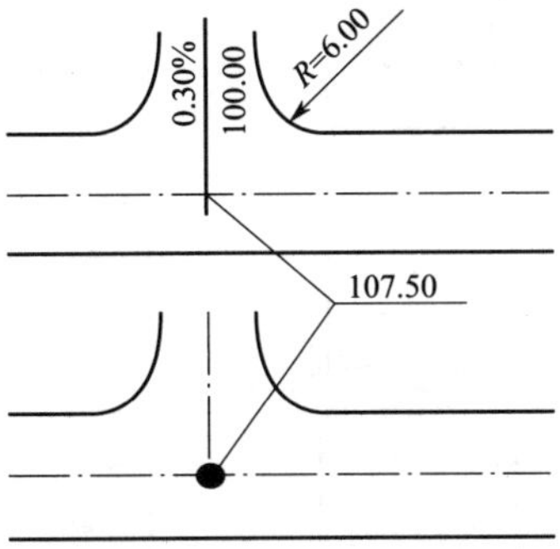	In the legend, R=9.00 indicates the road turning radius, while 101.00 represents the design elevation of the road centerline intersection point. Both notations are acceptable, but the same drawing should use a consistent notation style; 150.00 denotes the distance between vertical curve points, and 0.6% indicates the road gradient
9	Existing road	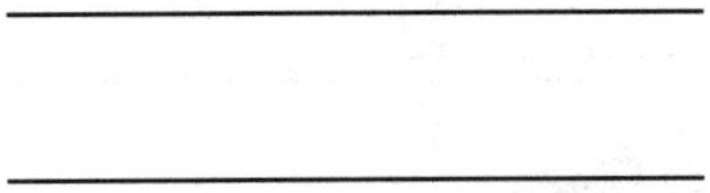	—
10	Proposed road expansion		—
11	Road to be demolished	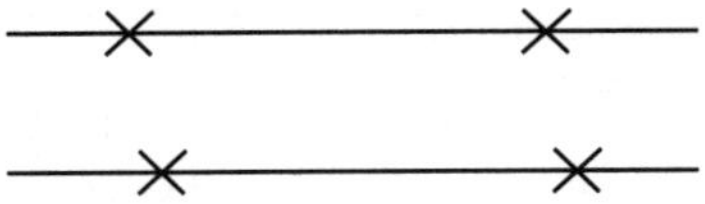	—
12	Sidewalk	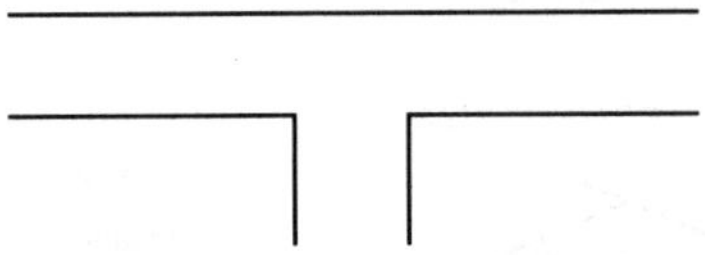	—
13	Evergreen coniferous tree	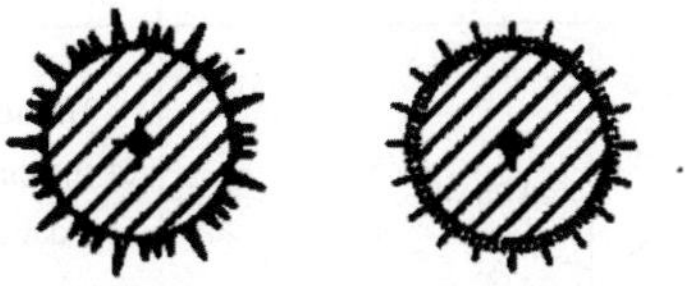	—
14	Flowers		—

Continued

Serial Number	Name	Legend	Remarks
15	Shaped hedge		—
16	Lawn	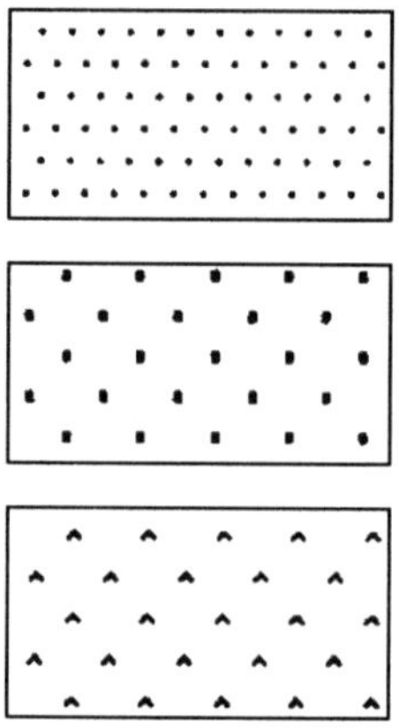	From top to bottom in the left figure: Lawn Represents natural lawn Artificial turf
17	Grass pavers	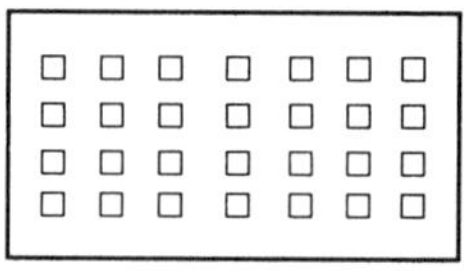	—
18	Earth and rockery	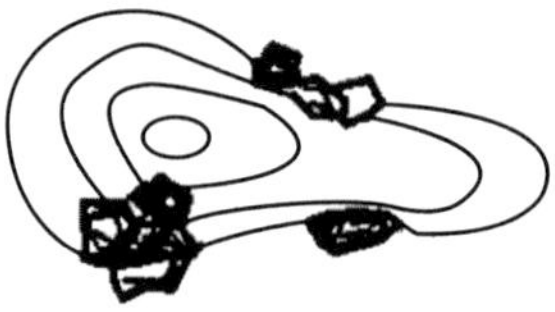	Including earth-covered rocks, rock-embraced hills, and artificial hills
19	Open-air storage yard for bulk materials	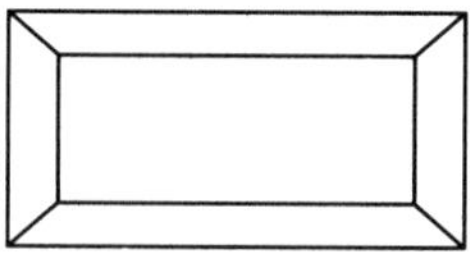	Material name can be specified when necessary
20	Open-air storage yard or working area for other materials	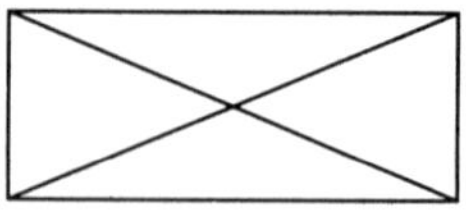	Material name can be specified when necessary
21	Chimney	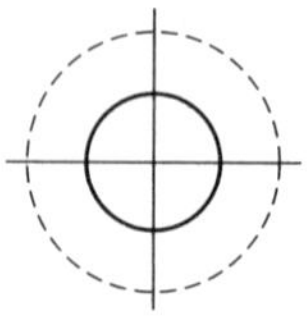	The solid line represents the lower diameter of the chimney, the dashed line represents the foundation, with height and upper/lower opening diameters may be annotated
22	Retaining wall	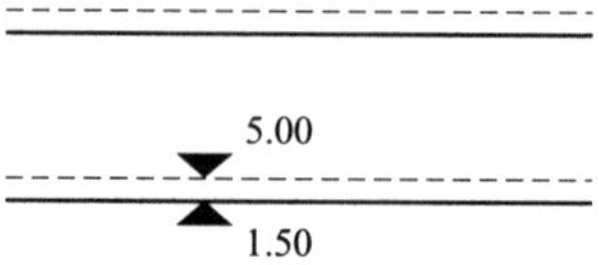	Retaining walls are marked according to design phase requirements, with wall top elevation labeled above and wall bottom elevation labeled below

Continued

Serial Number	Name	Legend	Remarks
23	Grid intersection elevation	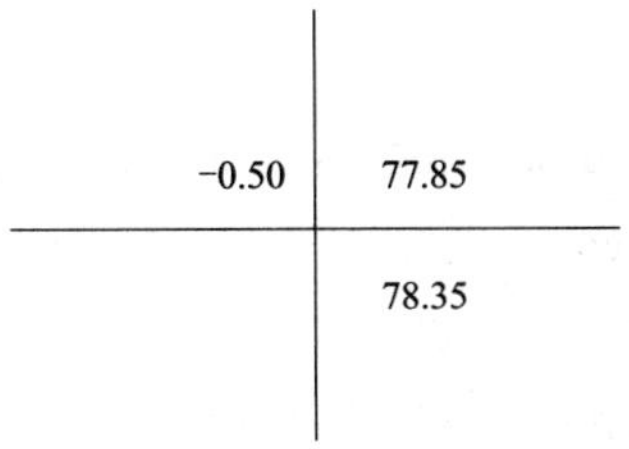	78.35 is the original ground elevation, 77.85 is the design elevation, −0.50 is the construction height, −indicates cut, + indicates fill
24	Steps and accessible ramps	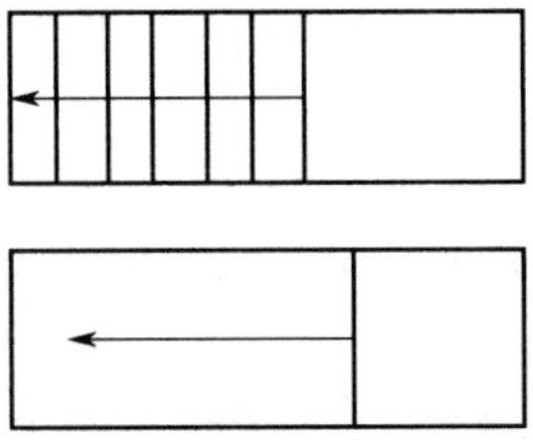	Indicates steps (number of steps is for illustrative purposes only) Indicates an accessible ramp
25	Natural water body	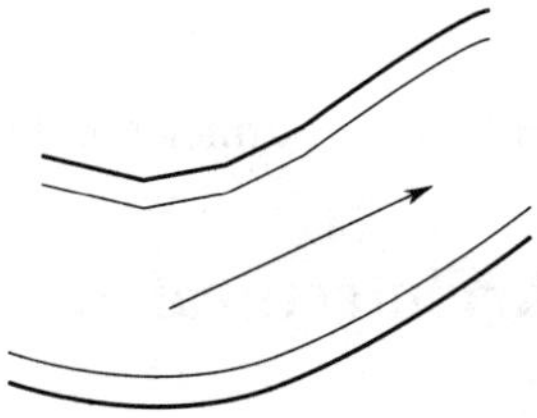	Indicates river, with arrows showing flow direction
26	Absolute elevation		Using the mean sea level of Qingdao Huanghai in China as the zero elevation benchmark, for annotation on the general layout plan.
27	Relative elevation	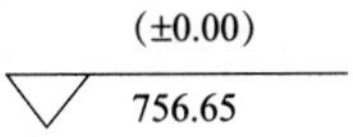	Using the main floor level of the ground floor as the zero elevation benchmark, for annotation on construction drawings. In the legend, the relative elevation of the main floor on the first floor is marked as ± 0.00, equivalent to an absolute elevation of 756.65.
28	Wind direction frequency rose diagram	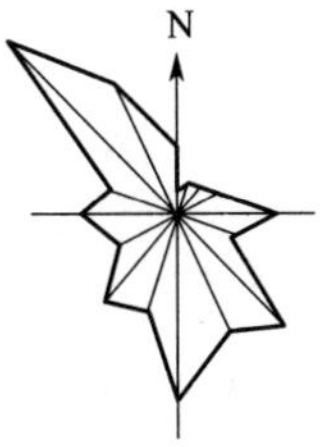	The wind frequency rose diagram is based on local wind direction data, plotting the frequency of different wind directions on a sixteen-point compass using the same scale, then connecting the points with solid lines to form a polygon resembling a rose, also known as a wind rose diagram.
29	Coordinates	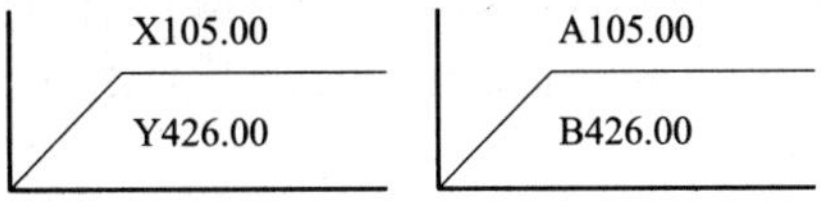	There are two representation methods for coordinate legends: the first represents the topographic survey coordinate system, and the second represents the architectural coordinate system, with coordinate numbers parallel to the building annotations.

Knowledge Assessment

1.Fill-in-the-blank Questions

(1) Legend for new buildings, where new buildings are represented by __________ at the point of contact with the outdoor ground level.

(2) The overhanging structure at the upper part of the building is represented by ________, and the connecting corridor at the upper part of the building is represented by ________ with its position labeled.

2. Multiple-choice Questions

(1) In the site plan, underground structures are represented by (　　) to outline their contours.

A. thick solid line　　B. thick dashed line　　C. thin dashed line

(2) In the site plan, existing buildings are represented by (　　).

A. thin solid line　　B. medium solid line　　C. thick solid line

Ⅱ.Illustration Content of Architectural Site Plan

Content Guide

Scan the QR code to watch the accompanying micro-lecture and answer the following questions.

(1) What are the precautions for reading a site plan?

(2) What is the purpose of a site plan?

Illustration Content of Architectural Site Plan

Key Knowledge Points

1.Formation and Purpose of the Site Plan

1) Formation of the Site Plan

The architectural site plan refers to the engineering drawing created by using the horizontal projection method and corresponding legends to depict the new-built proposed, existing, and demolished buildings and structures within a certain range around the planned project, along with the surrounding topographic features (such as roads, greenery, slopes, ponds, etc.). (Figure 4-1-1)

2) Content Expressed in the Site Plan

The site plan primarily illustrates the location and orientation of the new building, its relationship with existing structures, as well as surrounding roads, landscaping, and conditions related to water supply, drainage, and power supply.

3) Purpose of the Site Plan

The site plan serves as a crucial basis for the positioning of new buildings during construction, earthwork operations, and the layout of utility pipelines in engineering projects. It also provides guidance for the arrangement of material and component storage areas, prefabrication sites, and transportation routes during construction.

2.Graphical Content

As shown in the site plan of Figure 4-1-1, the contents of this site plan include planned expansions, flower beds, outdoor elevation levels, buildings to be demolished, boundary walls, building floor counts, existing structures, coordinates, lawns, positioning of new constructions, indoor elevation levels, a north arrow with wind direction indicators. The number of floors in low-rise buildings can be indicated by corresponding small black dots or Arabic numerals, while high-rise buildings are denoted by Arabic numerals. Wind direction is represented by a wind rose diagram, which is drawn to scale based on the percentage frequency of winds from various directions averaged over many years for a specific region, typically using 8 or 16 compass points. If a wind rose is present, the north arrow may be omitted. Additionally, the drawing title is included.

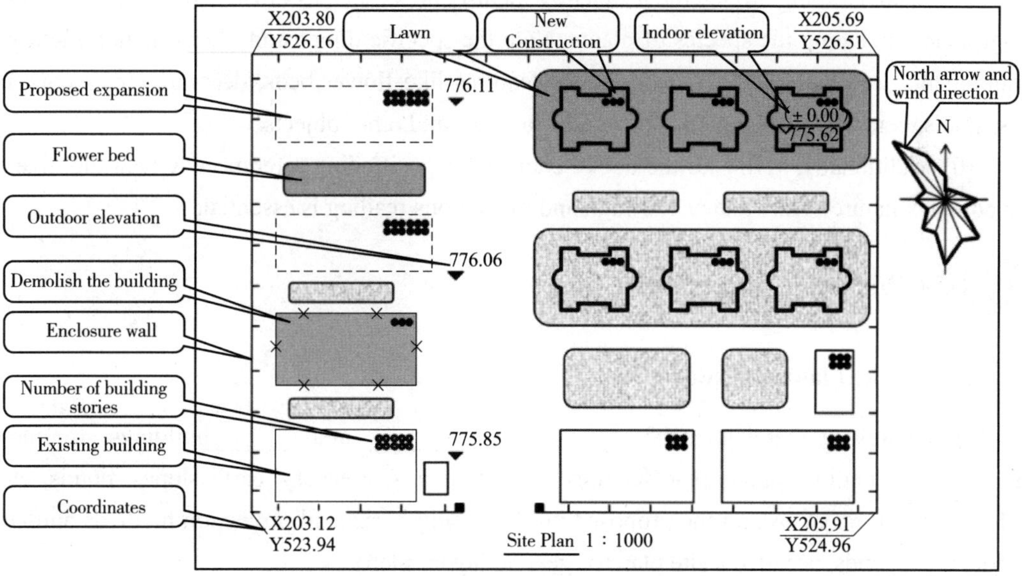

Figure 4-1-1 Legend of Site Plan Contents

3.Key Considerations for Reading Site Plans

(1) Most elements in site plans are represented by symbols, so it is essential to familiarize oneself with the legend's symbol meanings before interpreting the drawing. Common symbols in

site plans can be found in Table 4-1-1 from the previous section.

(2) The nature of the project depicted in the site plan should be understood not only through the drawing but also by referring to the accompanying textual descriptions.

(3) Check the scale of the general layout plan to understand the project's scale. Common scales include 1 : 300, 1 : 500, 1 : 1,000, and 1 : 2,000. As shown in Figure 4-1-2, the scale of the architectural general layout plan is 1 : 1,000.

(4) Identify the locations of new, existing, proposed, and demolished buildings or structures within the site, the layout of new and old roads, and the surrounding environment, including the topography and landforms within the construction area.

(5) Examine the elevation difference between indoor and outdoor ground levels of new buildings, road elevations, ground slopes, and drainage directions.

(6) Determine the orientation by referring to the wind direction frequency rose diagram.

(7) Examine the representation of dimensions in the drawing to clearly understand the footprint dimensions of the building or structure and their relative distances.

(8) Carefully review all pipelines in the site plan, noting the numbers and quantities of inspection wells and manholes on the pipelines. Pay attention to pipe diameters, center distances, slopes, and the points of entry into buildings or structures, ensuring accurate identification of specific locations.

(9) For landscaping arrangements, clearly identify areas such as lawns, groves, trees, shrubs, hedges, etc., including the species of plants. Note the specific dimensions, construction methods, requirements, and material specifications for features like flower beds, decorative elements, tables, stools, benches, shaded paths, low walls, railings, and other objects.

(10) Additionally, verify all the above content for positioning references. Given the diverse and complex nature of site plans, thorough and meticulous reading is essential.

Knowledge Assessment

1.Fill-in-the-blank Questions

(1) The drawing that depicts the ______, ______, ______, and ______ buildings, structures, and their surrounding topographic features (such as roads, greenery, earth slopes, ponds, etc.) within a certain range around the proposed project, using horizontal projection methods and corresponding legends, is called a site plan (or general layout plan).

(2) The site plan primarily illustrates the relationship between the new building's ________, ________, and its ______, as well as the conditions of adjacent roads, greenery, and utilities like water supply, drainage, and power supply.

2.Short-answer Questions

(1) What are the commonly used scales for site plans?

(2) What are the main contents included in a site plan?

Section 2 Architectural Floor Plans

Ⅰ. Overview of Architectural Floor Plans

Content Guide

Scan the QR code to watch the accompanying micro-lecture and answer the following questions.

(1) What is the principle behind the formation of architectural floor plans?

(2) How is the ground floor plan formed?

Formation of Architectural Floor Plans

Key Knowledge Points

1.Formation of Architectural Floor Plans

An architectural floor plan is a horizontal section view of each level of a building. Except for the roof plan, each floor plan is created by hypothetically cutting the entire building with a horizontal section plane slightly above the window sill, removing the portion above the section plane, and then projecting the remaining part orthogonally onto a horizontal plane, as illustrated in Figure 4-2-1.

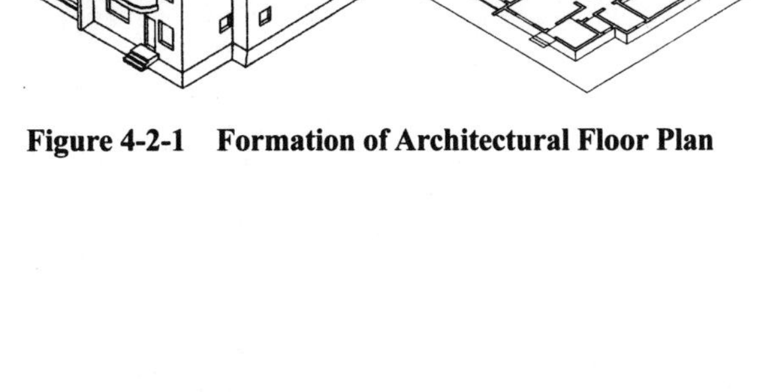

Figure 4-2-1 Formation of Architectural Floor Plan

Generally speaking, the number of floor plans should correspond to the number of stories in a building. The name and scale of the drawing should be indicated below the figure. The floor plan obtained by sectioning through the window openings on the ground floor is called the ground floor plan, as shown in Figure 4-2-2. The topmost floor plan is referred to as the roof plan. If the number, size, and arrangement of rooms are identical across intermediate floors, a single floor plan is typically drawn to represent them, known as the standard floor plan.

2.Purpose of Architectural Floor Plans

The architectural floor plan reflects the shape and size of the building's layout, the interrelationships between rooms, internal arrangements, the position, thickness, and materials of walls, the location of doors and windows, as well as the position and dimensions of other architectural components and fittings. It serves as a crucial basis for construction alignment, wall construction, door and window installation, interior decoration, and budget preparation.

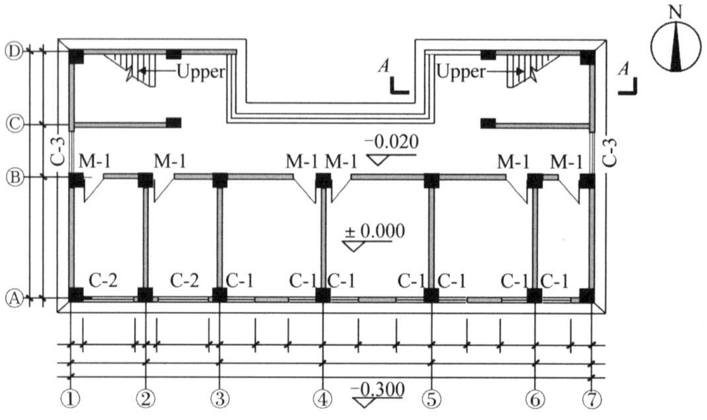

Figure 4-2-2 Ground Floor Plan

3.Classification of Architectural Floor Plans

Architectural construction drawings generally include the following types of floor plans.

1) Basement Floor Plan

The basement floor plan illustrates the layout of the basement level of a residential building, including the planar configuration of each room and the arrangement of staircases, as shown in Figure 4-2-3.

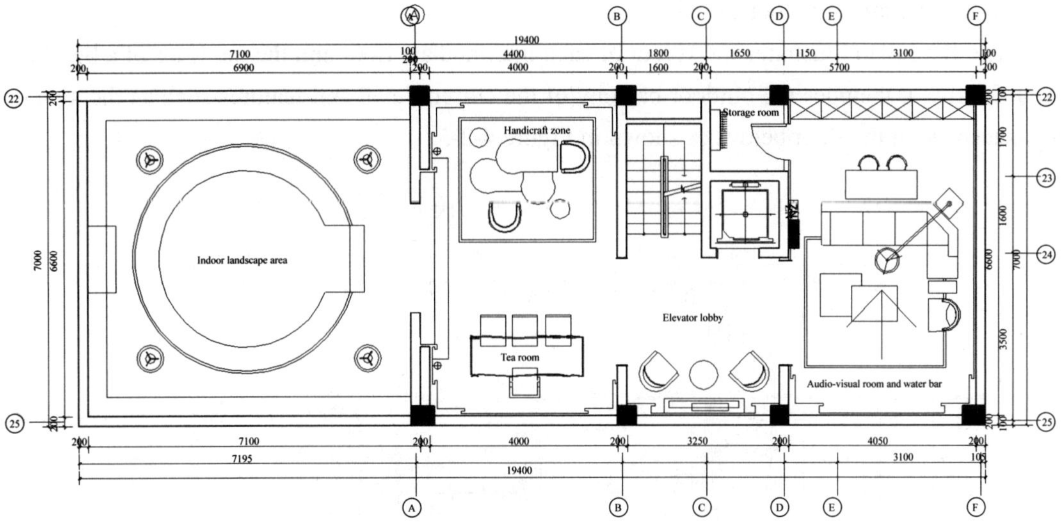

Basement Level 1 Floor Plan 1 : 50

Figure 4-2-3 Basement Floor Plan

2) Ground Floor or First Floor Plan

The ground floor or first floor plan illustrates the layout of the building's ground or first level. On the ground floor plan, it is also necessary to depict outdoor visible elements such as steps, apron, flower beds, and planters. Additionally, section symbols and a north arrow should be indicated, as shown in Figure 4-2-4.

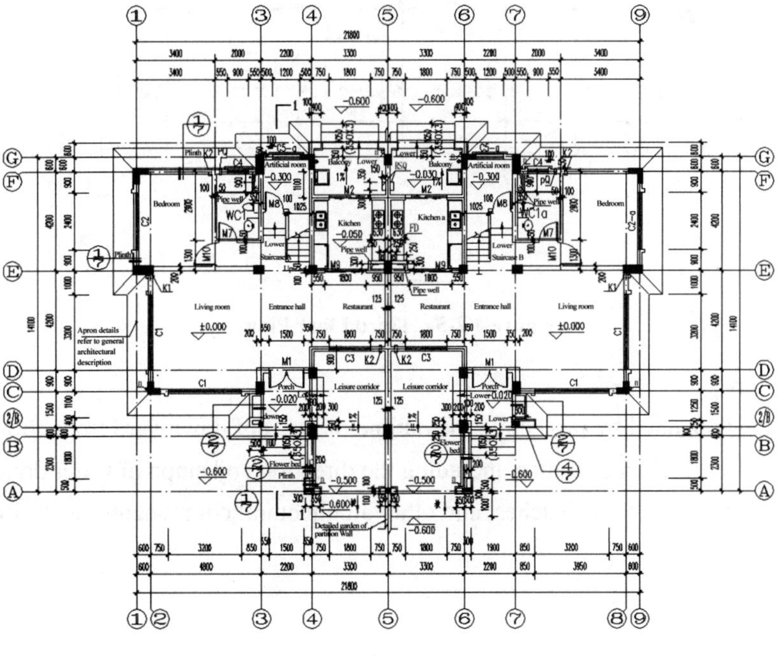

First Floor Plan 1 : 100

Figure 4-2-4 First Floor Plan

3) Floor Plan of Upper Levels

The floor plan illustrates the layout of each intermediate floor and the top floor of a building. Additionally, it includes the outdoor balcony of the current level and features such as the awning and sunshade of the floor below, as shown in Figure 4-2-5.

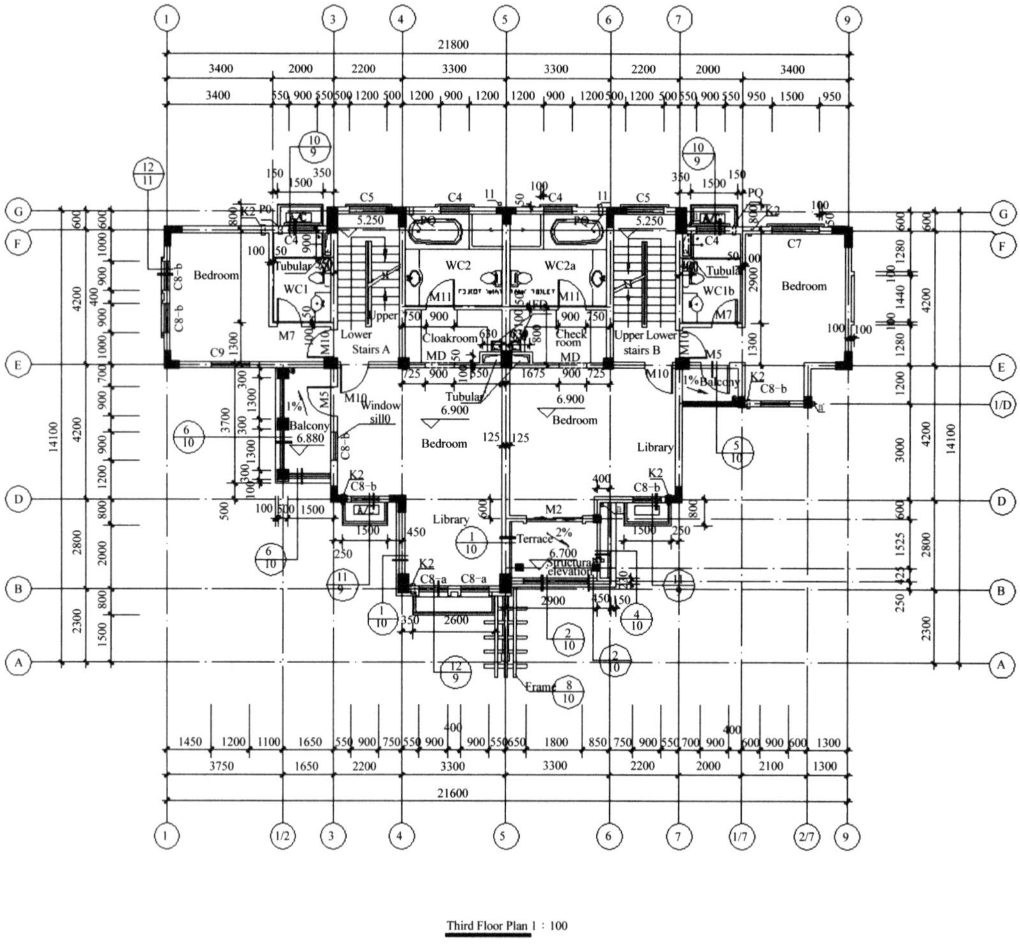

Figure 4-2-5 Third Floor Plan

4) Roof Plan

A roof plan is obtained by projecting the outline of the roof downward from above the building. It depicts the roof's characteristics, including the direction and slope of water drainage, the location of rainwater pipes, access hatches, and other architectural components, as illustrated in Figure 4-2-6.

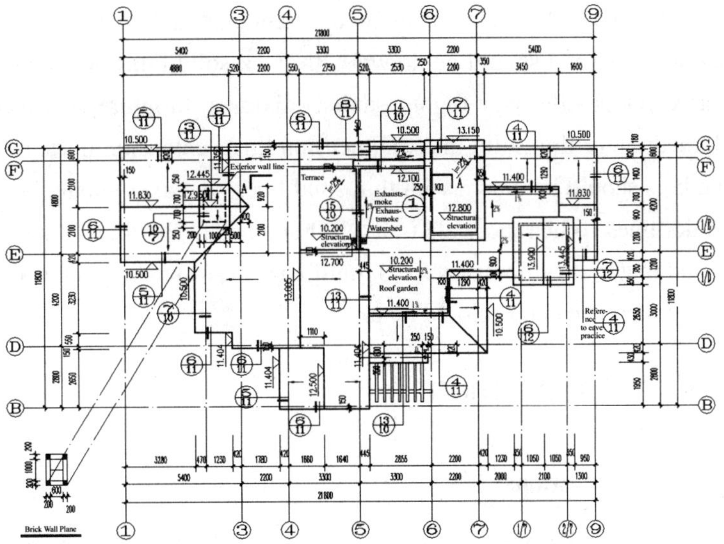

Roof Plan 1 : 100

Figure 4-2-6 Roof Plan

4.Standard Drawing Conventions for Architectural Plans

Representation of section materials: When the scale is larger than 1 : 50, the material symbols and the thickness of the plaster layer should be depicted, as shown in Figure 4-2-7.

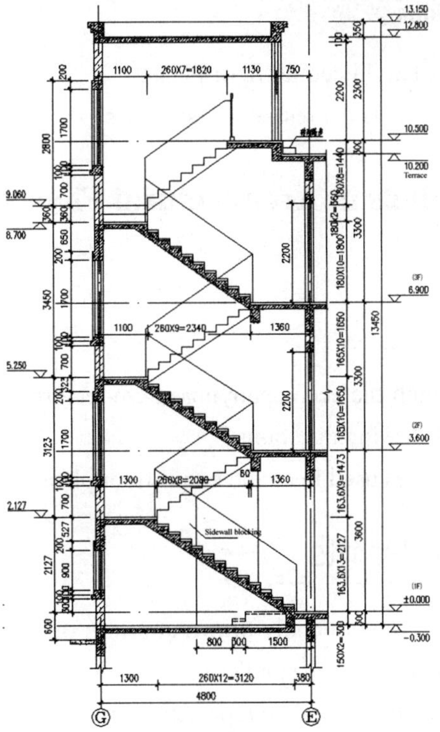

StaircaseB 1-1 Section Drawing 1 : 50

Figure 4-2-7 Staircase Sectional View

In floor plans, line types should be distinctly differentiated in thickness. The outlines of walls and columns that are sectioned should be drawn with thick solid lines, while visible outlines not sectioned, such as window sills, stair flights, sanitary fixtures, furniture, and furnishings, should be depicted with medium or thin solid lines. Dimension lines, extension lines, reference symbols, and elevation symbols should be drawn with thin solid lines, and axes should be represented with thin long-dashed dot lines. When the scale is 1 : 100 or smaller, the thickness of the plaster layer may be omitted, and material symbols can be simplified—for instance, brick walls can be colored red, and reinforced concrete can be colored black.

Knowledge Assessment

1.Fill-in-the-blank Questions

(1) A building floor plan represents the ________ of each level of a building. Except for the roof plan, each floor plan is conceptualized by imagining a horizontal cutting plane slicing through the entire building above the window sill, removing the portion above the cutting plane, and projecting the remaining part ______ in the direction of the horizontal plane.

(2) Construction drawings generally include basement floor plans,______,______,______, these four types of floor plans.

2.Short-answer Questions

(1) What is the purpose of architectural floor plans?

(2) What are the main contents expressed in roof plans?

Ⅱ.Common Symbols in Architectural Floor Plans

Content Guide

Scan the QR code to watch the accompanying micro-lectures and teaching animations, and answer the following questions.

What are the common scales used in architectural floor plans?

Common Symbols in Architectural Floor Plans

Key Knowledge Points

Architectural floor plans are commonly drawn at scales of 1 : 50, 1 : 100, 1 : 150, 1 : 200, and 1 : 300. Due to the smaller scales, elements such as doors, windows, and detailed components should be represented using standardized symbols.

Common architectural construction and component symbols are listed in Table 4-2-1.

Table 4-2-1 Common Symbols in Architectural Floor Plans

Serial Number	Name	Legend	Remarks
1	Walls		The upper part represents exterior walls, while the lower part depicts interior walls. Thin lines for exterior walls indicate the presence of insulation or curtain walls, and annotations, coloring, or pattern fills should be added to denote walls of various materials. In floor plans, firewalls should be highlighted with special pattern fills
2	Partitions		Lightweight partitions with added text, coloring, or pattern fills to indicate various materials, suitable for both floor-to-ceiling and partial-height partitions
3	Glass curtain wall	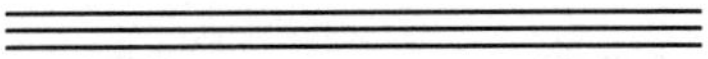	Whether the curtain wall mullions are to be indicated is determined by the project design
4	Staircase	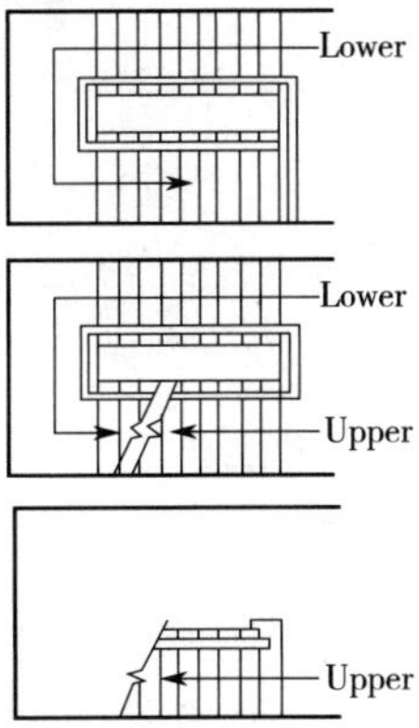	The stair legend is divided into top floor stair plan, intermediate floor stair plan, and ground floor stair plan. Wall-mounted handrails or central handrails should be provided and indicated in the drawing
5	Ramp	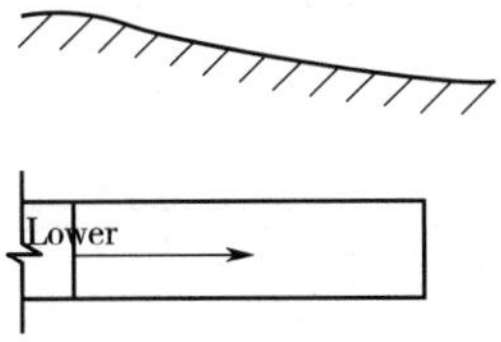	Long ramp
		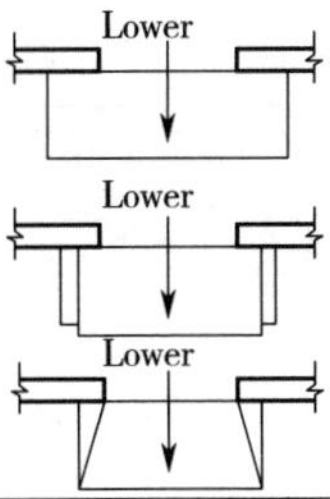	The upper diagram shows a doorway ramp with vertical sides, the middle diagram shows a doorway ramp with retaining walls, and the lower diagram shows a doorway ramp with sloped sides

Continued

Serial Number	Name	Legend	Remarks
6	Step	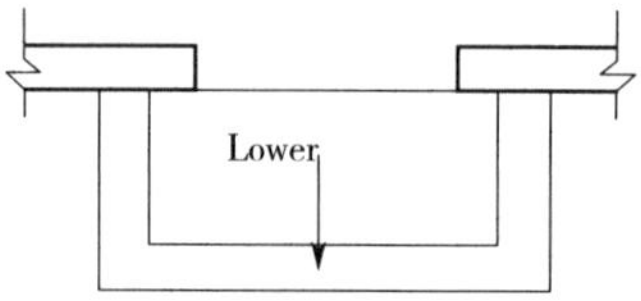	—
7	Level difference	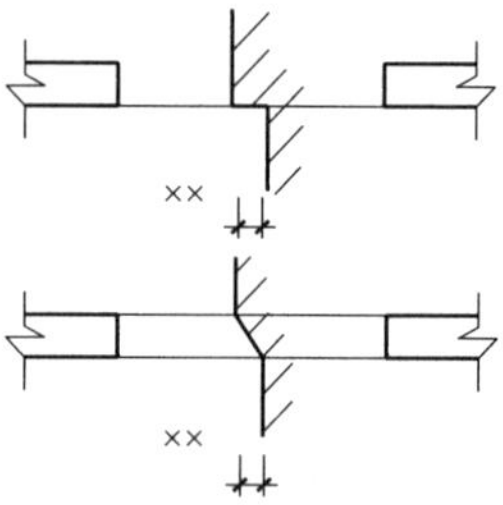	Used at junctions with minor elevation differences in floors or slabs, and should coordinate with the door opening direction
8	Inspection port	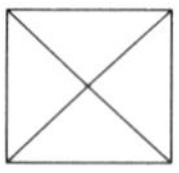 	Inspection port legends are divided into visible inspection ports and invisible inspection ports
9	Hole	 	The shaded area can be filled with grayscale or replaced with coloring
10	Pit	 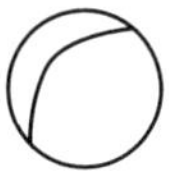	—
11	Wall reserved holes and wall reserved slots	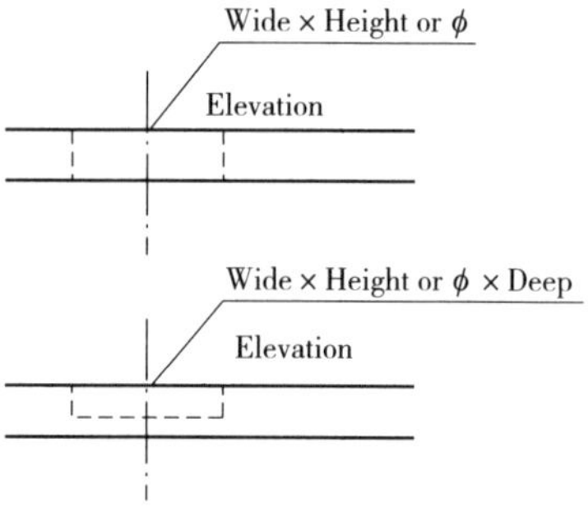	The upper figure shows reserved holes, and the lower figure shows reserved slots Plan positioning based on the center of the hole (slot) Elevation positioning based on the bottom or center of the hole (slot) Differentiate walls from reserved holes (grooves) by color coding
12	Trench	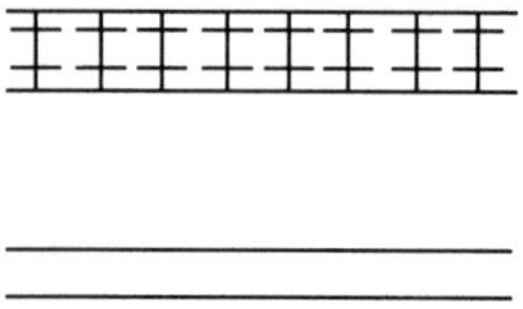	The upper image shows a covered trench, while the lower image depicts an drainage without cover

Continued

Serial Number	Name	Legend	Remarks
13	Flue	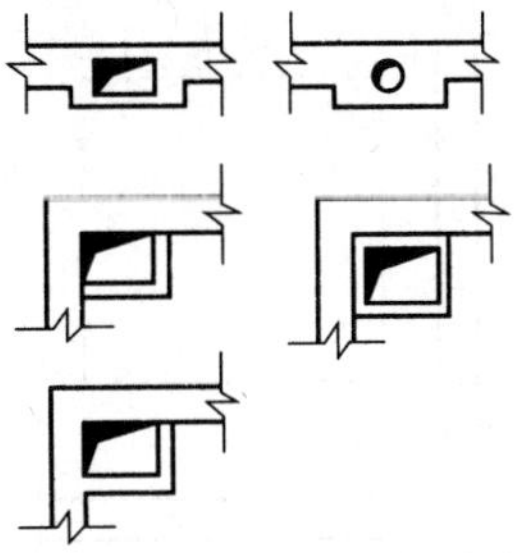	The shaded area can also be filled with grayscale or coloring instead Flues and air ducts share the same material as the wall, and the wall lines at their junctions should be continuous Flues and air ducts may have linings of different materials added as needed
14	Air duct	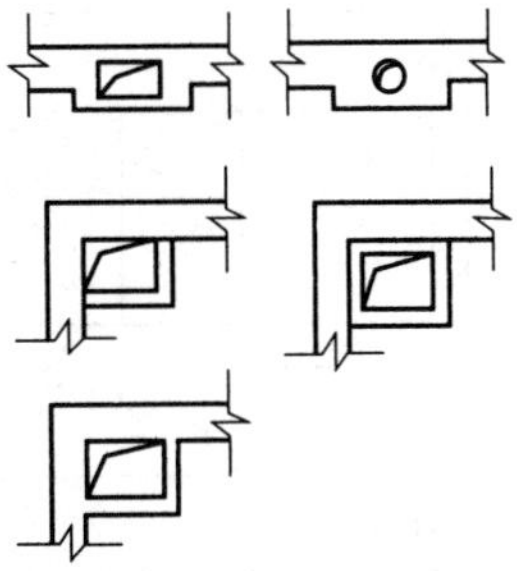	
15	Newly constructed walls and windows	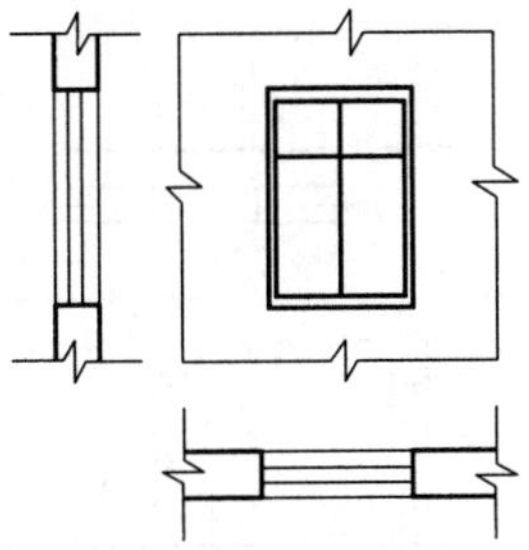	—
16	Walls and windows retained during renovation	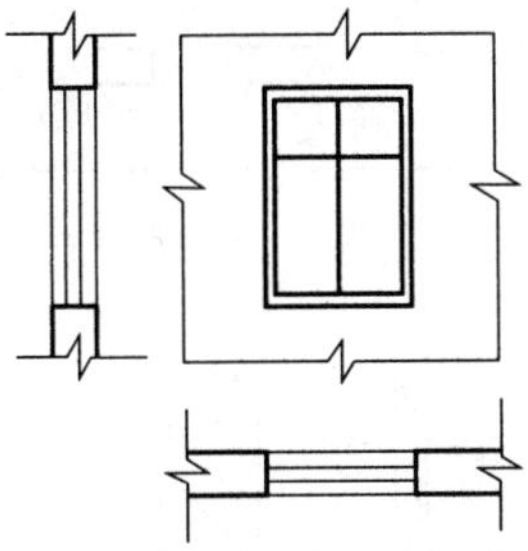	Only replace windows, with window outlines in bold

Continued

<table>
<tr><th>Serial Number</th><th>Name</th><th>Legend</th><th>Remarks</th></tr>
<tr><td>17</td><td>Demolished walls</td><td>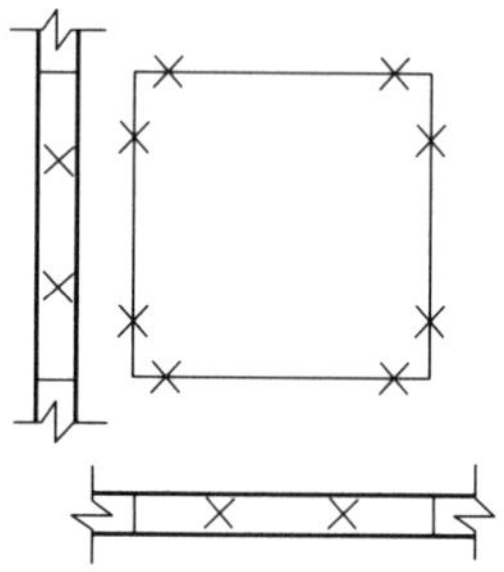</td><td>An enlarged opening adjacent to an existing wall or floor slab. This illustrates the scenario where the opening is expanded to the left, representing a fully infilled opening in the original wall or floor slab</td></tr>
<tr><td>18</td><td>Empty door opening</td><td>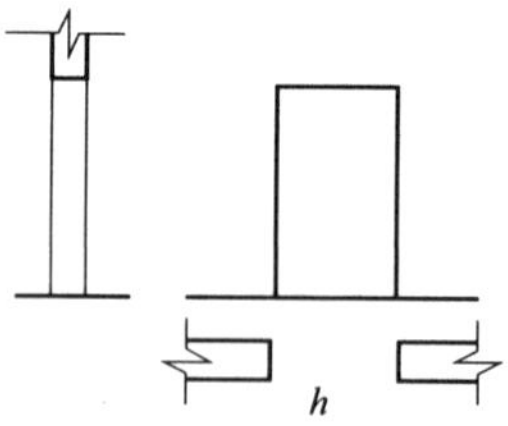
</td><td>h denotes the height of the door opening</td></tr>
<tr><td>19</td><td>Single-leaf door opening on one side</td><td>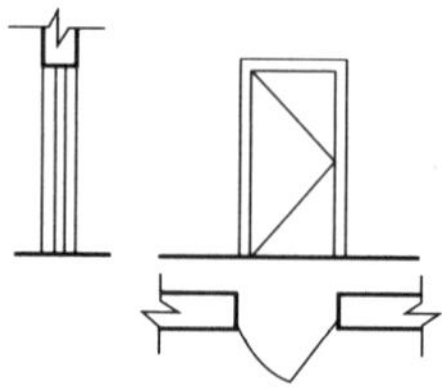</td><td rowspan="3">The door designation code is represented by "M". In the floor plan, the lower side indicates the exterior, and the upper side indicates the interior. The door swing line is at 90°, 60°, or 45°, and the swing arc should be drawn. In the elevation view, a solid swing line denotes an outward-opening door, while a dashed line denotes an inward-opening door, with the side where the swing line intersects indicating the hinge installation side. The swing line may be omitted in architectural elevation views but can be drawn in detailed elevation views as needed. In the section view, the left side represents the exterior, and the right side represents the interior. Additional screen doors should be described in text and are not shown in the floor, elevation, or section views. The elevation form should be drawn according to actual conditions</td></tr>
<tr><td>20</td><td>Double-acting single-leaf door</td><td>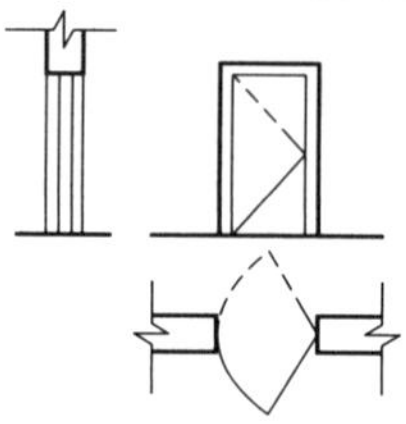</td></tr>
<tr><td>21</td><td>Double-layer single-leaf hinged door</td><td>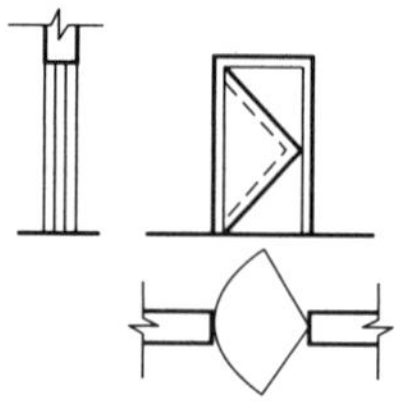</td></tr>
</table>

Continued

Serial Number	Name	Legend	Remarks
22	Fixed window	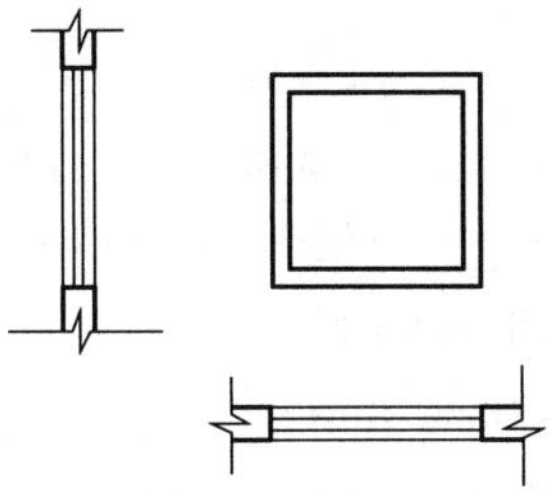	The symbol for windows is denoted by "C". In floor plans, the lower side represents the exterior, and the upper side represents the interior. In elevation drawings, a solid line for the opening indicates an outward swing, while a dashed line indicates an inward swing. The side where the opening line intersects is where the hinges are installed. The opening line may be omitted in architectural elevation drawings but must be included in detailed door and window elevation drawings. In section drawings, the left side represents the exterior, and the right side represents the interior. Dashed lines only indicate the opening direction and are not shown in project designs. Additional screen windows should be described in text and are not represented in floor, elevation, or section drawings. The elevation form should be drawn according to actual conditions
23	Top-hung window	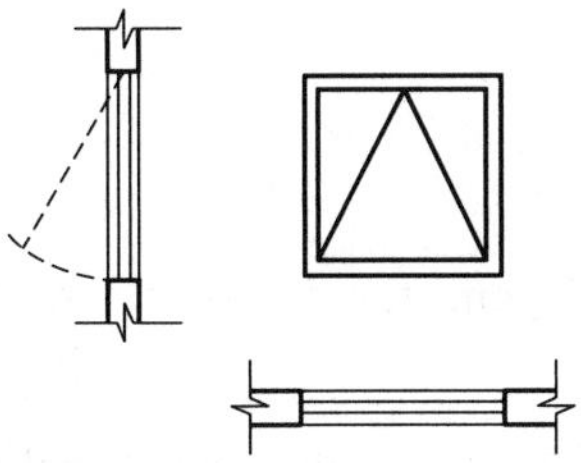	
24	Center-hung window	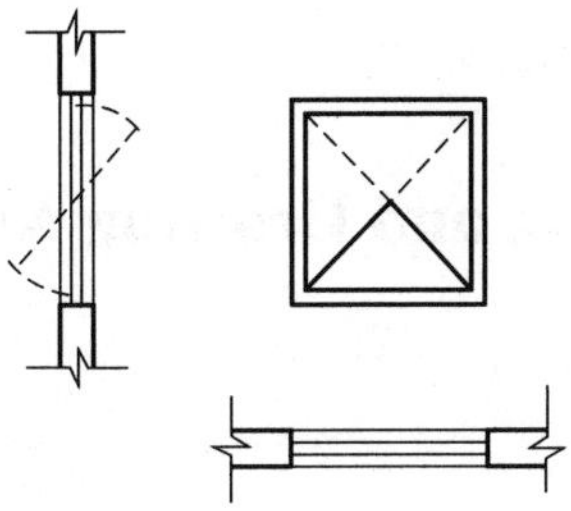	
25	Bottom-hung window	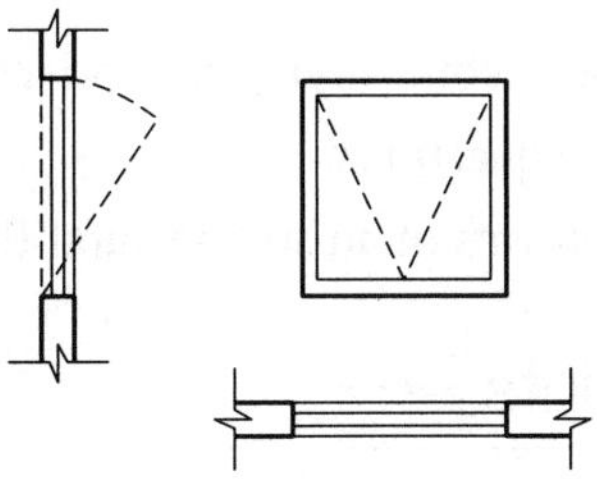	
26	Pivot window	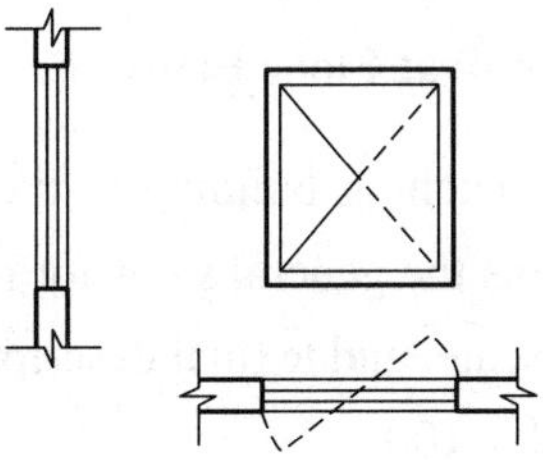	

Knowledge Assessment

1.Fill-in-the-blank Questions

(1) Wall legends are divided into ______ and ______, with thin lines on exterior walls indicating the presence of ______ or ______, which should be annotated with text, color filling, or pattern filling to represent various wall materials.

(2) Staircase legends are categorized into __________, __________, and__________ __. The installation of wall-mounted handrails or central handrails should be indicated in the drawing.

2.Drawing Questions

(1) Please draw the stair plan legend for the top floor, intermediate floor, and ground floor stair plans.

(2) Please draw the legends for a single-sided single-leaf door, double-sided single-leaf door, and double-layer single-leaf swing door.

Ⅲ.Methods for Reading and Drawing Architectural Floor Plans

Content Guide

Scan the QR code to watch the accompanying micro-lectures and teaching animations, and answer the following questions.

What are the main graphical contents of an architectural floor plan?

Illustration Content and Drawing Methods of Architectural Floor Plans

Key Knowledge Points

1.Steps for Interpreting Architectural Floor Plans

Taking the first-floor plan of the teaching building in the appendix of this book as an example, this section explains the general steps for interpreting floor plans.

(1) Understand the drawing title, scale, and textual descriptions. It can be seen that this drawing is a first-floor plan with a scale of 1 ： 100.

(2) The compass is typically drawn on the ground floor plan. This is the ground floor plan, and the compass indicates the orientation of the building. From the diagram, it can be seen that the main entrance of the building is on the south side, and the building faces north with its back to the south.

(3) Observe the external shape of the building and the internal wall partitions to understand the layout of the rooms, their purposes, quantity, and interrelationships, such as the locations of the entrance, corridors, stairs, and rooms. From this diagram, it is evident that the teaching building has a rectangular shape. The total length is 32.4 meters, and the total width is 6.84 meters. The first floor contains three classrooms, with an office on the east side, a men's restroom on the west side, and internal staircases on both the east and west sides.

(4) On the ground floor plan, examine the size and location of outdoor steps, flower beds, apron (or open drains), and downspouts. From this diagram, it can be seen that there are outdoor steps on the south side of the first-floor teaching building, and apron is installed around the exterior of the building.

(5) Review the numbering of the positioning axes and their spacing dimensions in the diagram. This helps to understand the locations of load-bearing walls (or columns) and room sizes, facilitating construction positioning and referencing of the drawings. From the positioning axes in this diagram, the arrangement of walls and columns can be observed, with longitudinal axes numbered 1/0A, A, B, and transverse axes numbered 1 to 8. Among these, 1/0A is an additional axis, indicating the first supplementary axis before axis A.

(6) Examine the dimensions of each part in the floor plan. From the dimension annotations, one can determine the thickness of walls, the bay width and depth of each room, as well as the size and position of doors, windows, and indoor fixtures.

Typically, three sets of dimensions are annotated externally on a building floor plan. The outermost set represents the overall dimensions, indicating the total length and width of the building's external contour—from one exterior wall surface to the opposite one. The middle set shows the axis-to-axis dimensions, reflecting the bay width and depth of each room. The innermost set provides detailed dimensions, specifying the horizontal shaping and positioning of elements like door and window openings and the walls between windows. The distance between adjacent positioning axes is referred to as the bay width in the transverse direction and the depth in the longitudinal direction. From the plan, it can be seen that the office has a bay width of 3.6 m and a depth of 6.6 m. The three classrooms share identical bay widths and depths, each measuring 6.6 m in both directions. The bathroom has a bay width of 3.6 m and a depth of 6.6 m. All walls in the building are 240 mm thick, with the positioning axes centered (axes are midline).

Internal dimensions on a floor plan are annotated nearby. These annotations indicate the size and positioning of elements such as interior wall door and window openings.

(7) Review the floor elevations. Relative elevations are generally used, with the main interior floor level of the ground floor set as ±0.000. Common floor plan annotations include the following elevations: interior floor elevation, exterior ground elevation, exterior step elevation, bathroom floor elevation, and stair landing elevation, among others. From this plan, it can be determined that the exterior ground elevation is −0.470 m; the exterior step elevation is −0.020 m; the interior room floor serves as the elevation zero point, i.e., ±0.000 m; and the stair landing eleva-

tion is -0.450 m.

(8) Observe the distribution and numbering of doors and windows. Understand their locations, types, and quantities. For ease of reading, construction drawings often use specialized symbols to label doors and windows, with "M" denoting doors and "C" denoting windows. Numbers following these symbols indicate their serial numbers. From this drawing, it can be seen that the first-floor teaching building has doors M1 and M2, and windows C1, C2, and C3.

(9) Examine the section cut symbols on the ground floor plan to understand the cutting positions and their serial numbers, facilitating cross-referencing with relevant section drawings. This is the ground floor plan, which shows section cut symbols at the staircase location, corresponding to the 1-1 staircase section drawing.

(10) Check the index symbols on the floor plan. When certain construction details or components require larger-scale detailed drawings or reference to standard drawings, index symbols must be marked to allow cross-referencing with the corresponding detail symbols. Reading this drawing reveals four index symbols.

① The section cut index symbol for the apron drain. The side where the leader line is located indicates the projection direction, as shown in Figure 4-2-8. The detailed drawing can be found in Figure Collection 98ZJ901, page 5, detail drawing No. 3.

② The detail drawing reference symbol for the apron drainage is shown in Figure 4-2-9. The detailed drawing can be found in Atlas 98ZJ901, page 6, detail No. 3.

③ The detail drawing reference symbol for the blackboard. The blackboard is 3,600 mm in length, as shown in Figure 4-2-10. The detailed drawing is in Atlas 98ZJ501, page 34.

④ The detail drawing reference symbol for the outdoor steps is shown in Figure 4-2-11. For the detailed drawing, refer to Atlas 98ZJ901, page 8, detail No. 11.

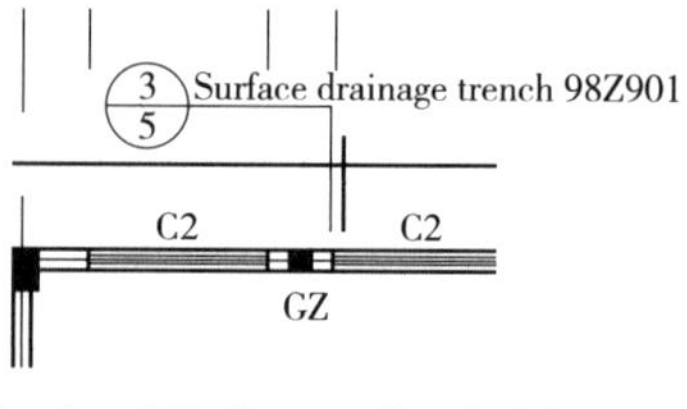

Figure 4-2-8 Sectional Reference Symbol for the Apron Drainage

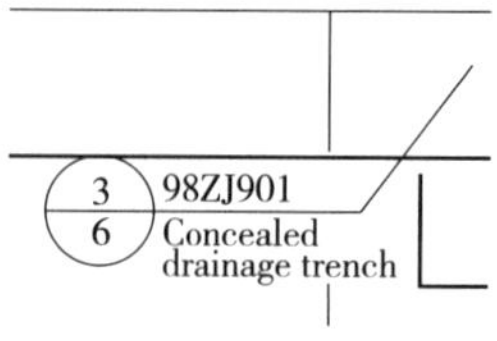

Figure 4-2-9 Detail Drawing Reference Symbol for the Apron Drainage

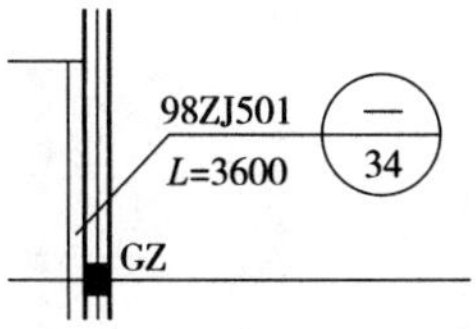

Figure 4-2-10 Blackboard Detail Drawing Index Symbol

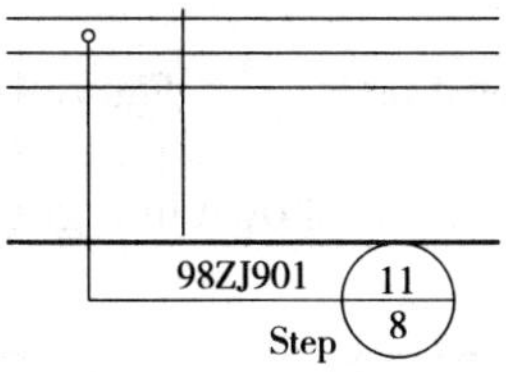

Figure 4-2-11 Outdoor Step Detail Drawing Index Symbol

(11) The "1%" and "3%" in the diagram represent the slope design values. For example, "1%" indicates a 1 cm drop in height over a horizontal length of 100 cm.

2.Illustrative Content and Drawing Methods of Architectural Floor Plans

1) Ground Floor Plan

The floor plan obtained by sectioning along the window openings of the ground floor of a building is referred to as the ground floor plan. It typically includes walls, columns, doors and windows with their codes, elevation marks for indoor and outdoor ground levels, ground floor stairs, a north arrow, section symbols, outdoor drainages, apron, dimension annotations, axis lines and their numbers, drawing titles, and scales, as illustrated in Figure 4-2-12.

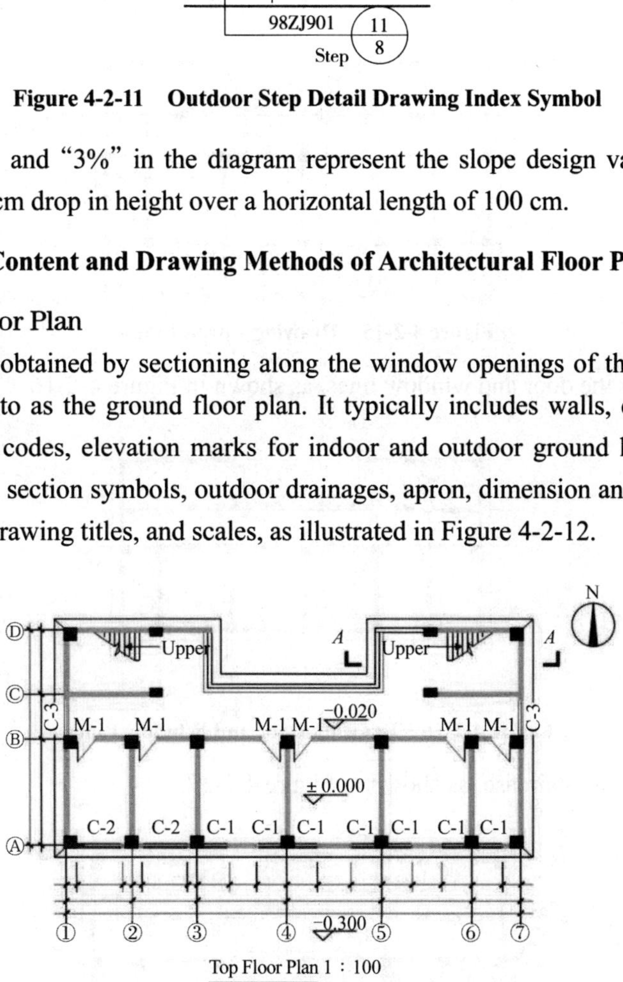

Figure 4-2-12 Ground Floor Plan

The drawing of the ground floor plan is as follows.

Step one, draw the positioning axes as shown in Figure 4-2-13.

Step two, then draw the wall and column lines based on the completed positioning axes, as shown in Figure 4-4-14.

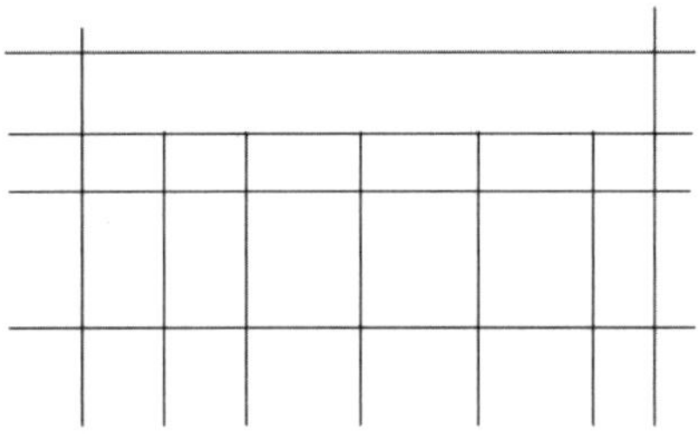

Figure 4-2-13 Drawing Positioning Axes

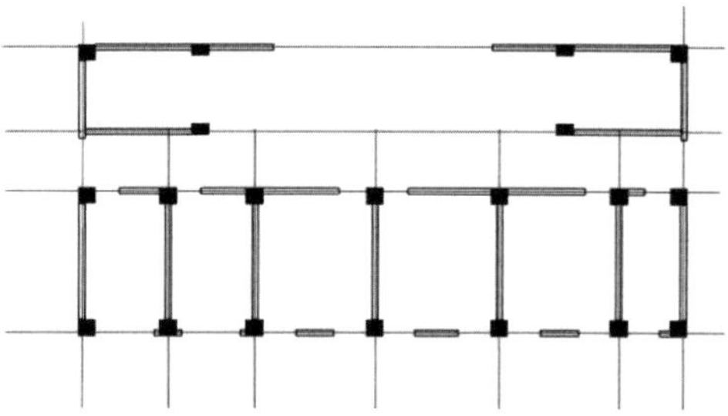

Figure 4-2-14 Drawing Wall and Column Lines

Step three, draw the apron lines, etc., as shown in Figure 4-2-15.

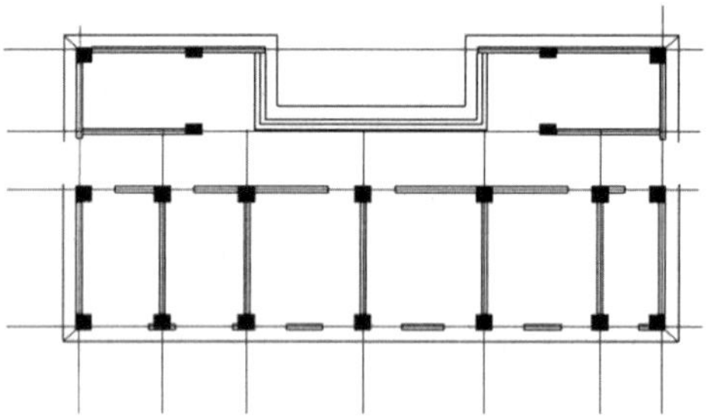

Figure 4-2-15 Drawing Apron Lines

Step four, draw the door and window lines, as shown in Figure 4-2-16.

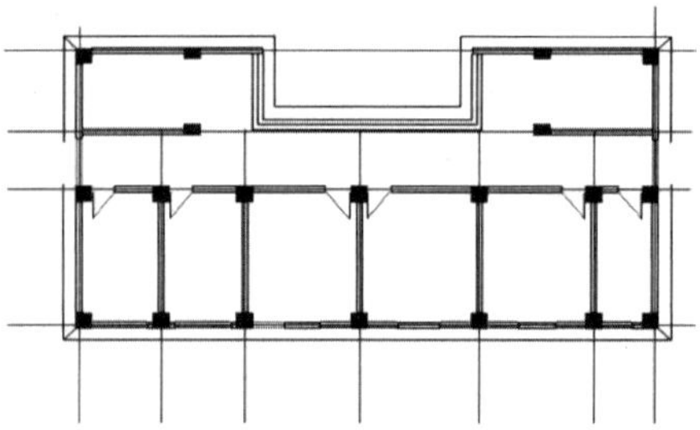

Figure 4-2-16 Drawing Door and Window Lines

Step five, draw the staircase, as shown in Figure 4-2-17.

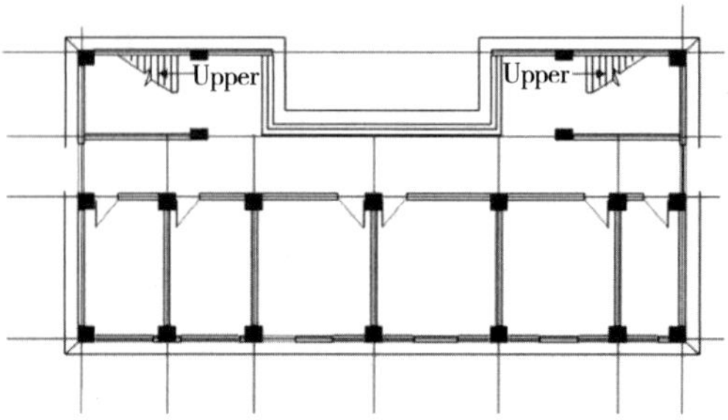

Figure 4-2-17 Drawing the Staircase

Step six, dimensioning, as shown in Figure 4-2-18.

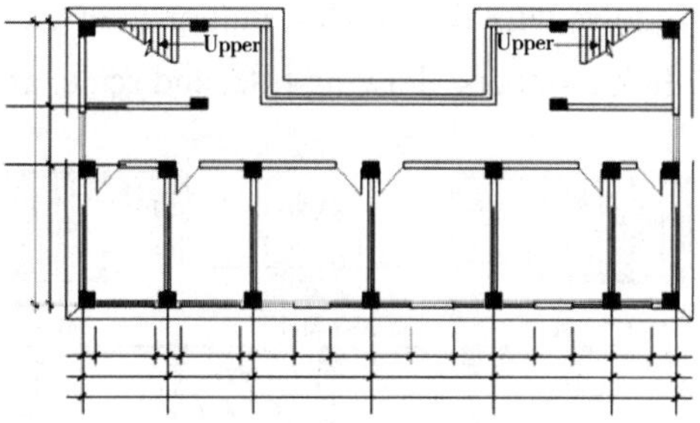

Figure 4-2-18 Dimensioning

Step seven, draw the axis symbols, as shown in Figure 4-2-19.

Step eight, label the door and window codes, as shown in Figure 4-2-20.

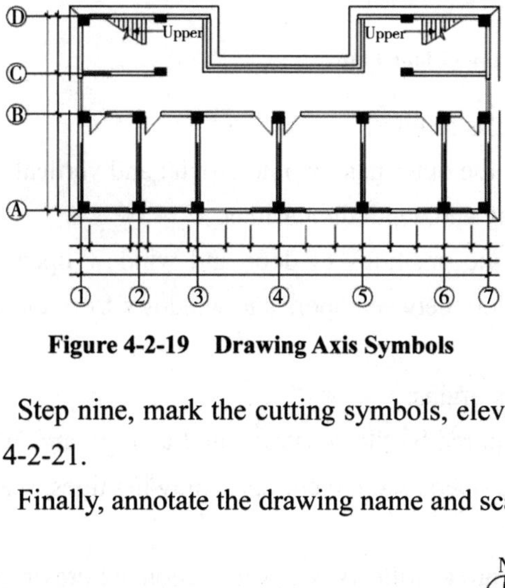

Figure 4-2-19 Drawing Axis Symbols

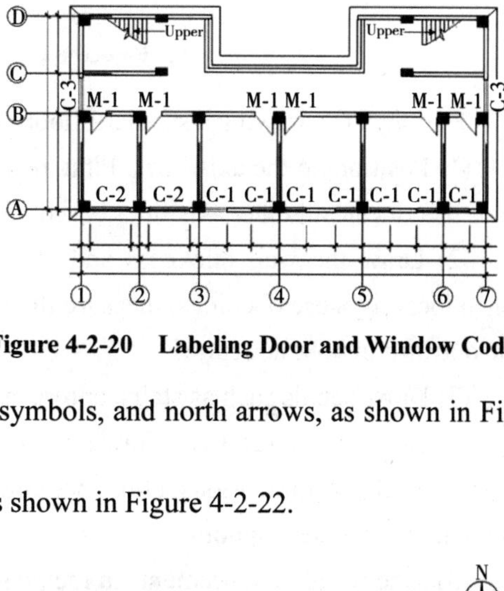

Figure 4-2-20 Labeling Door and Window Codes

Step nine, mark the cutting symbols, elevation symbols, and north arrows, as shown in Figure 4-2-21.

Finally, annotate the drawing name and scale, as shown in Figure 4-2-22.

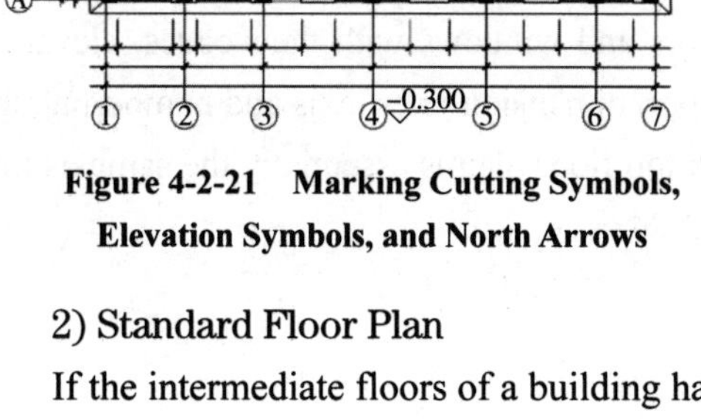

Figure 4-2-21 Marking Cutting Symbols, Elevation Symbols, and North Arrows

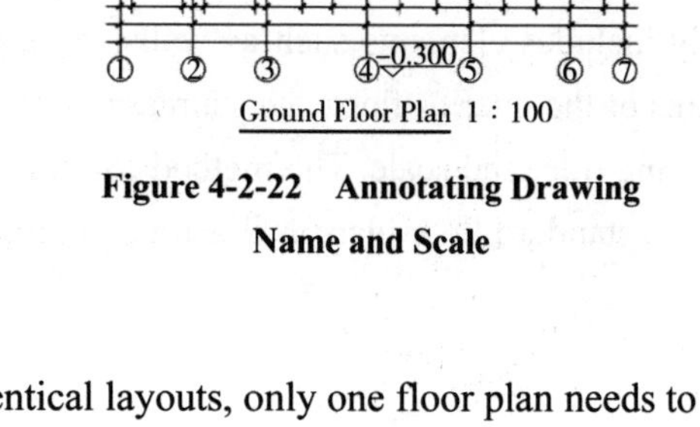

Figure 4-2-22 Annotating Drawing Name and Scale

2) Standard Floor Plan

If the intermediate floors of a building have identical layouts, only one floor plan needs to be drawn to represent them. This plan is called the standard floor plan, which typically includes walls, columns, doors and windows with their codes, indoor floor elevation, standard floor stairs, dimensioning, axis lines and their numbers, drawing title, and scale, as shown in Figure 4-2-23.

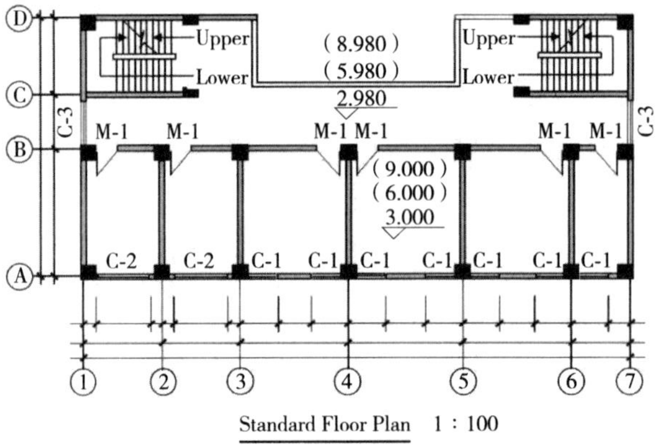

Figure 4-2-23 Standard Floor Plan

The steps for drawing a standard floor plan are as follows.

(1) Positioning the axis lines. First, determine the outermost two horizontal and vertical axis lines, then locate all other axis lines based on the bay and depth dimensions.

(2) Draw the wall thickness and determine the positions of door and window openings. When locating these openings, measure the wall width between doors and windows from the axis line outward in both directions.

(3) Draw details such as stairs, apron, and open drains.

(4) Deepen or thicken the drawing lines as required by the construction drawings, and annotate the axis lines, dimensions, door and window numbers, section cut lines, drawing titles, scales, and other textual descriptions.

(5) Line weight requirements in the plan view are as follows: walls in section are drawn with thick solid lines; visible wall outlines, component outlines, window openings, window sills, and door leaves are drawn with medium-thick lines; window leaves and other details are drawn with thin solid lines.

3) Top Floor Plan

The floor plan of the uppermost level of a building is referred to as the top floor plan. It typically includes elements such as walls, columns, doors and windows with their codes, elevation marks of the interior floor, the staircase on the top floor, dimension lines, axis and numbering, the drawing title, and scale. The method for drawing the top floor plan is essentially the same as that for the standard floor plan, as illustrated in Figure 4-2-24.

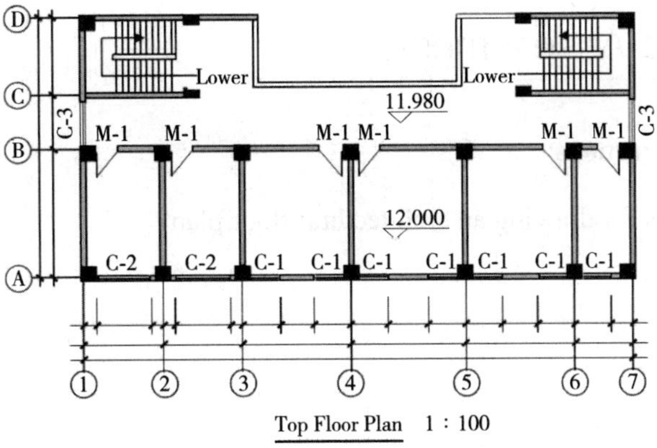

Figure 4-2-24 Top Floor Plan

4) Roof Plan

The roof plan is a horizontal orthographic projection of the roof, representing all visible elements when viewed from above, as illustrated in Figure 4-2-25.

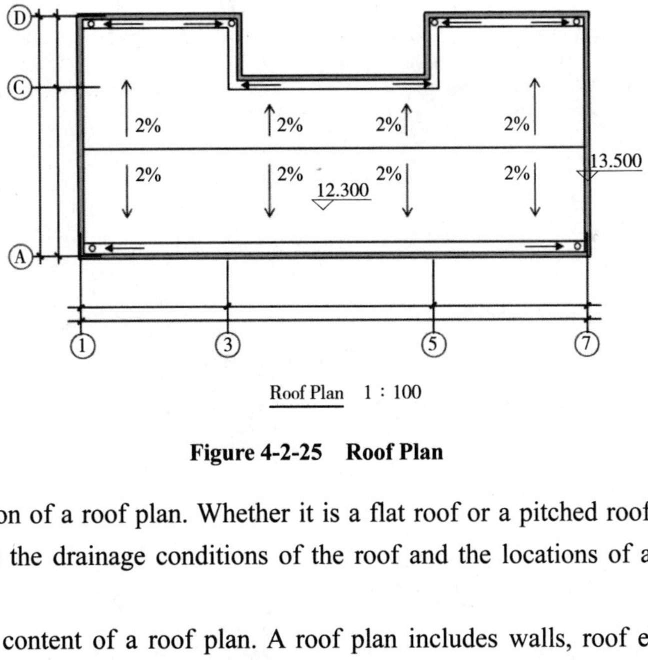

Figure 4-2-25 Roof Plan

(1) The function of a roof plan. Whether it is a flat roof or a pitched roof, the primary purpose is to illustrate the drainage conditions of the roof and the locations of all protruding roof structures.

(2) The basic content of a roof plan. A roof plan includes walls, roof elevation, drainage slope and direction, drainage construction and slope direction, dimensioning, axis and numbering, drawing name, and scale.

(3) Notes for reading a roof plan. Although a roof plan is relatively simple, it should be cross-referenced with exterior wall details and indexed roof detail drawings to be fully understood, especially for elements such as staircases, manholes, chimneys, ventilation ducts, eaves, as well as roof material waterproofing methods.

Knowledge Assessment

Short Answer Questions

What are the steps for drawing an architectural floor plan?

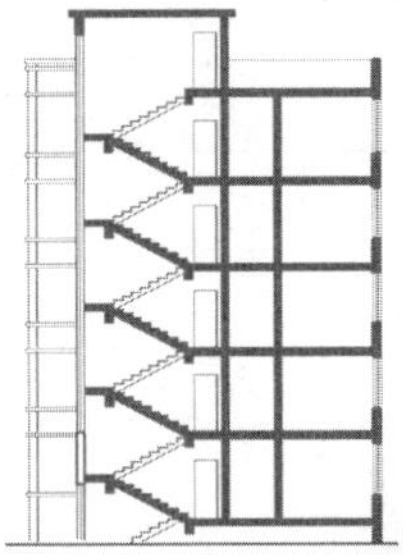

Chapter 5

Architectural Elevation Drawings

Ideological and Political Elements

The seemingly simple "rectangular box" design of the National Aquatics Center is, in fact, a joint creation of traditional Chinese culture and modern technology. As the Chinese saying goes: "Nothing can be accomplished without norms or standards." The square form represents the most fundamental shape in ancient Chinese urban architecture, embodying the cardinal social principles of Chinese culture-particularly its ethical framework. Simultaneously, this "rectangular box" optimally fulfills the multifunctional requirements of the National Aquatics Center, achieving a perfect fusion of traditional culture and architectural functionality.

Section 1 Formation and Function of Architectural Elevation Drawings

Content Guide

Scan the QR code to watch the accompanying micro-lectures and teaching animations, and answer the following questions.

What is the principle behind the formation of architectural elevation drawings?

Formation and Function of Architectural Elevation Drawings

Key Knowledge Points

1.Functions of Architectural Elevation Drawings

A building elevation drawing is an engineering blueprint used to depict the external form of a building, including the location and style of doors and windows, balconies, canopies, downspouts, plinths, steps, flower beds, and other architectural elements. It serves as a crucial technical document for both construction and decoration projects, as illustrated in Figure 5-1-1.

Figure 5-1-1 Building Exterior Elevation

2.Formation of Building Elevation Drawings

A building elevation drawing is an orthographic projection created on a vertical projection plane parallel to the building's facade, primarily representing the external form of the structure, as shown in Figure 5-1-2.

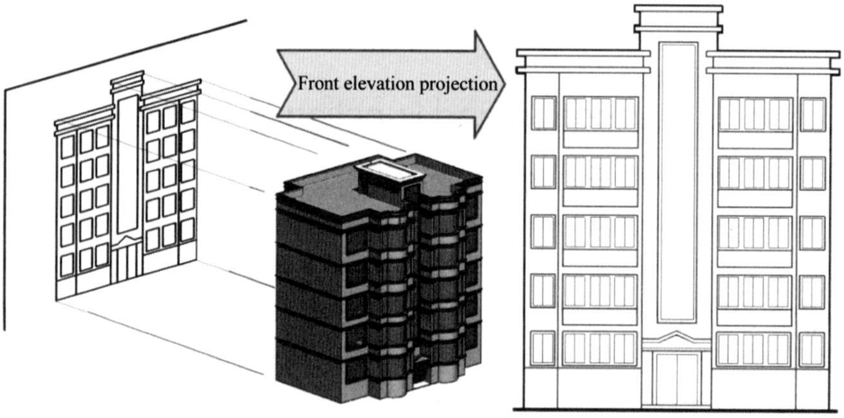

Figure 5-1-2 Formation of Architectural Elevation Drawing

3.Naming of Architectural Elevation Drawings

Depending on the complexity of the building's exterior, the number of elevation drawings required varies. There are generally three methods for naming architectural elevation drawings.

(1) Named according to the orientation of the building, such as South Elevation, North Elevation, East Elevation, and West Elevation.

(2) Named by axis numbers. For elevation drawings that are not conveniently named by orientation, they can be named using the positioning axes. The naming convention involves labeling the elevation drawing with the numbers of the first and last positioning axes, which is a common practice in architectural elevation naming. For example: Elevation from Axis ⑦ to Axis ㉕, as

shown in Figure 5-1-3.

(3) Named based on the primary and secondary facades of the building. The wall where the main entrance is located is designated as the front facade, and the elevation drawings can be named as Front Elevation, Rear Elevation, Left Elevation, and Right Elevation.

When drawing, choose the naming method according to the situation, with the most commonly used method being naming by axis numbers.

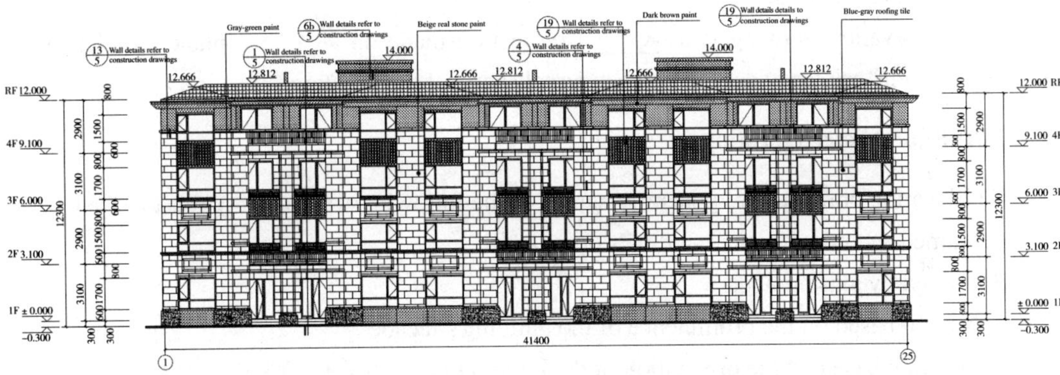

①–㉕Elevation 1 : 100

Figure 5-1-3 Building Elevation

4.Conventional Representation

Elevations are typically drawn above the floor plan in projection alignment, with their axes corresponding to those of the floor plan for ease of interpretation. The scale used for elevations is generally the same as that of the floor plan. Due to the smaller scale, elements such as doors, windows, balconies, railings, and intricate wall finishes may be depicted using standard symbols. To simplify drafting, one detailed representation of a typical door or window type can be provided, with the rest indicated by simplified symbols. Additionally, positioning axis symbols and their corresponding numbers should be marked at both ends of the elevation.

To ensure clarity and a sense of depth in elevations, various line types should be employed. Typically, the outer contour of an elevation is represented with a thick solid line; outlines of protruding elements like door and window openings, cornice, balconies, canopies, steps, and flower beds are drawn with medium solid lines; elements such as window and door sashes, their mullions, decorative grilles, downpipes, dimension lines, and elevation markers are depicted with thin solid lines; the ground line is emphasized with an extra-thick solid line.

Knowledge Assessment

1.Fill-in-the-blank Questions

(1) An elevation drawing is an engineering diagram used to express architectural forms and elements such as ______ of buildings, ______ of doors and windows, canopies, downspouts, plinths, steps, and flower beds.

(2) An elevation drawing is a ______ projection made on a ______ plane parallel to the building's facade, primarily depicting the external shape of the building.

2.Multiple-choice Questions

(1) Elevation drawings are generally named in the following ways (　　).

A. Named according to the building's orientation

B. Named by axis number

C. Named based on the prominence of the building's facade

(2) Naming based on the orientation of the building includes (　　).

A. South Elevation　　B. North Elevation　　C. East Elevation　　D. West Elevation

Section 2　Reading and Drawing of Building Elevations

Content Guide

Scan the QR code to watch the accompanying micro-lectures and teaching animations, and answer the following questions.

What does a building elevation drawing include?

Reading and Drawing of Building Elevations

Key Knowledge Points

1.Contents and Regulations of Building Elevation Drawings

(1)The building elevation drawing includes all visible elements of the building's exterior, such as the apron, steps, downspouts, sunshades, flower beds, plinth, entrance canopies, doors and windows, canopies, balconies, cornices, as well as visible features on the roof like chimneys, water tank rooms, ventilation ducts, and other visible components and their positions, as illustrated in Figure 5-2-1.

(2)It indicates three dimension lines in the height direction of the exterior, namely the total height, floor heights, and specific heights of the upper and lower edges of doors and windows, plinth, cornice, etc. Since detailed dimensions in the length direction have already been marked in the floor plan, they are generally not repeated in the elevation drawing. However, the axis numbers at both ends of the first floor in the length direction must be clearly marked with numerical symbols.

(3)The elevation drawing primarily reflects variations in height. Although three dimensions are provided, calculating the exact height of a specific position may still be necessary. For simplicity, elevations are marked from the outdoor ground level to the highest point of the roof, with units in meters, typically rounded to three decimal places.

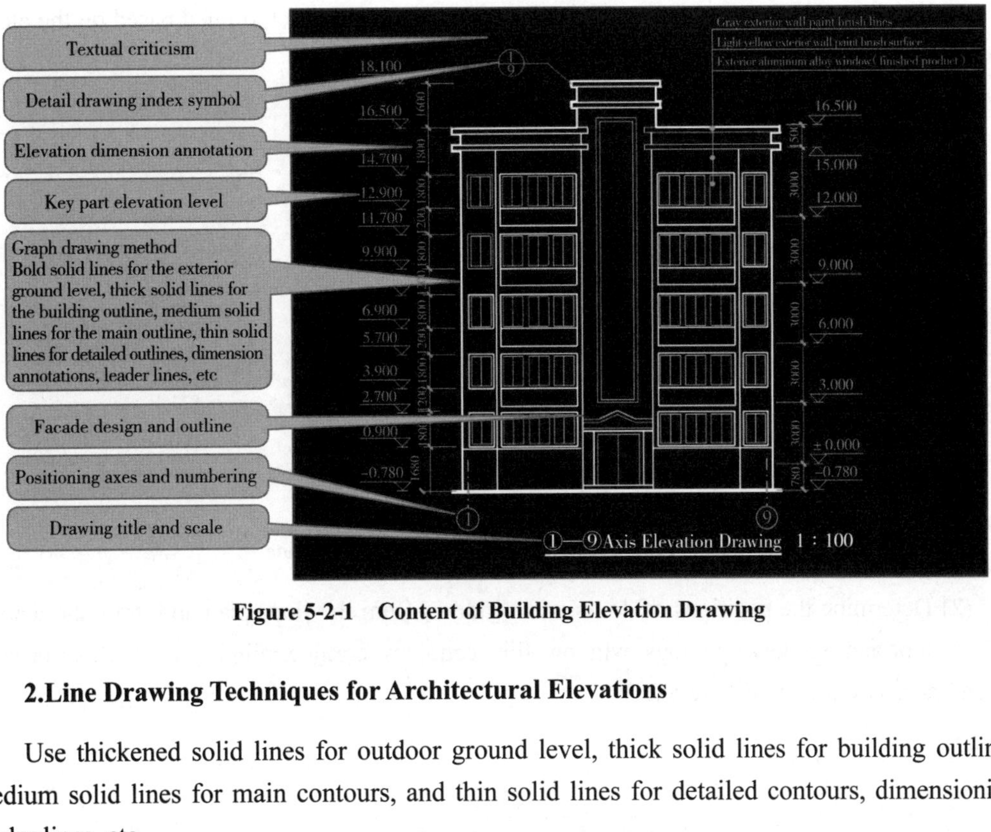

Figure 5-2-1 Content of Building Elevation Drawing

2.Line Drawing Techniques for Architectural Elevations

Use thickened solid lines for outdoor ground level, thick solid lines for building outlines, medium solid lines for main contours, and thin solid lines for detailed contours, dimensioning, leader lines, etc.

3. Key Considerations when Reading Architectural Elevation Drawings

(1) Elevation drawings are closely related to floor plans, with the axis numbers on each elevation drawing strictly corresponding to those on the floor plan. It is essential to verify that all detailed constructions, such as doors and windows, are accurate and error-free.

(2) Check for any discrepancies or inconsistencies in material specifications between elevation drawings, as well as whether the circumferential components at both ends of the building's exterior and external finishes intersect or connect seamlessly.

4.Steps for Drawing Architectural Elevations

(1) Draw the ground level, floor lines, roof lines, positioning axes at both ends, and the outline of exterior walls, as shown in Figure 5-2-2.

Draw the outdoor ground level at the appropriate position. When determining the outline of the exterior wall, if the floor plan and the front elevation are on the same drawing sheet, the outline of the exterior wall should be projected upward from the outer edge line of the exterior wall on the floor plan based on the principle of "vertical alignment". Draw the roof eave line according to the height dimensions. If there is no parapet, the ridge line of the roof should be determined by projecting the ridge point of the roof slope from the side or section view onto the front elevation. If there is a parapet, the coping line of the parapet should be determined based on the elevation marks.

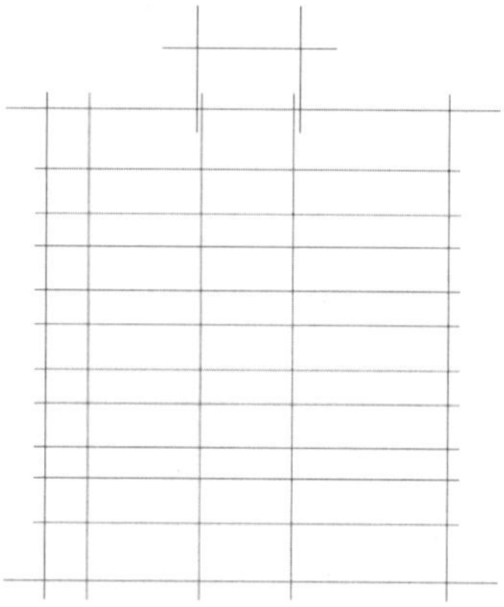

Figure 5-2-2 Determining the Overall Outline

(2) Determine the positions of doors and windows from the floor plan and draw the details, such as door and window openings, window sills, canopies, cornice, plinths, and wall surface division lines, as shown in Figure 5-2-3.

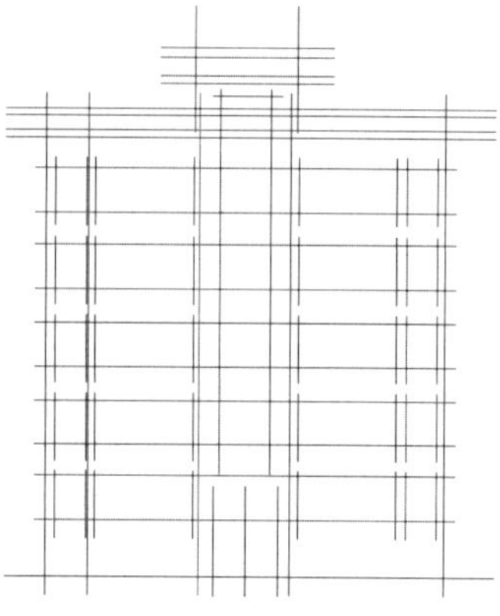

Figure 5-2-3 Determining the Detailed Positions of Doors and Windows

The widths of doors and windows on the front elevation are derived from the projection of the widths of doors and windows on the lower exterior wall of the floor plan. Draw the window sill lines, door and window top lines, and eave lines based on the window sill height and the heights of door and window tops.

(3) Inspect and refine the lines in various parts of the drawing, deepen the lines with different widths according to different areas, and erase any unnecessary lines, as shown in Figure 5-2-4.

(4) Annotate dimensions, elevations, text, and detail symbols, and label axis numbers, drawing names, and scales. Note that the vertices of the 45° isosceles right triangle elevation symbols should align on the same vertical line, as illustrated in Figure 5-2-5.

Figure 5-2-4 Refining Lines in Various Parts

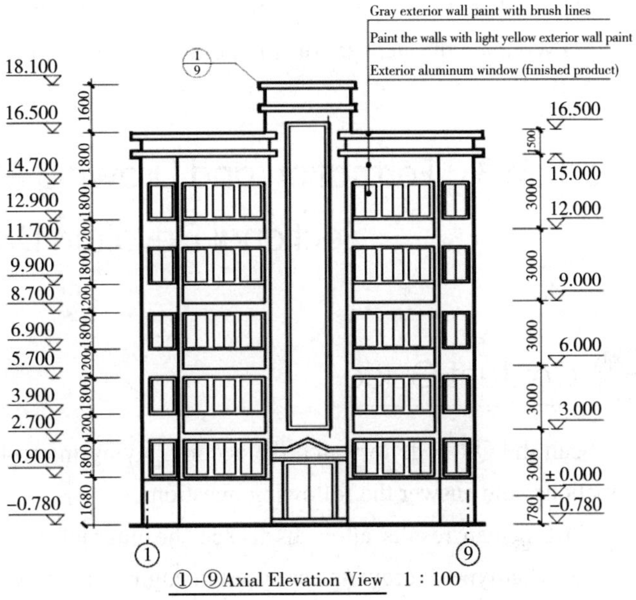

Figure 5-2-5 Drawing Elevation Symbols

Knowledge Assessment

1.Fill-in-the-blank Questions

(1) Draw ____ with thick solid lines; thick solid lines for ____; medium solid lines for ____; thin solid lines for ____, ____, ____, etc.

(2) The content of the building elevation drawing includes _____, _____, _____, _____, _____, _____, _____, etc.

2.Multiple-choice Questions

(1) The outer contour line of the building elevation drawing is drawn with a (　　).

A. thick solid line　　B. medium-thick solid line

C. medium solid line　　D. thin solid line

(2) The horizon line of the building elevation drawing is drawn with a (　　).

A. thick solid line　　B. extra thick solid line

C. medium solid line　　D. thin solid line

3.Short-answer Questions

(1) What are the key considerations when reading architectural elevation drawings?

(2) What are the steps involved in drawing architectural elevation plans?

Section 3 Formation and Drawing Methods of Architectural Sectional Elevation Drawings

Content Guide

Scan the QR code to watch the accompanying micro-lectures and teaching animations, and answer the following questions.

(1) CT scan results allow us to see the internal conditions of the human body, so what type of drawings are used in engineering to understand the internal structure of buildings?

(2) What is the purpose of an architectural section elevation drawing?

Architectural Section Elevation Drawing

Key Knowledge Points

1.The Purpose of Architectural Section Elevation Drawings

An architectural section elevation drawing is an engineering diagram that represents the height, floors, structural arrangement, and construction methods of a building in the vertical direction. It serves as a crucial technical document for both architectural and decoration engineering projects, as illustrated in Figure 5-3-1.

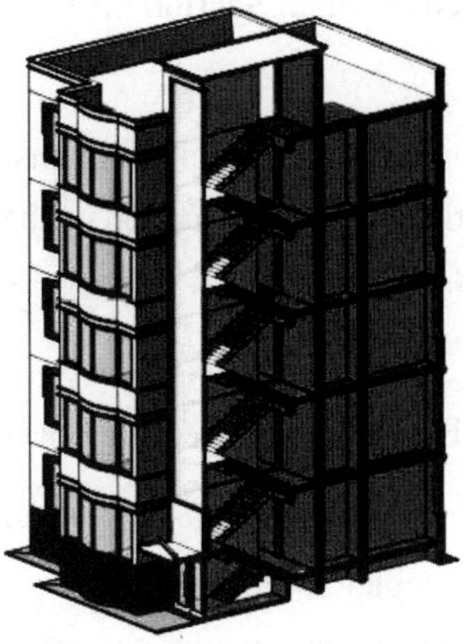

Figure 5-3-1 Schematic of an Architectural Section Elevation Drawing

2.Formation of Architectural Sectional Elevation

Imagine using a vertical cutting plane to section the building, removing the part of the building between the cutting plane and the observer, and projecting the remaining part onto the projection plane to obtain the orthographic projection, as shown in Figure 5-3-2.

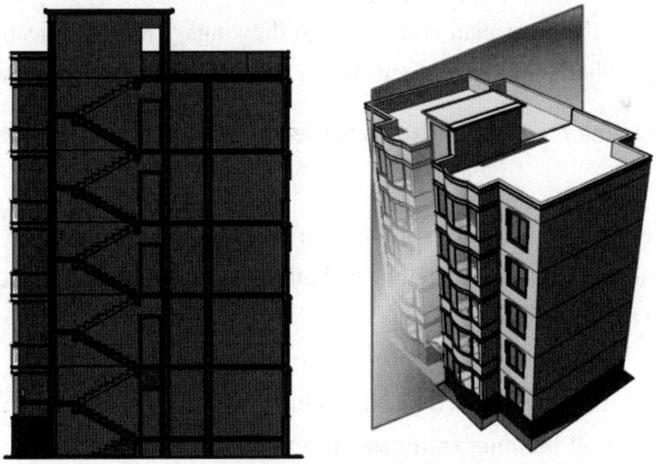

Figure 5-3-2 Formation of Architectural Sectional Elevation

The cutting position of the architectural section is derived from the architectural plan, typically selected at parts that are difficult to represent clearly and are relatively complex in the plan or combination. The cutting position and orientation are indicated and named, and then an imaginary vertical cutting plane is used to section the building, resulting in a sectional projection that reveals the structural form and material practices of the sectioned parts.

3. Illustration Content of Architectural Section and Elevation Drawings

(1) Drawing title and scale.

(2) Wall and column positioning axes and spacing dimensions.

(3) Vertical structural form and internal construction of the building.

(4) Elevations and dimensions.

(5) Relevant legends and textual descriptions.

4.Key Considerations when Reading Architectural Section Drawings

When interpreting architectural section drawings, the following points should be noted.

(1) Sectional views primarily depict rooms with special equipment, such as boiler rooms, laboratories, bathrooms, toilets, kitchens, etc., which contain fixed installations. These views are used to clearly illustrate their specific locations, shapes, dimensions, and other details. When reading sectional views, it is essential to verify that the axis positions, the content and areas being sectioned align completely with the corresponding elements in the floor plan.

(2) In sectional views, dimensions primarily indicate internal and external height measurements, horizontal or vertical dimensions, and elevation levels. It is crucial to carefully verify whether these detailed dimensions match those in the floor plan and elevation drawings exactly. Additionally, the interior and exterior finishing methods and material specifications should also be consistent with those in the floor plan and elevation drawings. These verifications should be approached holistically, rather than merely focusing on the sectional view in isolation.

5.Standard Drawing Conventions for Architectural Sectional Elevations

1) Grid Lines

In sectional views, it is generally sufficient to draw only the positioning axes, numbering, and spacing dimensions of the wall columns at both ends of the building's outline, to facilitate comparison with the floor plan.

2) Line Types

(1) The ground line is drawn with a thickened line (1.4*b*).

(2) The outlines of all building entity sections that are cut (such as walls, columns, beams, floor slabs, stairs, etc.) are drawn with thick solid lines (*b*).

(3) All visible building components that are not cut should be drawn with thin solid lines (0.25*b*).

3) Legend

The sections of building entities that are cut should be drawn according to the prescribed material symbols. When the drawing scale is ≤1 : 100, simplified drawing methods can be used for material symbols, such as representing reinforced concrete and brick walls with black fill.

4) Elevation and Dimensions

Elevation marks are typically annotated for outdoor ground levels, the first floor indoors, various floors, roofs, and exterior wall windows, among other locations. Key height dimensions and the total building height should also be indicated, ensuring alignment with the dimensions shown in elevation and floor plans.

5) Drawing Title and Scale

The drawing title should correspond to the section symbol number on the floor plan. The scale is usually 1 ∶ 100 or 1 ∶ 50, as illustrated in Figure 5-3-3.

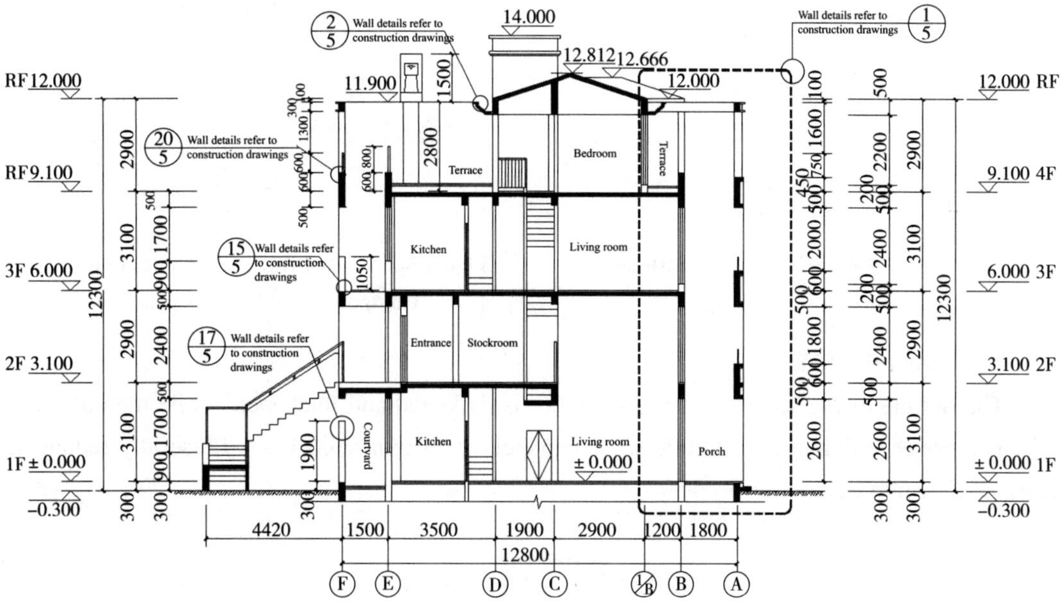

Section 1–1 Diagram 1 ∶ 100

Figure 5-3-3 Sectional View

6.Steps and Methods for Drawing Sectional Elevations

1) Drafting the Outline

Based on the axis positions and spacing dimensions in the floor plan, as well as the floor elevations in the elevation view, draw the positioning axes, indoor and outdoor ground lines, and each floor level line, as shown in Figure 5-3-4.

2) Draw the Outlines of Building Components at Various Locations

Draw the contour lines of both the sectioned and non-sectioned building components, as shown in Figure 5-3-5.

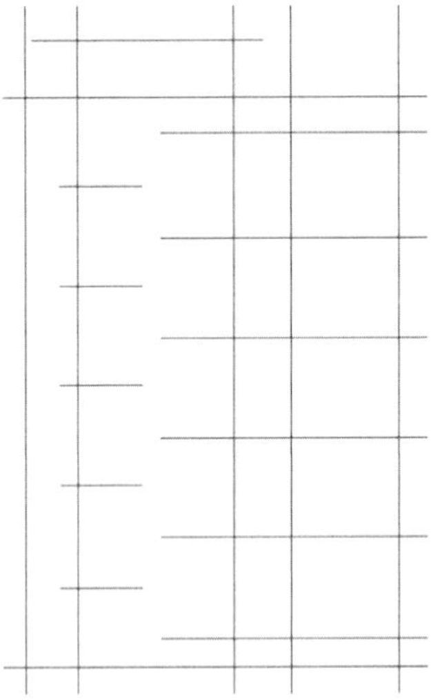

Figure 5-3-4 Drafting the Outlines

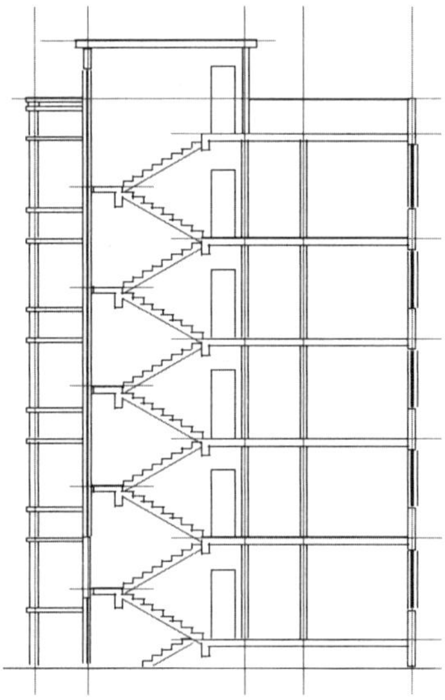

Figure 5-3-5 Drawing the Outlines of Building Components at Various Locations

3) Correct the Lines

The outline of the sectioned building entity is darkened and thickened, while the outline of the unsectioned building entity is drawn completely with thin solid lines. Erase any redundant lines, as shown in Figure 5-3-6.

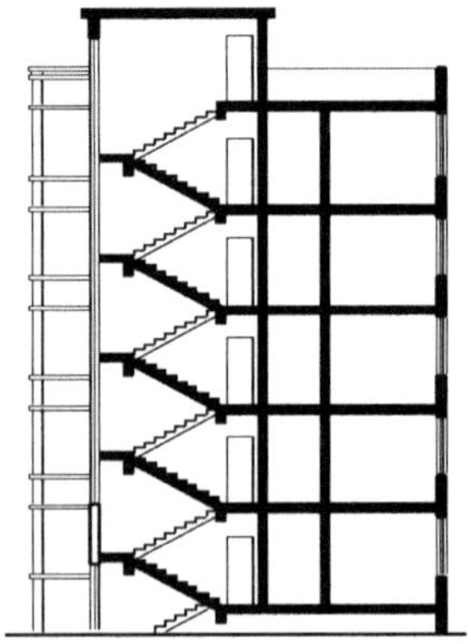

Figure 5-3-6 Corrected Lines

4) Labeling and Annotations

Mark elevations and dimensions, annotate text descriptions, drawing names, and scales, as shown in Figure 5-3-7.

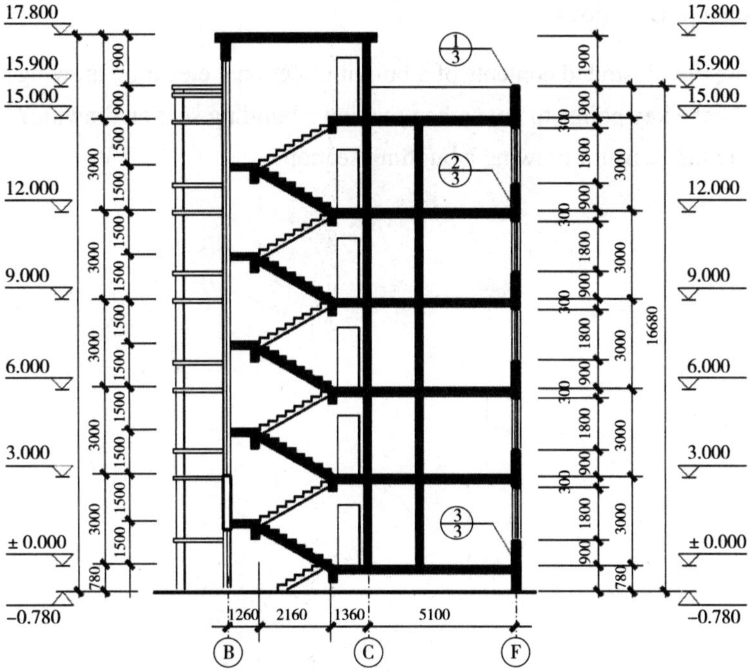

Figure 5-3-7 Sectional View

Knowledge Assessment

1.Fill-in-the-blank Questions

(1) Architectural sectional elevation drawings are engineering drawings that represent the structural arrangement and construction methods of a building in the vertical direction, including ________, ________, and ________.

(2) Imagine using a vertical cutting plane to section the building, removing the part of the building between the cutting plane and the observer, and projecting the remaining part onto the projection plane to obtain the ________.

2.Multiple-choice Questions

(1)The contour lines of all building entity sections that are cut (such as walls, columns, beams, floor slabs, stairs, etc.) shall be drawn with (　　).

A. thick solid line　　B. medium solid line　C. thin solid line

(2)All visible building components that are not cut shall be drawn with (　　).

A. thick solid line　　B. medium solid line　C. thin solid line

3.Short-answer Questions

(1) What are the illustrated contents of a building sectional elevation drawing?

(2) What are the key points to note when reading a building section drawing?

(3) What are the steps for drawing a building section?

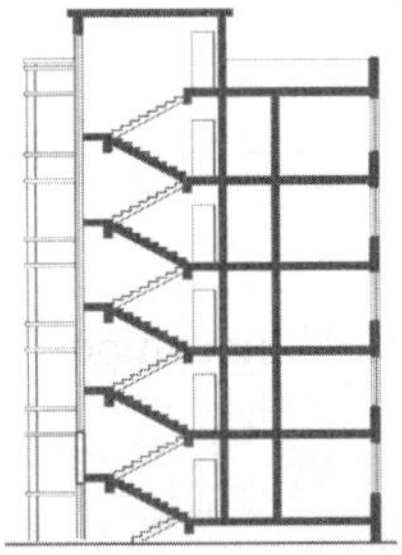

Chapter 6

Architectural Details

Ideological and Political Elements

Simatai Great Wall features ingenious conception, innovative design, and diverse architectural forms, integrating the most distinctive elements of the Great Wall into a single "marvelous section". Beyond the "Fairy Tower" (Xiannü Lou), the near-vertical "Ladder to Heaven" clings to precipitous cliffs with sheer drops on both sides. Its narrow steps-barely wide enough for a single foot – stand as a testament to the extraordinary "wisdom and courage of ancient Chinese builders". Having withstood the baptism of war, Simatai Great Wall embodies the "indomitable spirit of the Chinese nation" -a heroic legacy of resisting formidable invaders that resonates through the ages.

Section 1 Overview of Architectural Details

Content Guide

Scan the QR code to watch the accompanying micro-lectures and teaching animations, and answer the following questions.

What is the purpose of architectural details?

Overview of Architectural Details

Key Knowledge Points

1.The Purpose of Architectural Details

Since architectural plans, elevations, and sections are typically drawn at smaller scales such as 1 : 100, certain details of the building's construction—such as shape, layers, dimensions, materials, and methods—cannot be fully expressed. Therefore, to meet construction requirements, these details must be separately drawn at larger scales. These enlarged-scale drawings are called architectural details. Architectural details are drawings that use larger scales to magnify and meticulously annotate building components or elements. They serve as construction drawings for building details, providing deeper and supplementary information to basic drawings like plans, elevations, and sections. They are essential for detailed construction, fabrication of building components, and budget preparation.

2.Characteristics of Architectural Details

Architectural details have three main characteristics: first, they use larger scales, such as 1 : 50, 1 : 20, 1 : 10, 1 : 5, or 1 : 2; second, they provide comprehensive graphical content; and third, they include complete dimensions and elevations.

3.Representation of Architectural Details

The architectural details should be determined by the complexity of the structural part. Some can be clearly expressed with just a sectional detail, such as a wall node detail, while others require additional plan details, such as stair plan details, bathroom plan details, kitchen plan details, or elevation details, such as balcony details. Some may even need supplementary larger-scale partial details within the detail drawings. (Figures 6-1-1 to 6-1-5)

Detailed drawings of a typical building include wall joint details, stair details, and indoor/outdoor components such as exterior steps, flower beds, decorative grilles, canopies, as well as interior elements like toilets, bathrooms, built-in cabinets, doors, and windows.

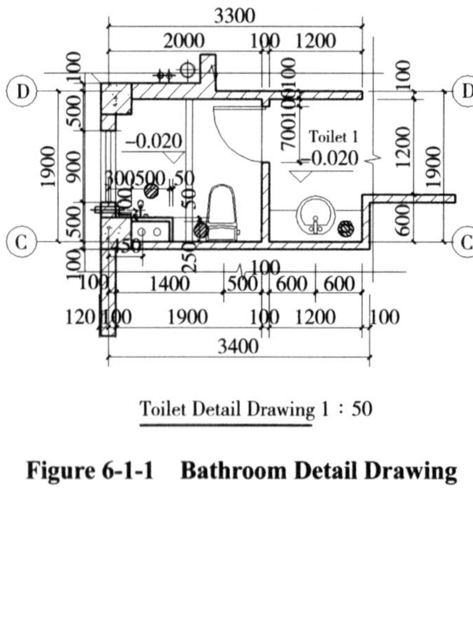

Toilet Detail Drawing 1 : 50

Figure 6-1-1 Bathroom Detail Drawing

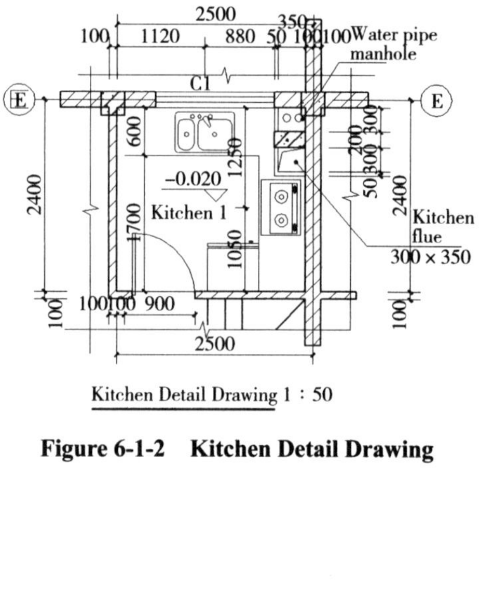

Kitchen Detail Drawing 1 : 50

Figure 6-1-2 Kitchen Detail Drawing

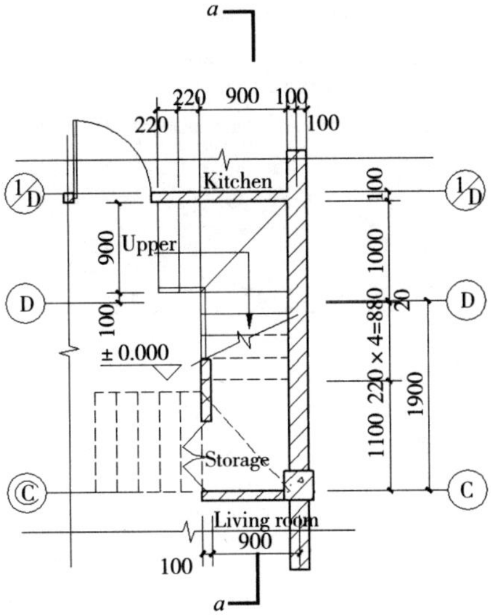

First Floor Plan 1 : 50

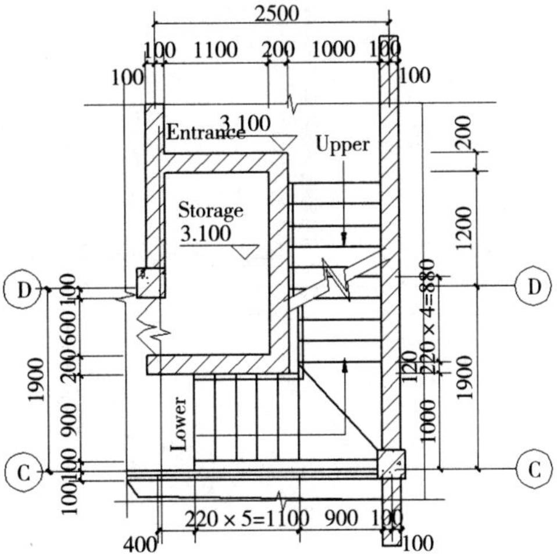

Second Floor Plan 1 : 50

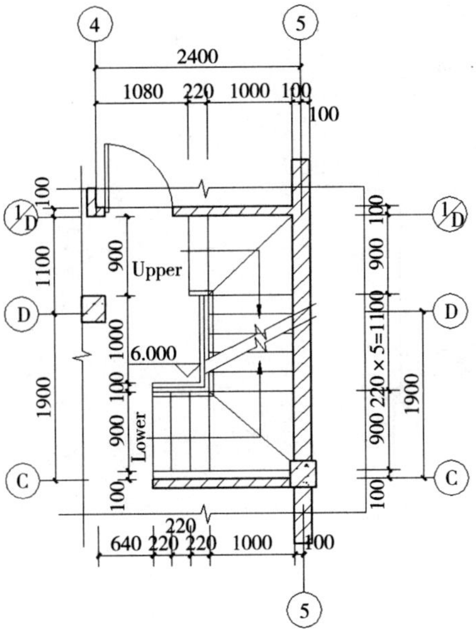

Third Floor Plan 1 : 50

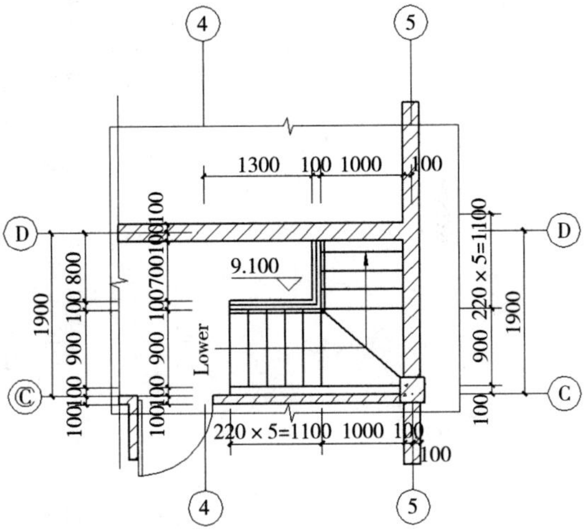

Fourth Floor Plan 1 : 50

Figure 6-1-3 Stair Plan Detail

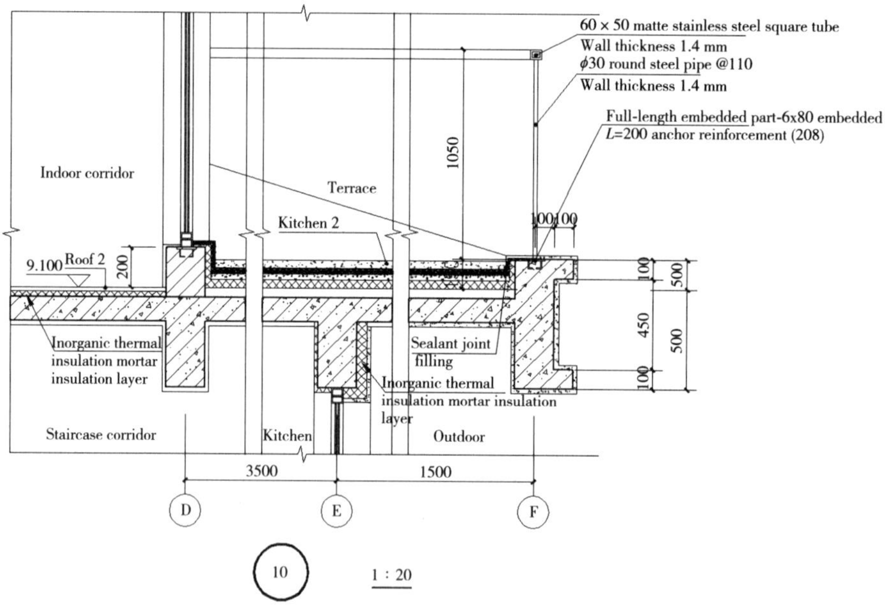

Figure 6-1-4 Balcony Detail Drawing

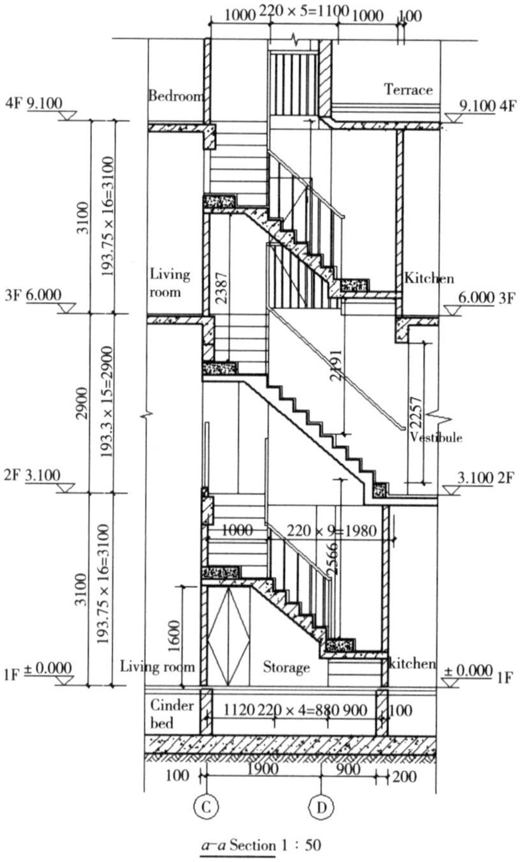

Figure 6-1-5 Staircase Detail Drawing

4.Requirements for Architectural Details

Detail drawings must clearly and comprehensively illustrate the content, with complete and standardized dimensions and detailed textual descriptions. They should generally depict the detailed construction of components and fittings, the various materials used and their specifications, the construction connection methods and relative positional relationships of each part, the detailed dimensions of each section and detail, as well as relevant construction requirements, structural layers, and fabrication method descriptions. Additionally, architectural detail drawings must include a drawing title or detail symbol, which should correspond to the index symbol on the referenced drawing, with the scale noted at the bottom right of the detail symbol. For building components and nodes that utilize standard or general drawings, it is sufficient to indicate the name, model, and page number of the drawing set used, without the need to create additional detail drawings.

5.Symbols and Applications of Architectural Details

1) Detail Reference Symbol

The detail reference symbol is used for indexing local enlargements or sectional enlargements of the original drawing. (Figures 6-1-6, 6-1-7)

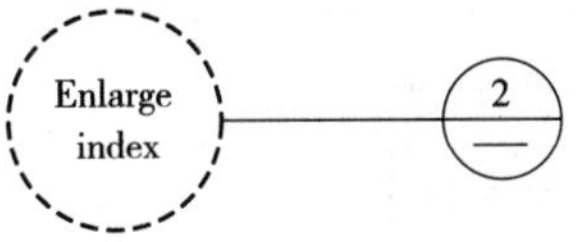

Figure 6-1-6 Enlargement Indexing of the Original Shape

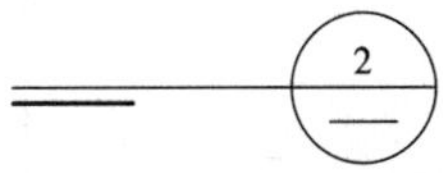

Figure 6-1-7 Sectional Enlargement Indexing

A detail reference symbol has the detail number above the horizontal line and the drawing number where the detail is located below the line. The circle is drawn with a thin solid line, with a diameter of 10 mm, as shown in Figure 6-1-8.

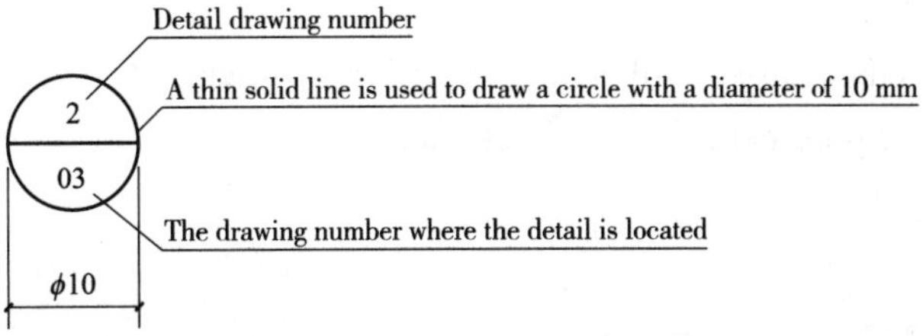

Figure 6-1-8 Meaning of Each Part of the Detail Index Symbol

2) Detail Symbol

The detail symbol is used for numbering detail drawing titles. A detail symbol consists of a detail number above a horizontal line and the drawing number of the index drawing below the line, enclosed within a bold solid-line circle with a diameter of 14 mm. If the detail is on the same drawing, only the detail number is indicated. (Figures 6-1-9 to 6-1-13)

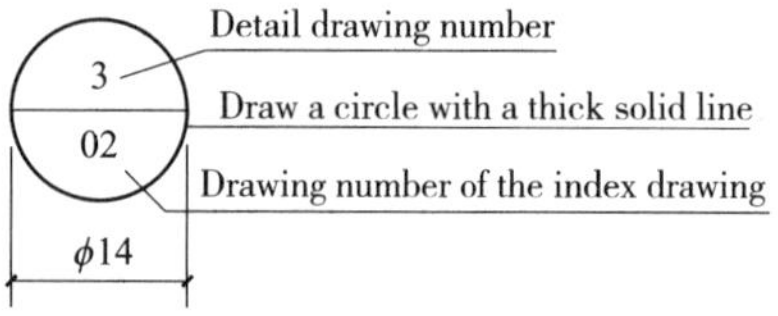

Figure 6-1-9　Meanings of Each Part of the Detail Symbol

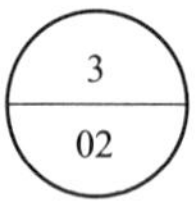

Figure 6-1-10　Detail and Index Drawing on Different Sheets

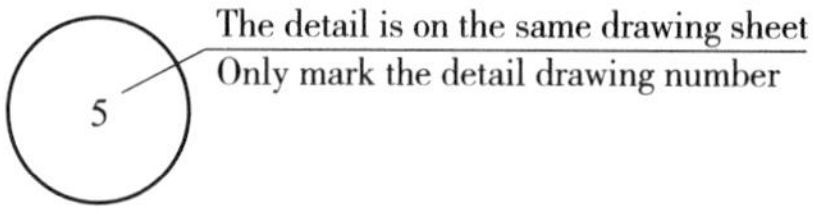

Figure 6-1-11　Detail and Index Drawing on the Same Sheet

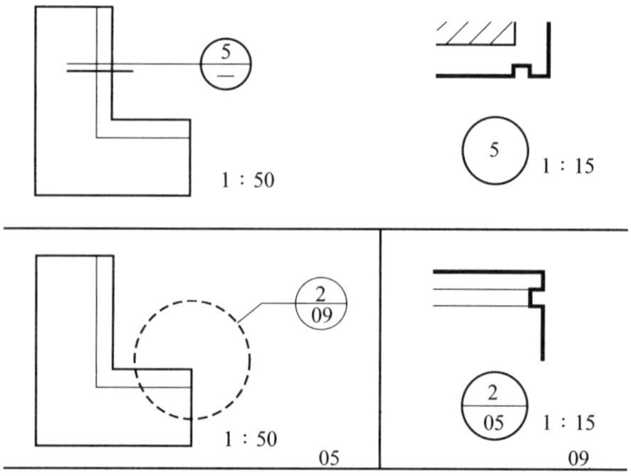

Figure 6-1-12　Details under the Same Drawing Number

Knowledge Assessment

(1) What are the characteristics of architectural detail drawings?

(2) What are the requirements for architectural details?

Section 2 Detailed Drawings of Building Exterior Walls

Content Guide

Scan the QR code to watch the accompanying micro-lectures and teaching animations, and answer the following questions.

(1) What is an exterior wall detail drawing?

(2) What is the purpose of an exterior wall detail drawing?

Detailed Drawings of Building Exterior Walls

Key Knowledge Points

1.The Function of an Exterior Wall Detail Drawing

In engineering, an exterior wall detail drawing is essentially a magnified partial view of the exterior wall from the ground level outside the building up to the roof eave, extracted from the architectural section drawing, serving as a detailed construction drawing for building components.

Exterior wall detail drawings, in conjunction with architectural floor plans, provide specific construction methods for wall masonry, interior and exterior decoration, door and window installation, placement of prefabricated components or fittings, and serve as a basis for preparing project budgets and material procurement.

2.Interpretation of Exterior Wall Detail Drawings

Taking the exterior wall detail drawing of the F-axis section 1-1 in Figure 6-2-1 as an example, this section explains how to interpret exterior wall detail drawings. The exterior wall detail drawing is entirely consistent with the section position in the plan view or the detail index mark in the elevation view, including orientation and axis numbering, and is drawn at an enlarged scale. In this example, the scale of the exterior wall detail drawing is 1 ∶ 20.

In the exterior wall detail drawing, certain architectural components (such as doors, windows, stairs, balconies, various decorations, etc.) or certain architectural section nodes (such as eaves, window sills, drainage or apron, floor layers, roof layers, etc.) from the building plan, elevation, and section views are clearly depicted at a larger scale, showing detailed constructions (including styles, layers, methods, materials, detailed dimensions, etc.), as illustrated in Figure 6-2-2.

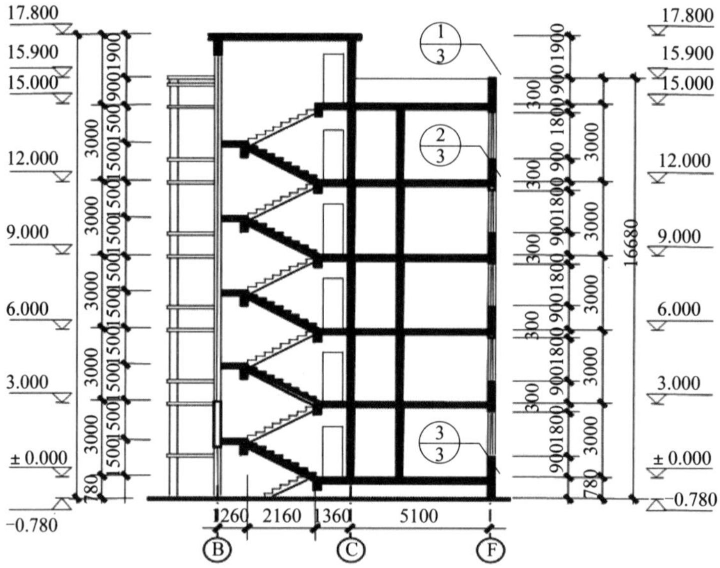

1-1 Section View 1：100

Figure 6-2-1 Building Section 1-1

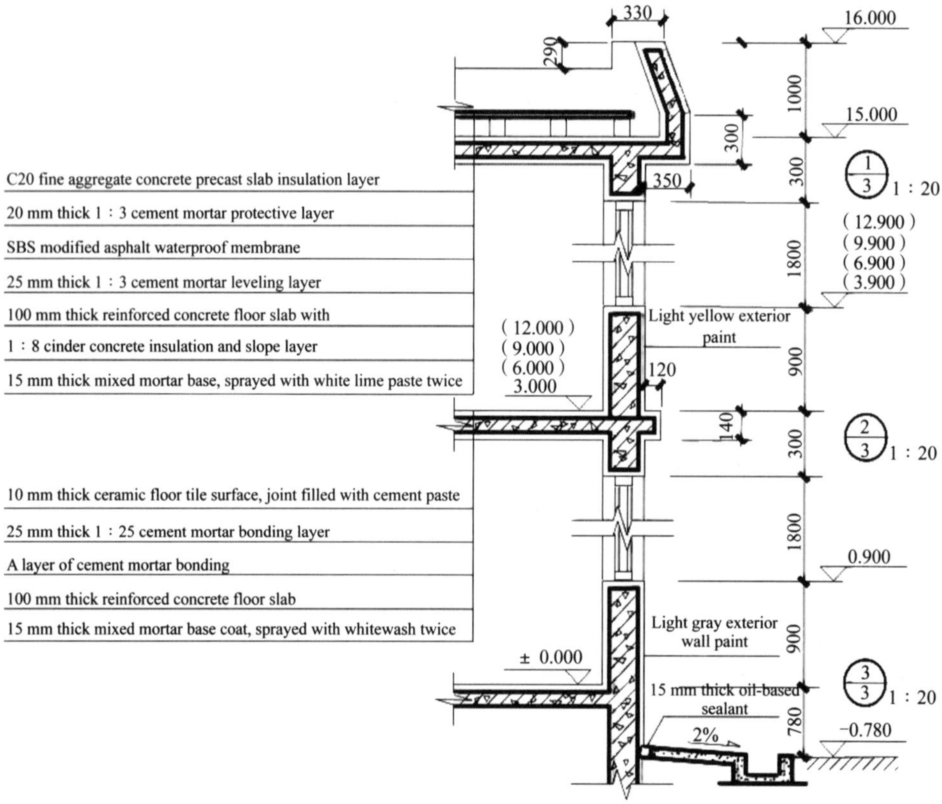

Figure 6-2-2 Detailed Drawing of Exterior Wall

The following points can be understood from the illustration.

1) Construction Method of Floor Node

This node indicates the position of the ring beam and lintel (in this case, the ring beam and lintel are combined into one). The floor slab rests on the transverse wall and is constructed with five layers. The surface layer is tiled, the ceiling surface is finished with mixed mortar plaster and painted white. The thickness, materials, and construction methods of other structural layers are detailed in the textual notes of the drawing.

2) Construction Details of the Eaves Node

The eaves in the drawing adopt the form of a parapet with a height of 1,000 mm. The roof construction consists of a cinder concrete insulated roof, where the 1 : 8 cinder concrete also serves as a slope-forming layer. The waterproofing layer employs Styrenic Block Copolymers (SBS) modified asphalt membrane waterproofing, topped with a cement mortar protective layer, followed by a C20 stone concrete precast slab as the thermal insulation layer.

3) Review the Indicated Dimensions

The drawing specifies the elevations of the outdoor ground level, indoor ground floor level, window sill, window head, floor level, ceiling level, bottom and top surfaces of the eaves, as well as the elevations at the floor nodes. Among these, the heights of 6.000, 9.000, and 12.000 are enclosed in brackets, indicating that the node drawing remains applicable at these corresponding floor heights. Additionally, the drawing notes the elevations of various parts, vertical dimensions, and detailed wall dimensions. The detailed drawing also includes corresponding material legends.

3.Notes on Drawing Interpretation

(1) The exterior wall details clearly and comprehensively illustrate the majority of structural and finishing practices in each project. However, when reviewing the drawings, in addition to understanding the content depicted on the drawings, it is essential to carefully cross-reference with other drawings. For example, the foundation wall details below the plinth should be read in conjunction with the foundation plan and section drawings in the structural construction drawings. Similarly, the floors, eaves, balconies, and canopies should be reviewed alongside the structural floor plans and detailed section drawings in the structural construction drawings. This approach enhances comprehension and helps identify interconnections and potential issues among the drawings, as shown in Figure 6-2-3.

(2) When reading exterior wall details, it is essential to repeatedly verify the consistency of dimensions and elevations within the drawings, as well as cross-check with other drawings in the same discipline or structural drawings. Many discrepancies in dimensions, elevations, or even construction methods arise due to designers' oversight or lack of experience, leading to inconsistencies between drawings within the same discipline or across different disciplines. These inconsistencies can create significant difficulties for construction personnel when interpreting the drawings, as illustrated in Figure 6-2-4.

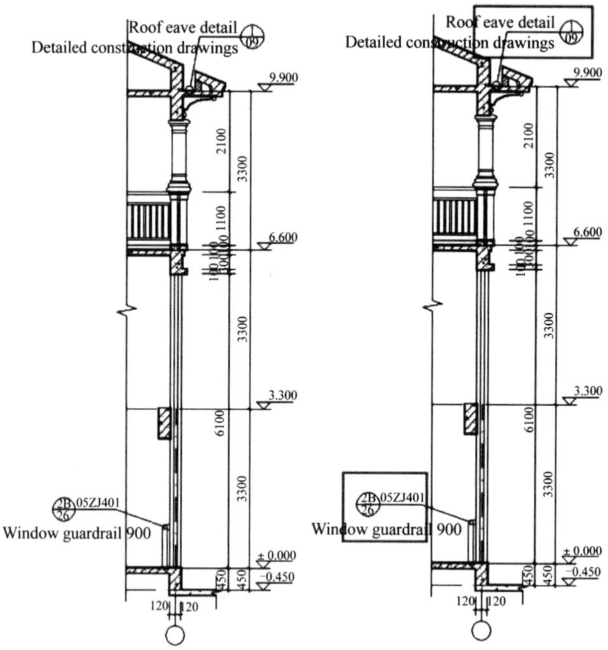

Figure 6-2-3 Exterior Wall Details Should Be Cross-Referenced with Other Drawings

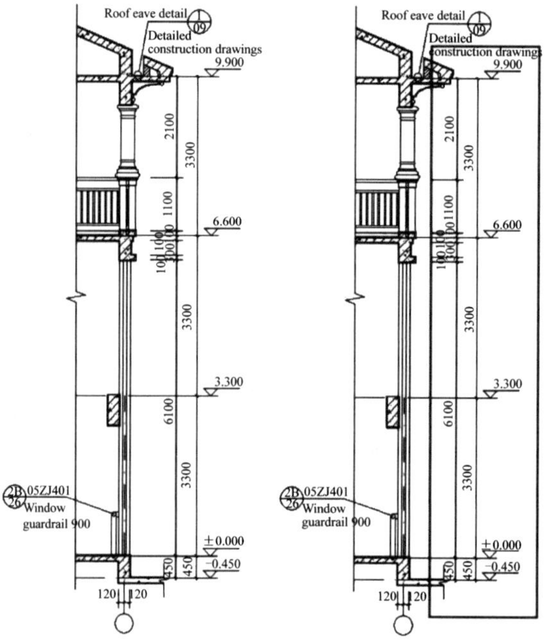

Figure 6-2-4 Verifying the Consistency of Dimension Annotations and Elevations

Knowledge Assessment

Fill-in-the-blank Questions

Carefully study Figure 6-2-2, the detailed drawing of the exterior wall, and answer the following questions.

(1) The floor adopts a ______ layer construction, while the roof employs a ______ layer construction.

(2) Outdoor drainage adopts a ______ type drainage system.

(3) Window sill height is ______ mm, eave overhang width is ______ mm.

(4) Exterior wall decoration adopts ______.

Section 3 Detailed Drawings of Building Stairs

Content Guide

Detailed Drawings of Building Stairs

Scan the QR code to watch the accompanying micro-lectures and teaching animations, and answer the following questions.

(1) What is the purpose of detailed stair drawings?

(2) What does the content of detailed stair drawings include?

Key Knowledge Points

Stairs are essential facilities for vertical circulation in buildings, consisting of flight segments (referred to as flights), landing platforms, railings (or parapets), and handrails. A flight is an inclined structural element connecting platforms at different elevations, with treads provided on its surface. Landing platforms serve for rest, buffering, and transitioning between flights, while railings (or parapets) and handrails ensure the safety of stair traffic.

In modern architecture, cast-in-place or prefabricated reinforced concrete stairs are commonly used. Due to the complexity of stair construction, separate detailed stair drawings are required to reflect the layout type, structural form, as well as the detailed construction, dimensions, and finishing methods of treads, railings (or parapets), handrails, and non-slip strips. Stair detail drawings serve as the basis for stair lofting and construction.

For more complex stairs, separate architectural and structural professional drawings should be prepared. For stairs with simpler finishes, a single combined stair detail drawing is sufficient.

1.Content of Stair Detail Drawing

Stair architectural detail drawings generally consist of stair floor plans, stair sections, and details of treads, railings (or parapets), handrail connections, etc. If there is a stair section detail, corresponding cutting symbols should be indicated on the first-floor stair plan to show the cutting position and viewing direction of the section.

2.Staircase Plan

The staircase plan is an orthographic projection created by using an imaginary horizontal cutting plane positioned more than 1 meter above the ground level, looking downward. To clearly illustrate the structural components and dimensions of the staircase, it is typically drawn at a larger scale, commonly 1 ∶ 50, as shown in Figure 6-3-1.

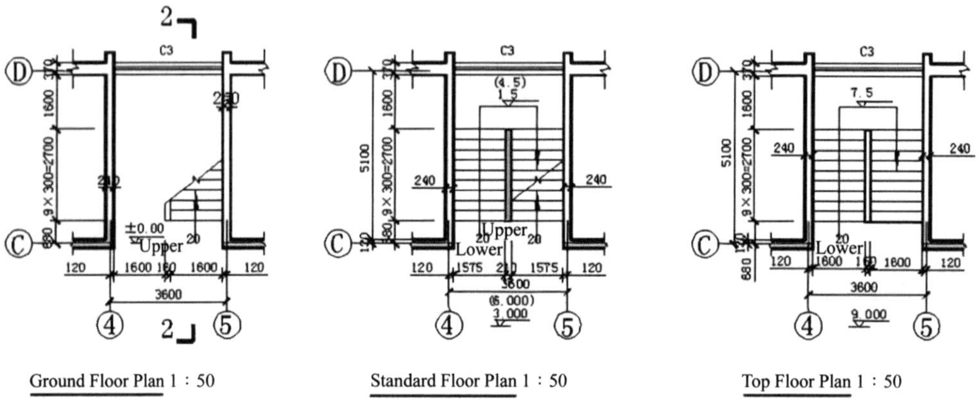

Figure 6-3-1 Staircase Plan

3.Staircase Sectional Drawing

A staircase sectional drawing is a projection obtained by using an imaginary vertical cutting plane passing through the same position of stair flights and door/window openings on each floor, retaining the parts with uncut stair flights, and projecting orthogonally towards the direction of the uncut stair flights. It is typically drawn at a scale of 1 ∶ 50, as shown in Figure 6-3-2.

4.Staircase Detail Drawings

Staircase detail drawings primarily include detailed views of staircase components such as treads, handrails, and railings (or parapets), typically drawn at larger scales like 1 ∶ 20 or 1 ∶ 10. If standard drawing sets are used, it is sufficient to directly reference the standard drawing set number, as illustrated in Figure 6-3-3.

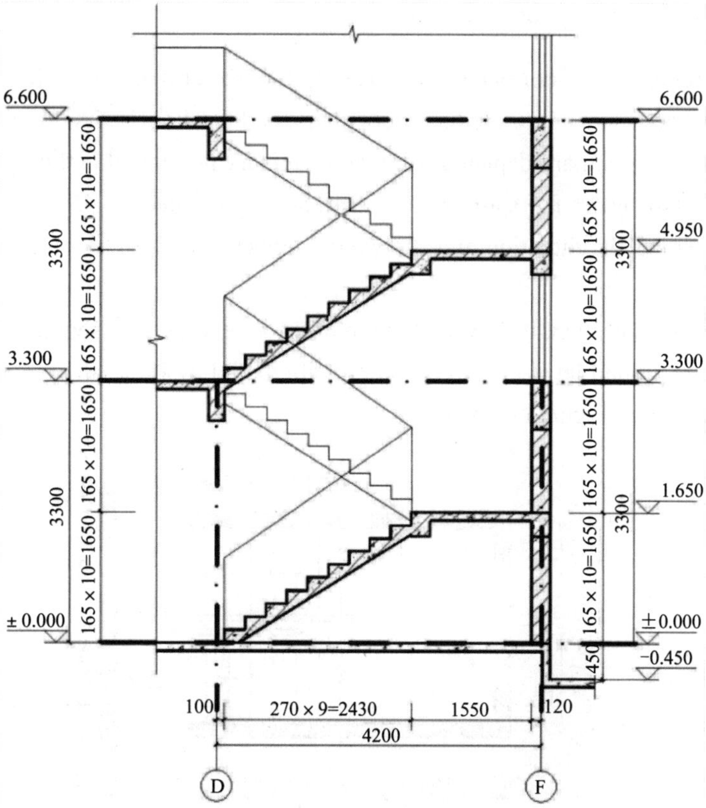

Figure 6-3-2 Staircase Sectional View

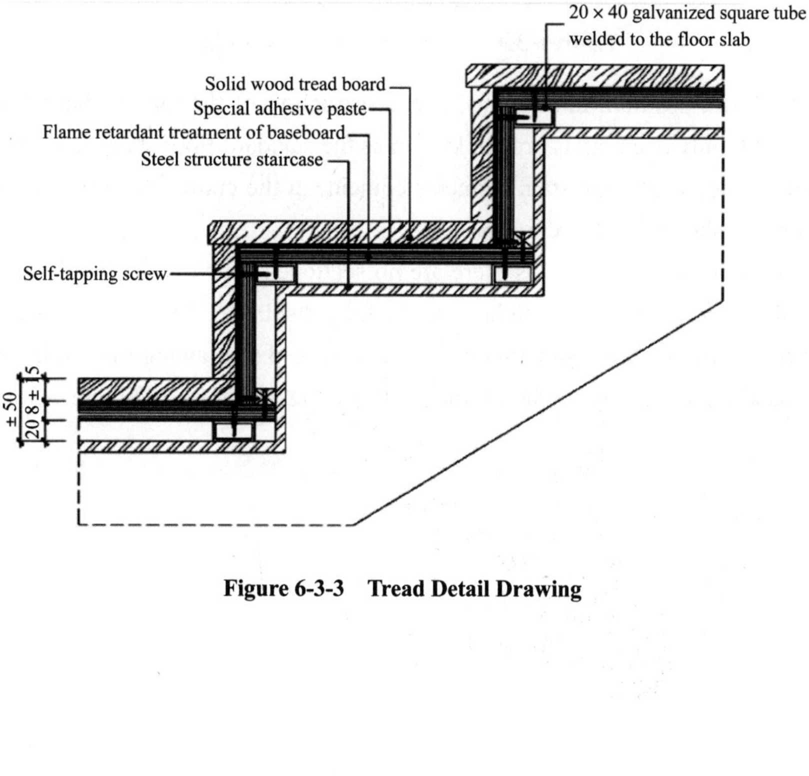

Figure 6-3-3 Tread Detail Drawing

5.Drawing Detailed Plan of Staircase

Similar to architectural floor plans, stair plans require the drawing of each level's stair layout, including the basement stairs, intermediate floor stairs, and top floor stairs. Since the stair layouts at each level in the diagram are depicted using an imaginary horizontal cutting plane sectioned at 1.2 m above the floor level, the stair sections here are represented by 45° diagonal break lines, with arrows indicating the direction and the words “upper” or “lower” annotated on each stair segment.

In the basement stair plan, it shows a portion of the ascending stair segment and the stair section connecting the ground level at zero elevation with the lobby floor, along with the section cut symbols, as illustrated in Figure 6-3-4.

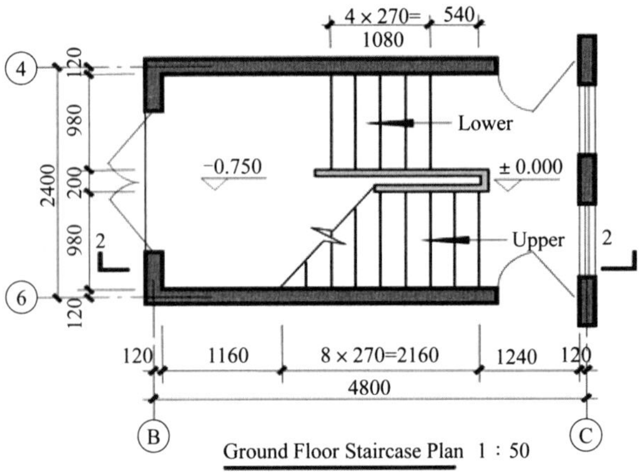

Figure 6-3-4 Ground Floor Stairway Plan

When the form, position, dimensions, and construction of the intermediate floor stairs are identical, typically only one plan is drawn, known as the standard floor stair plan. The projections of the ascending and descending stair segments coincide at the cutting position, demarcated by a 45° break line, as shown in Figure 6-3-5.

In the top floor staircase plan, as there are no sectioned stair flights, the descending flights from the top floor and the intermediate landing are fully displayed. The directional arrow only indicates the downward direction, and attention should be paid to drawing the turning extension of the staircase handrail at the edge of the cantilevered landing, as shown in Figure 6-3-6.

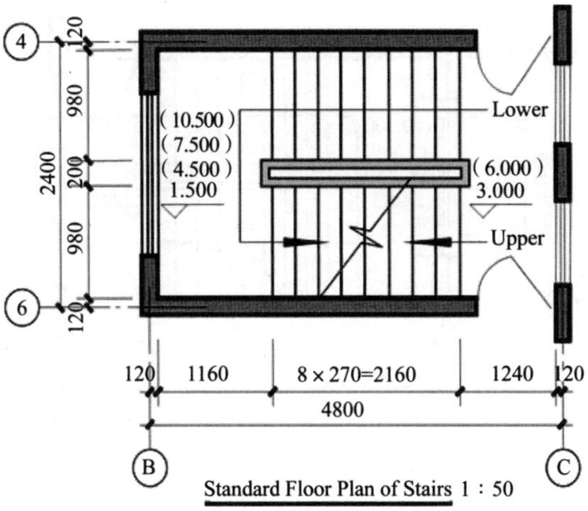

Figure 6-3-5 Standard Floor Stairway Plan

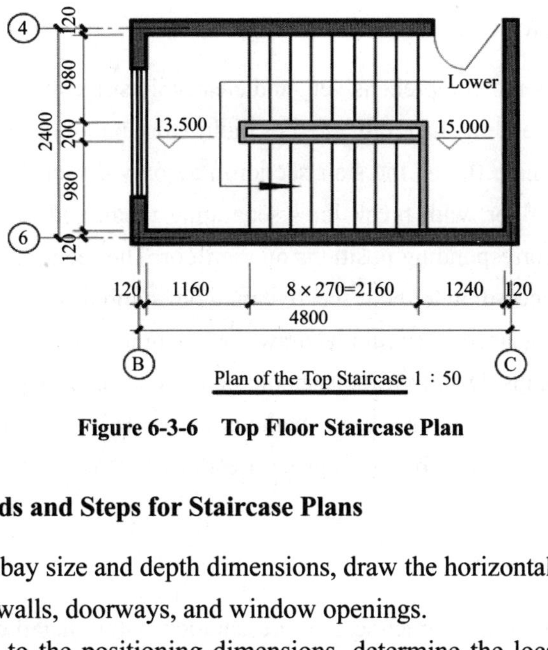

Figure 6-3-6 Top Floor Staircase Plan

6.Drawing Methods and Steps for Staircase Plans

First, based on the bay size and depth dimensions, draw the horizontal and vertical axes, then outline the positions of walls, doorways, and window openings.

Second, according to the positioning dimensions, determine the location and length of the stair flight, establish the width of the stair flight and the stairwell, then divide the stair flight length equally into n-1 parts, and draw the horizontal projection of the stair treads (where n is the number of steps).

Third, sketch the top width of the stair handrail around the stairwell, draw a 45° break line on the ascending flight, and then outline the door and window lines.

Fourth, refine and darken the drawing lines, erase any unnecessary lines, annotate dimensions, elevations, and axis symbols, and inscribe the drawing title and scale.

The stair plan is shown in Figure 6-3-7.

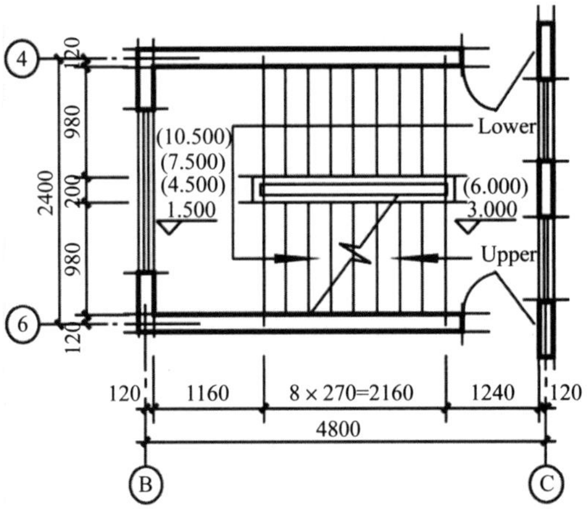

Figure 6-3-7 Stairs Floor Plan

7.Drawing the Stair Section

The stair section should comprehensively and clearly illustrate the construction and interrelationships of each flight, landing, handrail, etc. For multi-story buildings, if the stair construction is identical in the intermediate floors, the stair section may only depict the ground floor, one standard floor, and the top floor, with break lines separating them, and the elevation of each floor should be noted at the corresponding positions on the floor. The sectioned floor slabs, beams, and walls should be drawn according to the respective material symbols as per the legend.

Stair handrails and guardrails should be drawn at a height of 900 mm, paying attention to the front and back relationships. Detail symbols should be marked according to drafting standards, indicating the required parts and expression methods as needed. The dimensions of each flight should include the height and number of steps per tread, as well as the total height of the flight, as shown in Figure 6-3-8.

8.Drawing Stair Detail Nodes

A node detail drawing is a larger-scale representation within detail drawings, which magnifies or sectionally enlarges a specific local node to reflect the detailed construction of architectural and architectural decoration components. A stair node detail drawing specifically illustrates the intricate construction details of stairs, including steps, railings, handrails, and other parts, as shown in Figure 6-3-9.

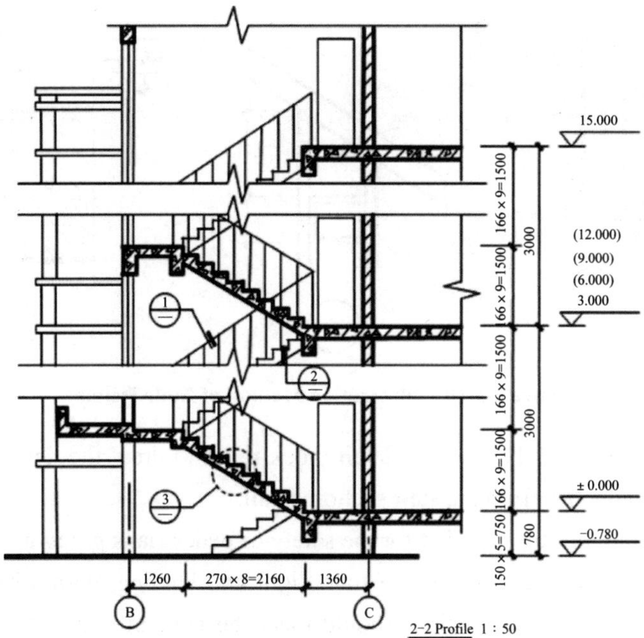

Figure 6-3-8 Stair Section Drawing

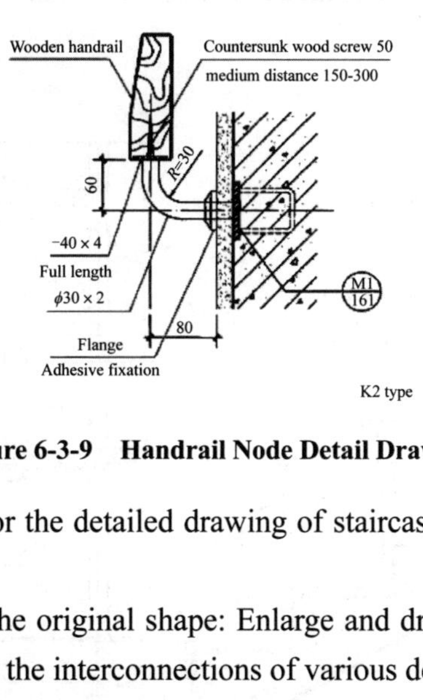

Figure 6-3-9 Handrail Node Detail Drawing

The illustration methods for the detailed drawing of staircase nodes (Figure 6-3-10) include the following two types.

(1) Local enlargement of the original shape: Enlarge and draw the key parts of the indexed graphic proportionally to clarify the interconnections of various decorative layers, specify detailed dimensions, and make the craftsmanship clearer.

(2) Local sectional enlargement: Reflect the internal structure by proportionally enlarging and drawing the key parts after sectioning.

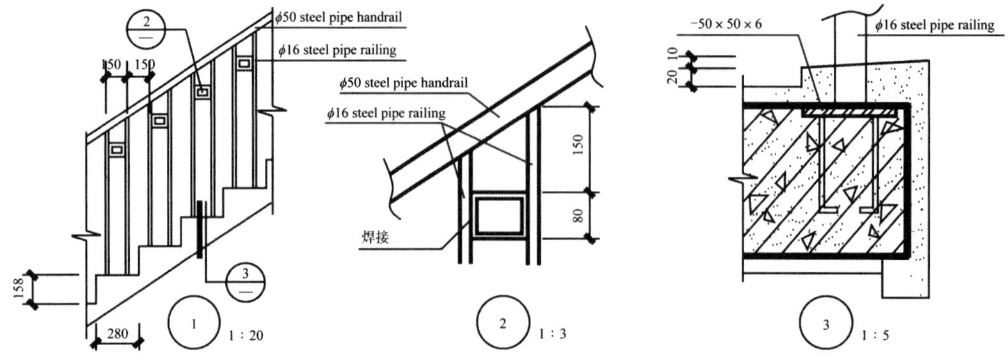

Figure 6-3-10 Illustration Method of Node Details

As shown in Figure 6-3-11, use the detail index mark to draw the detailed drawings of the stair treads and railing nodes from the stair section detail.

Railings and handrails are installed for the safety of pedestrians going up and down. Railings or parapets are set on the open side of the stair flight and landing, with a handrail on top. The form, size, and materials of the handrail should meet the general requirements for comfortable hand grip with moderate curvature. From detail drawings ① and ② in Figure 6-3-11, it can be seen that the top of the stair handrail is made of solid wood, and the bottom of the railing is welded to the stair treads.

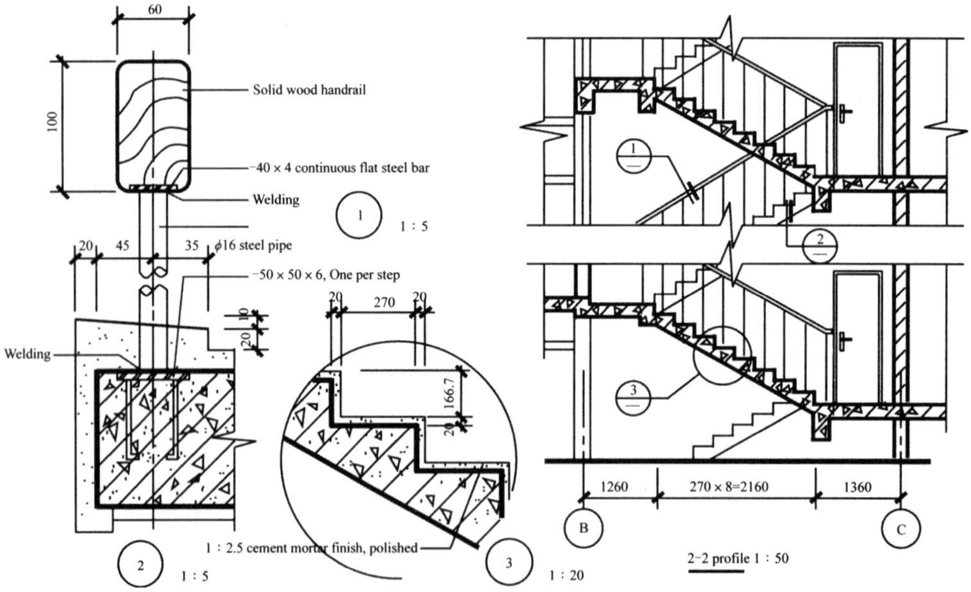

Figure 6-3-11 Drawing Detailed Nodes of Stair Treads and Handrails

Stair treads consist of horizontal tread surfaces and vertical risers. The tread detail drawing illustrates the cross-sectional shape and dimensions, materials, and surface treatment methods. The edges of the tread surfaces are prone to significant wear and slipping, so one or two anti-slip strips are installed along the front edge of the tread.

If the stair detail drawings are separately prepared for architectural and structural disciplines, ensure to verify the dimensions and elevations at the junctions of stair beams and slabs, as well as the consistency between structural and architectural finishes. In case of discrepancies, structural dimensions shall take precedence, followed by the determination of architectural finish dimensions.

Knowledge Assessment

Short Answer Questions

How to draw stair detail node drawings?

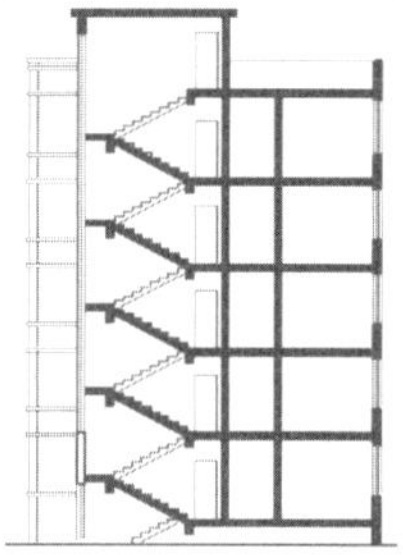

References

[1] Ministry of Housing and Urban-Rural Development of the People's Republic of China. Unified standard for building drawings: GB/T 50001-2017[S]. Beijing: China Architecture & Building Press, 2018.

[2] Ministry of Housing and Urban-Rural Development of the People's Republic of China. Standard for architectural drawings: GB/T 50104-2010[S]. Beijing: China Planning Press, 2011.

[3] Ministry of Housing and Urban-Rural Development of the People's Republic of China. Standard for general layout drawings: GB/T 50103-2010[S]. Beijing: China Planning Press, 2011.

[4] Ministry of Housing and Urban-Rural Development of the People's Republic of China. Standard for modular coordination of buildings: GB/T 50002-2013[S]. Beijing: China Architecture & Building Press, 2014.

[5] Ministry of Housing and Urban-Rural Development of the People's Republic of China. Uniform standard for design of civil building: GB 50352-2019[S]. Beijing: China Architecture & Building Press, 2019.

[6] Ministry of Public Security of the People's Republic of China. Code for fire protection design of buildings: GB 50016-2014[S]. 2018 ed. Beijing: China Planning Press, 2018.

[7] LI R, LI X X. Architectural drawing and construction [M]. 2nd ed. Beijing: China Architecture & Building Press, 2022.

[8] YIN B Q, ZHENG Q F. Practical training in building construction and drawing recognition [M]. 2nd ed. Wuhan: Huazhong University of Science and Technology Press, 2018.

[9] LI Y, LIN Q Q. Architectural drawing recognition and construction [M]. Beijing: Tsinghua University Press, 2019.

附录

建筑工程施工图识读综合实训

Appendix

Comprehensive Training in Reading and Understanding Construction Engineering Drawings

实训任务1 填写识图卡

一、任务目标

总目标：以案例图纸为载体，学生综合运用制图基础知识、建筑施工图识读知识、房屋构造知识进行施工图识读，并通过填写识图卡，使学生识读能力得到强化。具体目标包括以下几点。

（1）学生能够查阅相关规范和学习资料并完成任务。

（2）学生掌握建筑平面图、立面图、楼梯详图、建筑剖面图、其他大样图、节点详图、门窗表的识图方法和图示内容。

（3）学生通过对识图技能的自我评价，发现自身优势和不足，方便后续的查缺补漏和自我调整。

二、参考资料

（1）《房屋建筑制图统一标准》（GB/T 50001—2017）、《建筑制图标准》（GB/T 50104—2010）、《总图制图标准》（GB/T 50103—2010）。

（2）《中南地区工程建设标准设计建筑图集》98ZJ 系列、11ZJ 系列、15ZJ001 系列。

（3）《民用建筑设计统一标准》（GB 50352—2019）。

三、实施流程

教师布置任务→学生搜集相关资料→学生填写识图卡→学生填写自评表→教师批阅和点评。

四、成果提交形式

（1）学生完成附件 1——识图卡。

（2）学生完成附件 2——自评表。

附件 1　识图卡

教学楼识图报告

班级：　　　　　姓名：　　　　　学号：

1. 建筑平面图上的定位轴线上的轴号如图①所示，所用的圆圈直径为__________mm，用__________绘制。

A.8　细实线　　B.10　细实线　　C.12　中实线　　D.8　组实线

2. 室内外高差是__________m。

A. 0　　B. -0.470　　C. 0.470　　D. 3.600

3. 在一层平面图中，C1 窗的尺寸是______________mm。

A.2 000 × 1 800　　B.1 500 × 2 000　　C.2 700 × 2 000　　D.3 000 × 1 500

4. 散水的坡度是______________。

A.1%　　B.3%　　C.4%　　D.5%

5. 在一层平面图中，台阶的踏步宽度是_____________mm。

A.400　　B.350　　C.300　　D.450

6. 在一层平面图中，指北针的外圆直径为__________mm，指北针尾部宽度为____________mm。

A.25　5　　B.27　3　　C.20　5　　D.24　3

7. 一层平面图中墙厚是_____________mm。

A.200　　B.240　　C.180　　D.120

8. 符号索引的圆圈的直径为_____________mm。

A.9　　B.12　　C.15　　D.10

9. 在建筑图的表示方法中，索引符号（A/-）表示详图在_________。

A. 第 A 张图　　B. 本张图　　C. 首层平面图　　D. 查标准图集

10. 在二至三层的平面图中，走廊栏杆的厚度为___________mm。

A. 120　　B. 100　　C. 240　　D. 150

11. 在二至三层的平面图中 C3 窗共有___________扇。

A.5　　B.3　　C.4　　D. 6

12. 在二至三层的平面图中，走廊的排水坡度为___________。

A.1%　　B.3%　　C.4%　　D.5%

13. 在建施 06 中，二层窗台到室外地面的高度为_________m。

A.4.970　　B.4.500　　C.0.900　　D.3.600

14. 女儿墙的高度为____________mm。

A.600　　B.800　　C.900　　D.1 200

15. 雨篷大样出挑的长度为____________mm。

A.600　　B.800　　C.900　　D.1 200

16. 在楼梯详图中，二层上三层的楼梯共有__________级。

A.24　　B.26　　C.28　　D.30

17. 二层楼梯中间平台标高为____________m。

A.4.200　　B.3.600　　C.1.800　　D.5.400

18. 二至三层楼梯平面图的梯段宽为___________mm。

A.1 250　　B.1 650　　C.1 200　　D.1 320

19. 二至三层楼梯平面图中，楼层踏步宽度为__________mm。

A.200　　B.150　　C.250　　D.280

20. 二至三层楼梯平面图中，楼层踏步高度为__________mm。

A.200　　B.150　　C.250　　D.300

21. 二至三层平面图中，外走廊的净宽为____________mm。

A.2 000　　B.2 120　　C.1 880　　D.1 900

22. 勒脚的高度是___________mm。

A.500　　B.470　　C.900　　D.1 500

23. 外走廊栏杆采用____________材料制作。

A. 黏土砖　　B. 混凝土　　C. 钢筋混凝土　　D. 混凝土砌块

24. 教室和走廊的高差是___________mm。

A.20　　B.50　　C.100　　D.30

25. 走廊墙裙的颜色是__________。

A. 粉红色　　B. 白色　　C. 按标准图集　　D. 灰色

26. 该建筑屋面防水等级为_______级。

27. 构造柱的尺寸为_______mm。

28. 女儿墙的高度为_______mm。

29. 该建筑的抗震设防烈度为_______度。

30. 一楼卫生间的地面面层材料为_______。

31. 一层走廊地面为_______地面。

32. 二楼办公室地面的混凝土楼板的厚度为_______厚。

33. 二楼外廊楼面标高比楼层标高低_______。

34. 楼梯栏杆扶手采用_______扶手。

35. 楼梯防滑条的材料为_______。

36. 屋面天沟的宽度为_______ mm。

37. 台阶的做法为图集：_______。

38. 外墙面墙裙的面砖高度为_______。

39. 办公室踢脚线高度为_______。

40. 二至三楼的中间休息平台的宽度为_______。

办公楼识图卡

班级：　　　　姓名：　　　　学号：

1. 本工程楼梯间出屋面部分的层高为(　　)m。

2. 本工程建筑高度(规划)为(　　)m。

3. 本工程卫生间大样图出图比例为(　　)。

4. 本工程内隔墙的墙厚为(　　)mm。

A.120、240　　B.240、360　　C.240　　D.360

5. 本工程的 0.000 标高相当于国家高程(　　)m。

A.0.000　　B.0.150　　C.5.500　　D.14.350

6. 本工程台阶面层花岗岩板材的厚度为(　　)mm。

A.10　　B.20　　C.30　　D.50

7. 本工程 1#楼梯三层至四层共有(　　)级踏步。

A.24　　B.22　　C.12　　D.11

8. 本工程东面二层雨篷做法中防水层共有(　　)道。

A.4　　B.3　　C.2　　D.1

9. 本工程隔墙预留洞口待设备安装完毕后用(　　)材料封堵。

A. 水泥砂浆　　B. 细石混凝土　　C. 密封膏　　D. 防火岩棉

10. 本工程二层办公室空调孔中心距离楼面高度为(　　)mm。

A.60　　B.120　　C.2 500　　D.2 600

11. 本工程西面入口坡道的坡度是(　　)。

A.10%　　B.1%　　C.0.10%　　D.0.01%

12. 本工程消防救援口尺寸(宽 × 高)为(　　)mm。

A.1 300 × 1 500　　B.2 600 × 1 500　　C.1 500 × 1 300　　D.1 500 × 2 600

13. 本工程二层北面空调机位栏板顶标高为(　　)。

A.3.900　　B.4.700　　C.7.400　　D.4.650

14. 本工程卫生间隔墙的墙体材料为(　　)。

A. 加气混凝土砌块　　B. 页岩多孔砖　　C. 轻质隔墙　　D. 黏土砖

15. 本工程屋面的排水坡度为(　　)。

A.0.50%　　B.1%　　C.2%　　D.3%

16. 本工程 1#楼梯四层平台处水平护栏防护高度为(　　)mm。

A.800　　B.900　　C.1 000　　D.1 100

17. 本工程外立面空调机位栏板(翻边以上)的材质为(　　)。

A. 成品彩铝栏板　　B. 青灰色面砖　　C. 外墙真石漆　　D. 灰色涂料

18. 本工程电梯机房的检修梯材质为(　　)。

A. 钢筋混凝土　　B. 钢材　　C. 木材　　D. 砖砌体

19. 本工程耐火等级为(　　)。

A. 一级　B. 二级　C. 三级　D. 四级

20. 本工程建施 15 中 1 号节点详图索引自(　　)。

A. 建施 06　B. 建施 07　C. 建施 09　D. 建施 15

21. 本工程楼梯间出屋面门槛顶标高为(　　)m。

A.14.700　B.14.400　C.14.350　D.14.050

22. 本工程北入口处门的高度为(　　)mm。

A.2700　B.2800　C.3100　D.3150

23. 本工程散水宽度为(　　)mm。

A.150　B.500　C.600　D.700

24. 本工程三层平面办公室门 M2 的门垛尺寸为(　　)mm。

A.60　B.120　C.240　D.360

25. 本工程空调机位平台建筑完成面坡度为(　　)。

A.0.50%　B.1.00%　C.1.50%　D.2.00%

26. 本工程 17 号图纸中 5 号详图的屋面找坡层材料为(　　)。

A. 水泥焦渣　B. 水泥砂浆　C. 泡沫混凝土　D. 细石混凝土

27. 本工程 1#卫生间前室预留空门洞尺寸(宽 × 高)为(　　)mm。

A.2 200 × 3 500　B.2 200 × 2 100　C.900 × 2 100　D. 未标注

28. 本工程 1#楼梯踏步宽度为(　　)mm。

A.159　B.270　C.1 920　D.2 580

29. 本工程屋面檐沟构造中未采用的材料为(　　)。

A. 挤塑聚苯板　B. 沥青防水涂膜　C. 泡沫混凝土　D. 沥青防水卷材

30. 关于本工程下列说法正确的为(　　)。

A. 外墙窗顶线条饰面为青灰色面砖　B. 屋面为正置屋面

C. 一层门厅顶棚为铝条板饰面　D. 屋面为结构找坡排水设计

31. 关于本工程说法正确的是(　　)。

A. 每层均设置了卫生间

B. 室内可以存放火灾危险性等级为乙类的物品

C. 商铺顶棚采用铝条板吊顶

D. 采用 70 系列建筑节能窗

32. 本工程三层平面中不同尺寸门的类型有(　　)种。

A.2　B.3　C.4　D.5

33. 本工程 1#楼梯标高 5.650 m 处平台翻边高度为(　　)mm。

A.120　B.240　C.200　D.100

34. 本工程窗采用图集(06J607-1)中的(　　)。

A.70 系列推拉窗　B.80 系列平开窗

C.70 系列推拉窗、平开窗、固定窗　D.80 系列推拉窗、平开窗、固定窗

35. 本工程卫生间楼面与本层楼面的建筑完成面高差为(　　)mm。

A.300　　B.150　　C.30　　D.15

36. 本工程门厅入口朝向为(　　)。

A. 朝北　　B. 朝南　　C. 北偏西　　D. 南偏西

37. 关于本工程下列说法错误的为(　　)。

A. 本工程东西两侧均设置有消防救援口　　B. 屋面檐沟设置有过水孔

C. 卫生间前室的管井门为防火门　　D. 楼梯间为开敞式

38. 本工程二层北面办公室钢筋混凝土窗台板厚度为(　　)mm。

A.100　　B.120　　C.240　　D.60

39. 本工程散水与外墙之间变形缝用(　　)材料封堵。

A. 水泥砂浆　　B. 混凝土　　C. 建筑胶水　　D. 沥青胶泥

40. 本工程 1#楼梯三至四层的中间休息平台建筑标高为(　　)。

A.3.900　　B.5.650　　C.7.400　　D.9.150

41. 本工程的框架抗震等级为(　　)级。

A. 一　　B. 二　　C. 三　　D. 四

42. 本工程 0.000 以上外墙块材的强度等级为(　　)。

A.M7.5　　B.MU10　　C.A3.5　　D.M10

43. 本工程基础采用(　　)。

A. 筏形基础　　B. 独立基础　　C. 条形基础　　D. 桩基础

办公楼建筑设计说明识图卡

班级：　　　　姓名：　　　　学号：

1. 该项目建筑基底面积为(　　　)㎡;办公楼建筑面积为(　　　)㎡。
2. 本工程建筑高度为(　　　)m。
3. 本工程建筑结构形式为(　　　)。
4. 建筑物耐火等级为(　　　)。
5. 本工程室内底层地坪标高为(　　　),室内外高差为(　　　)mm。
6. 本工程图纸总图尺寸及标高单位为(　　　),其余均为(　　　)。
7. 外围护墙及分户墙厚度为(　　　)厚。
8. 非承重的外墙材料为(　　　);非承重的内墙材料为(　　　)。
9. 墙身水平防潮层做法为(　　　　　　　　)。
10. 砌筑墙留洞待管道设备安装完毕后,用(　　　)填实。
11. 穿楼板管道应按照各工种要求预埋(　　　)。
12. 本工程的屋面防水等级为(　　　)级。
13. 本工程所有铝合金外门窗均采用(　　　)系列
14. 建筑外门窗遵照(　　　),气密性能分级为(　　　)级,隔声性能不小于(　　　)dB。
15. 门窗玻璃的选用应遵照有关规定:全玻门及落地门窗需采用(　　　)。
16. 公共走廊上疏散用的平开防火门应设(　　　)。
17. 设有外墙外保温的建筑构造详见(　　　)、(　　　)及(　　　)。
18. 散水宽为(　　　)mm。
19. 外挑檐做法见(　　　)或(　　　)。
20. 内装修工程执行的规范为(　　　　　　　　)。
21. 楼梯、平台、护窗栏杆除图中注明外均选用(　　　),油漆选用(　　　)。
22. 室内装修所采用的油漆涂料见(　　　)表。
23. 木门窗油漆选用(　　　)。
24. 室内外各项露明金属件的油漆为(　　　　　)。
25. 本工程执行的防护规范为(　　　　　)。
26. 该建筑的防火分区为(　　　)层为防火分区一,(　　　)为防火分区二。每层设置(　　　)个疏散出口。
27. 普通楼梯间的疏散楼梯数量为(　　　)个/层。
28. 阳台、走廊栏杆采用垂直杆件,未特别注明时,净距不应大于(　　　)mm。
29. 为防止裂缝,两种材料的墙体交接处,应设置(　　)或(　　)。

附件 2　自评表

<table>
<tr><td colspan="5">班级：　　　姓名：　　　学号：
项目名称：</td></tr>
<tr><td>目标</td><td>目标达成度为 85%以上</td><td>目标达成度为70%~85%</td><td>目标达成度为70%~50%</td><td>目标达成度为 50%以下</td></tr>
<tr><td>熟练掌握建筑平面图图示内容并能正确答题</td><td></td><td></td><td></td><td></td></tr>
<tr><td>熟练掌握建筑立面图图示内容并能正确答题</td><td></td><td></td><td></td><td></td></tr>
<tr><td>熟练掌握建筑剖面图图示内容并能正确答题</td><td></td><td></td><td></td><td></td></tr>
<tr><td>熟练掌握建筑楼梯详图图示内容并能正确答题</td><td></td><td></td><td></td><td></td></tr>
<tr><td>熟练掌握建筑其他大样图、节点详图、门窗表图示内容并能正确答题</td><td></td><td></td><td></td><td></td></tr>
<tr><td colspan="5">对于本次工作任务，你有什么建议？</td></tr>
</table>

实训任务 2　编制教学楼识图报告

一、任务目标

总目标：以案例图纸为载体，学生综合运用制图基础知识、建筑施工图识读知识、房屋构造知识进行施工图识读，并通过编制识图报告，使学生能够按照一定的思维方法和逻辑顺序，合理组织语言、清晰地将识图内容表达出来。具体目标包括以下几点。

（1）学生在拿到一套完整的建筑施工图时，知道如何开展识图、掌握识图步骤。

（2）学生能够查阅相关规范和学习资料并完成任务。

（3）掌握建筑平面图、立面图、楼梯详图、建筑剖面图、其他大样图、节点详图、门窗表的主要图示内容，并能按照一定的逻辑顺序，采用文字形式规范地表达识图内容。

（4）学生通过对编制识图报告能力的自我评价，发现自身优势和不足，方便后续的查缺补漏和自我调整。

二、参考资料

（1）《房屋建筑制图统一标准》（GB/T 50001—2017）、《建筑制图标准》（GB/T 50104—2010）、《总图制图标准》（GB/T 50103—2010）。

（2）《中南地区工程建设标准设计建筑图集》98ZJ 系列、11ZJ 系列、15ZJ001 系列。

（3）《民用建筑设计统一标准》（GB 50352—2019）。

三、实施流程

教师布置任务→学生搜集相关资料→学生编制识图报告→学生填写自评表→教师点评。

四、成果提交形式

（1）学生完成表 1——识图报告。

（2）学生完成表 2——自评表。

表1　识图报告

班级：　　姓名：　　学号：

项目名称：

一、项目概况

主要介绍工程名称、地点、结构类型、抗震设防烈度、总高度、总建筑面积等。

二、工程做法

列举楼地面、墙面、顶棚、其他室内装修的做法（简要概括即可。比如：**部位为**楼地面、外墙面墙裙做法为图集）。

三、平面图图示内容

（1）首层平面图：识读建筑物朝向，建筑总长、宽，墙体位置、厚度，柱子尺寸；平面布置情况（房间的开间、进深）、门窗洞口尺寸和形式、各部位标高、附属设施（台阶、散水、花池等）、剖切符号位置。

（2）标准层平面图：平面布置情况（房间的开间、进深）、门窗洞口尺寸和形式、各部位标高、附属设施（阳台、雨篷）。

（3）屋顶平面图：识读排水情况（排水分区、天沟、屋面坡度等）和突出屋顶的天窗、电梯机房、水箱间、检查口等位置。

四、立面图图示内容

(1)根据图名确定是建筑物的哪个立面。

(2)按照北、南、东、西立面图的顺序来识读,分别记录以下内容(下同):建筑物竖向的外部形状、门窗大小、数量。

(3)主要部位的高度(包括室内外地坪、各楼层、门窗洞口上下口、台阶、雨篷、檐口、屋面等部位标高)和尺寸标注。

(4)外墙面的装修做法有哪几种,分别在哪些位置。

温馨提示:在阅读立面图时,要跟平面图联系起来。

五、楼梯详图

根据楼梯详图(结合楼梯平面图和楼梯剖面图)识读下列内容。

(1)楼梯间开间、进深。

(2)各层楼层平台标高、中间休息平台标高。

(3)梯段宽度、平台深度,踏步宽、高,各层步级数和踏步数。

(4)梯井、栏杆扶手等相关内容。

六、剖面图

(1)阅读图名和比例,并查阅底层平面图上的剖面图的剖切符号,明确剖面图的剖切位置和投射方向。

(2)读剖面图中的标注和标高,确定建筑物的层高、剖切到的门窗高度、楼梯平台高度、屋檐部位的高度等。

(3)结合屋顶平面图查阅屋顶的形状、做法、排水情况等。

(4)根据索引符号所在的位置及编号。

七、其他大样图、节点详图、门窗表图示内容

(1)识读索引符号表达的含义。

(2)识读大样、节点详图图示内容、构造做法等。

(3)识读门窗表图示内容。

表2　自评表

班级：　　姓名：　　学号： 项目名称：				
目标	目标达成度为 85%以上	目标达成度为 70%~85%	目标达成度为 70%~50%	目标达成度为 50%以下
熟练掌握识图步骤并能清晰表达				
熟练掌握建筑平面图图示内容并能清晰表达				
熟练掌握建筑立面图图示内容并能清晰表达				
熟练掌握建筑剖面图图示内容并能清晰表达				
熟练掌握建筑楼梯详图图示内容并能清晰表达				
熟练掌握建筑其他大样图、节点详图、门窗表图示内容并能清晰表达				
对于本次工作任务，你有什么建议？				

Practical Task 1 Filling Out the Drawing Identification Card

Ⅰ. Task Objectives

General Objective: Using case drawings as a carrier, students will comprehensively apply basic drawing knowledge, architectural construction drawing reading knowledge, and house construction knowledge to read construction drawings. By filling out the drawing identification card, students' reading abilities will be strengthened. Specific objectives include the following.

(1) Students will be able to refer to relevant standards and learning materials to complete the task.

(2) Students will master the methods of reading architectural floor plans, elevation drawings, staircase detail drawings, architectural sections, other detailed drawings, node details, and window and door schedules.

(3) Through self-evaluation of their drawing reading skills, students will discover their strengths and weaknesses, facilitating subsequent identification of gaps and self-adjustment.

Ⅱ. Reference Materials

(1) "Unified standard for building drawings" (GB/T 50001-2017), "Standard for architectural drawing (GB/T 50104-2010), "Standard for general layout drawings (GB/T 50103-2010).

(2) Central-south region engineering construction standard design building atlas 98ZJ series, 11ZJ series, 15ZJ001 series.

(3) "Unified standard for design of civil building" (GB 50352-2019).

Ⅲ. Implementation Process

Teacher assigns the task → Students gather relevant materials → Students fill out the drawing identification card → Students complete the self-evaluation form → Teacher reviews and provides feedback

Ⅳ. Submission Requirements

(1) Students must complete the attachment 1—drawing identification card.

(2) Students must complete the attachment 2—self-assessment form.

Attachment 1 Drawing Identification Card

Classroom Building Drawing Identification Card

Class: Name: Student ID:

1. The circle diameter of the axis number on the positioning axis in the floor plan as shown in Figure  is______mm, drawn with______.

A. 8, thin solid line B. 10, thin solid line
C.12, medium solid line D. 8, thick solid line

2. The height difference between the interior and exterior is _______ meters.

A. 0 B. −0.470 C. 0.470 D. 3.600

3. In the first-floor plan, the size of window C1 is_______mm.

A. 2,000 × 1,800 B. 1,500 × 2,000 C. 2,700 × 2,000 D. 3,000 × 1,500

4. The slope of the slope drainage is________.

A. 1% B. 3% C. 4% D. 5%

5. In the first-floor plan, the step width of the stairs is________mm.

A. 400 B. 350 C. 300 D. 450

6. In the first-floor plan, the outer circle diameter of the north arrow is ______mm, and the tail width of the north arrow is______mm.

A. 25, 5 B. 27, 3 C. 20, 5 D. 24, 3

7. The wall thickness in the first-floor plan is_______mm.

A. 200 B. 240 C. 180 D. 120

8. The diameter of the circle for the index symbol is_________mm.

A. 9 B. 12 C. 15 D. 10

9. In architectural drawings, the index symbol 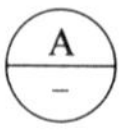 detail is in_____ .

A. Drawing A B. This drawing
C. First-floor plan D. Standard drawing set

10.In the floor plan of the second to third floor, the thickness of the corridor railing is ________mm.

A. 120 B. 100 C. 240 D. 150

11.In the floor plan of the second to third floor, there are ______ C3 windows.

A. 5 B. 3 C. 4 D. 6

12.In the floor plan of the second to third floor, the drainage slope of the corridor is_______ .

A. 1% B. 3% C. 4% D. 5%

13.In building construction 06, the height from the second-floor windowsill to the outdoor ground is_______meters.

A. 4.970 B. 4.500 C. 0.900 D. 3.600

14.The height of the parapet is_______mm.

A. 600 B. 800 C. 900 D. 1,200

15. The length of the rain canopy projection is_______mm.

A. 600 B. 800 C. 900 D. 1,200

16. In the staircase detail drawing, the stairs from the second floor to the third floor have ______ steps.

A. 24 B. 26 C. 28 D. 30

17. The elevation of the intermediate landing in the second-floor stairs is________meters.

A. 4.200 B. 3.600 C. 1.800 D. 5.400

18. The width of the staircase flight in the floor plan of the second to third floor is ______ mm.

A. 1,250 B. 1,650 C. 1,200 D. 1,320

19. In the floor plan of the second to third floor, the tread width of the steps is ______mm.

A. 200 B. 150 C. 250 D. 280

20. In the floor plan of the second to third floor, the riser height of the steps is ______mm.

A. 200 B. 150 C. 250 D. 300

21. In the floor plan of the second to third floor, the clear width of the exterior corridor is ______mm.

A. 2,000 B. 2,120 C. 1,880 D. 1,900

22. The height of the plinth is________mm.

A. 500 B. 470 C. 900 D. 1,500

23. The corridor railing is made of________material.

A. Clay brick B. Concrete

C. Reinforced concrete D. Concrete blocks

24. The height difference between the classroom and corridor is______ mm.

A. 20 B. 50 C. 100 D. 30

25. The color of the corridor wainscot is________ .

A. Pink B. White

C. According to standard drawing set D. Grey

26. The waterproofing grade of the building roof is_______ level.

27. The size of the structural column is_______mm.

28. The height of the parapet is_______mm.

29. The seismic fortification intensity of the building is______ degrees.

30. The floor finish material of the first-floor restroom is________ .

31. The floor finish of the first-floor corridor is________ .

32. The thickness of the concrete floor slab in the second-floor office is_______mm.

33. The elevation of the exterior corridor floor is lower than the floor level by_______ .

34. The handrail of the staircase railing is________ .

35. The anti-slip strip material of the stairs is________ .

36. The width of the roof gutter is_______mm.

37. The method for making the steps is in the drawing set:_______ .

38. The height of the wall tiles on the exterior wall skirt is_______ .

39. The height of the skirting line in the office is_______ .

40. The width of the middle landing on the second to third floors is______ .

Office Building Drawing Identification Card

Class: Name: Student ID:

1. The floor height of the stairwell above the roof in this project is (   ) m.
2. The building height (planning) of this project is (   ) m.
3. The drawing scale of the restroom detail drawing in this project is (   ).
4. The wall thickness of the internal partition walls in this project is (   ) mm.

A. 120, 240 B. 240, 360 C. 240 D. 360

5. The elevation of 0.000 in this project corresponds to the national elevation of (   ) m.

A. 0.000 B. 0.150 C. 5.500 D. 14.350

6. The thickness of the granite slab for the step surface in this project is (   ) mm.

A. 10 B. 20 C. 30 D. 50

7. The number of steps from the third to the fourth floor in Staircase 1 of this project is (   ).

A. 24 B. 22 C. 12 D. 11

8. The number of waterproof layers in the construction method of the second-floor canopy on the east side of this project is (   ).

A. 4 B. 3 C. 2 D. 1

9. The reserved openings in the partition walls for this project will be sealed with (   ) material after equipment installation.

A. Cement mortar B. Fine aggregate concrete
C. Sealant D. Fireproof rock wool

10. The height from the floor to the center of the air conditioning hole in the second-floor office of this project is (   ) mm.

A. 60 B. 120 C. 2,500 D. 2,600

11. The slope of the entrance ramp on the west side of this project is (   ).

A. 10% B. 1% C. 0. 10% D. 0.01%

12. The size of the fire rescue opening (width x height) in this project is (   ) mm.

A. 1,300 × 1,500 B. 2,600 × 1,500 C. 1,500 × 1,300 D. 1,500 × 2,600

13. The elevation of the air conditioning unit railing on the north side of the second floor in this project is (   ).

A. 3.900 B. 4.700 C. 7.400 D. 4.650

14. The wall material for the restroom partition in this project is (   ).

A. Aerated concrete blocks B. Shale porous bricks
C. Lightweight partition walls D. Clay bricks

15.The drainage slope of the roof in this project is ( ).

A. 0.50% B. 1% C. 2% D. 3%

16.The protective height of the horizontal railing on the fourth-floor platform of Staircase 1 in this project is ( ) mm.

A. 800 B. 900 C. 1,000 D. 1,100

17.The material of the air conditioning unit railing (above the turning point) on the exterior façade of this project is ( ).

A. Prefabricated color aluminum railing B. Blue-gray facing bricks

C. Exterior real stone paint D. Gray paint

18.The maintenance ladder material in the elevator machine room of this project is ( ).

A. Reinforced concrete B. Steel C. Wood D. Brick masonry

19.The fire resistance rating of this project is ( ).

A. Level 1 B. Level 2 C. Level 3 D. Level 4

20.The detailed drawing index of Node 1 in Construction Drawing 15 of this project refers to ( ).

A. Construction Drawing 06 B. Construction Drawing 07

C. Construction Drawing 09 D. Construction Drawing 15

21.The elevation of the threshold of the stairwell above the roof in this project is ( ) m.

A. 14.700 B. 14.400 C. 14.350 D. 14.050

22.The height of the door at the north entrance of this project is ( ) mm.

A. 2,700 B. 2,800 C. 3,100 D. 3,150

23.The width of the slope drainage in this project is ( ) mm.

A. 150 B. 500 C. 600 D. 700

24.The size of the door jamb for door M2 in the office on the third floor of this project is ( ) mm.

A. 60 B. 120 C. 240 D. 360

25.The slope of the finished surface of the air conditioning unit platform in this project is ( ).

A. 0.50% B. 1.00% C. 1.50% D. 2.00%

26.The material of the roof slope layer in Detail 5 of Drawing 17 in this project is ( ).

A. Cement cinder B. Cement mortar

C. Foam concrete D. Fine aggregate concrete

27.The reserved open door size (width x height) for the front room of Restroom 1 in this project is (   ) mm.

A. 2,200 × 3,500 B. 2,200 × 2,100 C. 900 × 2,100 D. Not marked

28.The tread width of Staircase 1 in this project is (   ) mm.

A. 159 B. 270 C. 1,920 D. 2,580

29.The material not used in the roof eaves construction of this project is (   ).

A. Extruded polystyrene board B. Asphalt waterproof coating

C. Foam concrete D. Asphalt waterproof membrane

30.The correct statements about this project are (   ).

A. The exterior wall window lintel decoration is blue-gray facing bricks

B. The roof is a positive roof

C. The first-floor lobby ceiling is decorated with aluminum strip panels

D. The roof is designed for drainage by structural slope

31.The correct statements about this project are (   ).

A. Each floor has a restroom

B. Indoor storage of items with fire hazard level B is allowed

C. The shop ceiling is decorated with aluminum strip panels

D. 70 series energy-saving windows are used

32. The number of different types of doors on the third-floor plan of this project is (   ).

A. 2 B. 3 C. 4 D. 5

33. The height of the turned edge at the 5.650m platform of Staircase 1 in this project is (   ) mm.

A. 120 B. 240 C. 200 D. 100

34. The windows in this project use the (06J607-1) series (   ).

A. 70 series sliding windows

B. 80 series casement windows

C. 70 series sliding, casement, and fixed windows

D. 80 series sliding, casement, and fixed windows

35. The height difference between the floor finish of the restroom and the floor finish of the same floor in this project is (   ) mm.

A. 300 B. 150 C. 30 D. 15

36. The orientation of the entrance lobby in this project is (   ).

A. North B. South C. Northwest D. Southwest

37. The incorrect statements about this project are (   ).

A. Fire rescue openings are set on both the east and west sides

B. Roof eaves have water holes

C. The shaft door of the restroom front room is a fire door

D. The stairwell is open

38. The thickness of the reinforced concrete windowsill slab in the north office on the second floor of this project is (　　) mm.

A. 100　　B. 120　　C. 240　　D. 60

39. The deformation joint between the slope drainage and the exterior wall in this project is sealed with (　　) material.

A. Cement mortar　　B. Concrete　　C. Building glue　　D. Asphalt mastic

40. The elevation of the middle landing of Staircase 1 from the third to the fourth floor in this project is (　　).

A. 3.900　　B. 5.650　　C. 7.400　　D. 9.150

41. The seismic design category of the frame in this project is (　　).

A. Level 1　　B. Level 2　　C. Level 3　　D. Level 4

42. The strength grade of the block material above 0.000 in the exterior walls of this project is (　　).

A. M7.5　　B. MU10　　C. A3.5　　D. M10

43. The foundation type used in this project is (　　).

A. Raft foundation　　B. Independent foundation

C. Strip foundation　　D. Pile foundation

Office Building Design Description Drawing Identification Card

Class: Name: Student ID:

1. The building footprint area of this project is ( ) square meters; the building area of the office building is ( ) square meters.

2. The building height of this project is ( ) m.

3. The structural form of this project is ( ).

4. The fire resistance rating of the building is ( ).

5. The elevation of the ground floor in this project is ( ), with an interior-exterior height difference of ( ) mm.

6. The general drawing dimensions and elevation units for this project are in ( ), and all other dimensions are in ( ).

7. The thickness of the perimeter and partition walls is ( ).

8. The material for non-load-bearing exterior walls is ( ); the material for non-load-bearing interior walls is ( ).

9. The method for the horizontal damp-proof course in the wall is ( ).

10. Reserved openings in masonry walls for equipment installation should be filled with ( ) after installation.

11. The pipes penetrating through floor slabs should be pre-embedded according to the requirements of each trade ( ).

12. The waterproofing grade for the roof in this project is ( ).

13. All aluminum alloy exterior doors and windows in this project use the ( ) series.

14. The exterior doors and windows comply with ( ), with an air-tightness performance grade of ( ), and a sound insulation performance not less than ( ) dB.

15. The selection of glass for doors and windows should comply with relevant regulations: all-glass doors and floor-to-ceiling windows should use ( ).

16. The hinged fire doors used for evacuation in public corridors should be equipped with ( ).

17. The detailed construction of the external wall insulation is shown in ( ), ( ), and ( ).

18. The width of the splash apron is ( ) mm.

19. The construction method for the eaves is shown in ( ) or ( ).

20. The interior decoration works follow the standards of ( ).

21. Unless otherwise noted in the drawings, the materials for stairs, platforms, and window guard railings are ( ), and the paint used is ( ).

22. The paints and coatings used for interior decoration are listed in the ( ) table.

23. The paint used for wooden doors and windows is (　　).

24. The paint for all exposed metal parts inside and outside is (　　).

25. The protection standards followed in this project are (　　).

26. The fire zones of this building are (　　) floors as Fire Zone One, (　　) floors as Fire Zone Two. Each floor has (　　) evacuation exits.

27. The number of evacuation stairs in the ordinary stairwell is (　　) per floor.

28. Balcony and corridor railings use vertical bars, and unless otherwise specified, the clear distance between bars should not be greater than (　　) mm.

29. To prevent cracks, the junctions of walls made of different materials should be provided with (　　) or (　　).

Attachment 2 Self-Assessment Form

Class: Name: Student ID:
Project Name:

Objectives	Achievement level above 85%	Achievement level between 70%-85%	Achievement level between 50%-70%	Achievement level below 50%
Proficiently master the content of architectural floor plans and answer questions correctly.				
Proficiently master the content of architectural elevation drawings and answer questions correctly.				
Proficiently master the content of architectural section drawings and answer questions correctly.				
Proficiently master the content of detailed staircase drawings and answer questions correctly.				
Proficiently master the content of other detailed drawings, node details, and window and door schedules, and answer questions correctly.				

What suggestions do you have for this task?

Practical Task 2 Compiling a Classroom Building Drawing Report

Ⅰ. Task Objectives

General Objective: Using case drawings as a carrier, students will comprehensively apply basic drawing knowledge, architectural construction drawing reading knowledge, and house construction knowledge to read construction drawings. By compiling a drawing report, students will be able to organize their language reasonably and clearly express the drawing content according to a certain thinking method and logical sequence. Specific objectives include the following.

(1) Students will know how to start reading drawings and understand the steps of reading drawings when they receive a complete set of architectural construction drawings.

(2) Students will be able to refer to relevant standards and learning materials to complete the task.

(3) Master the main contents of architectural floor plans, elevation drawings, detailed staircase drawings, architectural section drawings, other detailed drawings, node details, and window and door schedules, and be able to express the drawing content in a standardized written format according to a certain logical sequence.

(4) Through self-evaluation of their ability to compile the drawing report, students will discover their strengths and weaknesses, facilitating subsequent identification of gaps and self-adjustment.

Ⅱ. Reference Materials

(1) "Unified standard for building drawings" (GB/T 50001-2017), "Standard for architectural drawing" (GB/T 50104-2010), "Standard for general layout drawings" (GB/T 50103-2010)

(2) Central-south region engineering construction standard design building atlas 98ZJ series, 11ZJ series, 15ZJ001 series

(3) "Unified standard for design of civil building" (GB 50352-2019)

Ⅲ. Implementation Process

Teacher assigns the task → Students gather relevant materials → Students compile the drawing report → Students fill out the self-evaluation form → Teacher reviews and provides feedback

IV. Submission Requirements

(1) Students complete form 1—drawing report.

(2) Students complete form 2—self-assessment form.

Form 1 Drawing Report

Class: Name: Student ID:
Project Name:

Ⅰ. Project Overview

Briefly introduce the project name, location, structural type, seismic fortification intensity, total height, and total building area.

Ⅱ. Construction Methods

List the methods for floors, walls, ceilings, and other interior finishes (provide a brief summary). For example: **Part is*** floor finish, the exterior wall baseboard construction method is according to the atlas.

Ⅲ. Floor Plan Contents

(1) First Floor Plan: Read the building orientation, total length, width, wall positions, thickness, column dimensions. Floor plan layout (span and depth of rooms), dimensions and forms of door and window openings, elevations of each part, ancillary facilities (steps, slope drainage, flower beds, etc.), and section symbols.

(2) Standard Floor Plan: Floor plan layout (span and depth of rooms), dimensions and forms of door and window openings, elevations of each part, ancillary facilities (balconies, canopies).

(3) Roof Plan: Read the drainage layout (drainage zones, gutters, roof slope, etc.) and positions of protruding roof elements such as skylights, elevator machine rooms, water tank rooms, and inspection ports.

Ⅳ. Elevation Drawing Contents

(1) Determine which elevation of the building is shown based on the drawing title.

(2) Read each elevation (north, south, east, west) in sequence, recording the following for each: Vertical external shape of the building, size and number of doors and windows.

(3) Heights of main parts (including interior and exterior floors, each floor, upper and lower parts of door and window openings, steps, canopies, eaves, roofs, etc.) and dimension annotations.

(4) Exterior wall finish methods Including the types of finishes and their respective locations.

Tip: When reading elevation drawings, relate them to the floor plans.

Ⅴ. Staircase Detail Drawing

(1) Based on the staircase detail drawing (combined with staircase floor plan and staircase section drawing), read the staircase span and depth.

(2) Read the elevations of each floor platform and the intermediate landing.

(3) Read the stair flight width, platform depth, tread width and height , number of steps per floor and per flight.

(4) Read details related to stair wells, railing handrails, etc.

Ⅵ. Section Drawing

(1) Read the title and scale of the drawing, and refer to the section symbols on the ground floor plan to identify the section location and projection direction.

(2) Read the annotations and elevations in the section drawing to determine the floor heights , heights of cut-through doors and windows , staircase platform heights , eave heights , etc.

(3) Refer to the roof plan to check the roof shape, construction method, drainage conditions, etc.

(4) Identify the location and number of index symbols.

Ⅶ. Other Detailed Drawings, Node Details, and Window and Door Schedule Contents

(1) Read and understand the meanings expressed by the index symbols.

(2) Read the detailed drawings, node details, and their construction methods.

(3) Read and understand the contents of the window and door schedule.

Form 2　Self-Assessment Form

Class:　　　Name:　　　Student ID: Project Name:				
Objectives	Achievement level above 85%	Achievement level between 70%-85%	Achievement level between 50%-70%	Achievement level below 50%
Proficiently master the steps of reading drawings and express them clearly				
Proficiently master the content of architectural floor plans and express them clearly				
Proficiently master the content of architectural elevation drawings and express them clearly				
Proficiently master the content of architectural section drawings and express them clearly				
Proficiently master the content of detailed staircase drawings and express them clearly				
Proficiently master the content of other detailed drawings, node details, and window and door schedules, and express them clearly				
What suggestions do you have for this task?				